パラレルメカニズム

Parallel Mechanism

立矢 宏 著

森北出版株式会社

●本書のサポート情報を当社Webサイトに掲載する場合があります.
下記のURLにアクセスし，サポートの案内をご覧ください.

https://www.morikita.co.jp/support/

●本書の内容に関するご質問は，森北出版 出版部「(書名を明記)」係宛に書面にて，もしくは下記のe-mailアドレスまでお願いします．なお，電話でのご質問には応じかねますので，あらかじめご了承ください.

editor@morikita.co.jp

●本書により得られた情報の使用から生じるいかなる損害についても，当社および本書の著者は責任を負わないものとします.

まえがき

複数のアームを空間内または平面内に並列に配置し，その先端部が並進運動のみならず回転運動をともなう多様な動作が可能なパラレルメカニズムは，ロボット，工作機械の分野において以前より研究対象として注目を集め，近年ではさまざまな分野に応用されている．その理由として，同メカニズムの特長である「構造が高剛性であること」「位置決めが高精度に行えること」「高出力な仕事が可能なこと」があげられるが，これに加え，「空間機構としては構造が単純で，制御のための逆運動学解析が容易であり，利用しやすいこと」も要因であると考えている．

著者はこれまで，パラレルメカニズムを応用した工作機械，人体動作の補助，測定装置などの開発を行ってきた．その過程において，優れた論文，解説などを多数参考にさせていただいた．しかし，国内においては，これらをまとめた書籍はいまだ少ないのが現状である．そこで今回，パラレルメカニズムに関しての知見をまとめる機会をいただくことになったが，本書は以下のような特徴があることをお断りしておきたい．

まず，本書を実践的な入門書として構成した．すなわち，パラレルメカニズムの機構としての普遍的，一般的な記述は避け，頻繁に使われる内容，具体的な内容を中心に記述した．したがって，学術的な参考書としては不十分な点も多々あると考えており，パラレルメカニズムすべての範囲を網羅しているとは言いがたい．パラレルメカニズムの形式はさまざまであり，説明した手法がすべての形式に適応可能でないこともご理解いただきたい．その反面，記述が抽象的になることを避け，パラレルメカニズムの初歩の理解を容易にするとともに，一般的な解析，設計などにはすぐに応用可能となるように説明を心がけた．

次に，本書はロボットの機構としては，より一般的なシリアルメカニズムの運動学，力学などを基礎として，また，対比を行いながら，パラレルメカニズムに関する運動学，力学などを説明している．したがって，シリアルメカニズムの解説にも少なからず紙面を費やしている．シリアルメカニズムに関しては，すでに体系化され，良書も多い．パラレルメカニズムの理論は，シリアルメカニズムと共通する点，相反する点があり，共通する理論から展開したほうが理解は容易であること，また，相反する点をよく知ることは，ロボット工学に携わるエンジニアには有益であると考えたためである．

さらに，本書では同じ図や式を，複数回再掲して説明を進めている．これは，図や式が説明と離れている場合に，何度も前に戻って確認したり，複写したりする労力を減らしたいという思いからである．この式は，以前も示されていたのではと，ところどころで気づかれると思うが，以上のような趣旨なので理解いただきたい．

さて，本書における各章での内容と目的を要約すれば以下のとおりである．

【第 1 章　ロボットの機構の基礎】

第 1 章では，シリアルメカニズム，パラレルメカニズムを含む，ロボットによく用いられる機構の構成や種類を説明する．とくに，ロボットの機構の特徴が，用いるジョイントの種類に影響されることを述べる．この章は，ロボットの機構にはどのような種類があり，どのような特徴をもつかの基礎を知ることを目的としている．

【第 2 章　機構の自由度】

ロボットの専門書において自由度を一つの章として設けることは少ない．しかし，多自由度機構であるパラレルメカニズムの解析，設計を行うためには自由度の理解が必須である．とくに空間での自由度の概念の理解は重要である．第 2 章では，平面および空間における自由度の概念と，機構の自由度の考え方，自由度に影響される機構の特徴，さらに，機構の自由度を表す数式に関して述べている．この章は，パラレルメカニズムに必要な自由度の考え方や，機構の自由度を求める方法を学ぶことを目的としている．

【第 3 章　機構形式の設計】

第 3 章では，パラレルメカニズムのさまざまな形式を示すとともに，前章の知識をもとに，ある自由度を満たすために機構に用いるべき，ジョイントの種類と数，リンクの数，これらの連結の仕方を決定する方法を述べている．パラレルメカニズムの使用目的に応じて，どのような種類のパラレルメカニズムを用い，その具体的な構造をどのように決定するかを学ぶことがこの章の目的である．

【第 4 章　機構の位置・姿勢の表現】

第 4 章では，空間での機構の位置・姿勢を表すための回転行列について，その役割を示すとともに，とくに空間での回転運動の表現方法を詳細に述べている．パラレルメカニズムの運動の特徴は回転運動を含むことであり，空間におけるその表現はベクトル的な取り扱いができず複雑である．この章は，回転運動の取り扱い，空間でのパラレルメカニズムの位置・姿勢の表現方法を理解することを目的としている．

【第 5 章　順運動学および逆運動学】

第 5 章では，機構を目的の位置・姿勢とするための入力を解析する逆運動学，また，入力に対して機構がどのような位置・姿勢となるかを解析する順運動学の基礎と代表的な解法を述べている．また，パラレルメカニズムの順運動学と逆運動学が，シリアルメカニズムとは相反する特徴があることを示す．この章は，第 4 章で学んだ回転行列や，非線形最適化法であるニュートン・ラフソン法を用いたパラレルメカニズムの逆運動学，順運動学解析を学ぶことを目的としている．

【第6章　入出力関係に基づく運動学および静力学】

第6章では，ロボットの機構の瞬間的な入力と出力の比を表すヤコビ行列，また，同行列を用いたロボットの機構の一般的な運動学や力学の解析方法を示す．とくに，パラレルメカニズムのヤコビ行列を，入出力変位関係だけでなく，力の釣り合い関係から求める方法を述べている．この章は，ヤコビ行列を用いれば，機構の入出力関係を線形化し，運動学，力学解析が容易行えること，また，パラレルメカニズムのヤコビ行列の具体的な求め方を学ぶことを目的としている．

【第7章　運動特性の解析と評価】

第7章では，機構の動作が困難となる特異姿勢の状態と特徴を述べ，とくにパラレルメカニズム特有の特異姿勢について示す．また，機構の動きやすさを示すいくつかの評価方法，さらに，パラレルメカニズムが運動可能な方向へ，ある力や速度を発生するために必要な入力を容易に解析する方法を述べている．この章は，パラレルメカニズムが避けるべき位置・姿勢や，良好な特性を示す位置・姿勢の解析方法，さらに，要求される仕様を満たす駆動系設計のための，具体的な入力量や，その傾向を解析する方法を学ぶことを目的としている．

【第8章　パラレルワイヤ駆動機構】

第8章では，複数のワイヤで構成されるパラレルワイヤ駆動機構の形式と運動学を述べるとともに，パラレルワイヤ駆動機構は常にワイヤを引張状態に保つ必要があること，また，そのための条件を示す．さらに，前章の方法を応用し，パラレルワイヤ駆動機構が作業領域内の任意方向へ動作するためのワイヤ張力の決定法を述べている．この章は，パラレルワイヤ駆動機構の形式と，同機構が満たすべき条件を知り，機構が安定して動作するための張力の求め方を学ぶことを目的としている．

以上，本書はこれまでのロボット工学の専門書に比べ，パラレルメカニズムの特徴に応じ，各項目の記述の詳細さを変えることを意図し，多少は特徴をもった書になったのではないかと考えている．著者は，パラレルメカニズムの専門家というにはほど遠く，このような書を出すことは僭越なことであり，また，浅学非才のため，十分でない箇所や，改めるべき箇所も多々あることを承知している．一方，著者のような立場からの書も，入門者にとって少しは役立つのではないかと期待している．

最後に，本書をまとめるに際し，本文中に引用したとおり，多数の優れた研究を参考にさせていただいた．ここに記して謝意を表します．なお，本書の内容の多くは，著者とともにパラレルメカニズムの研究，調査を行ってくれた金沢大学卒業生の成果である．参考となる文献も少ない黎明期において，数々の解析法や設計法を見出してくれたことに心より敬意を表します．また，わが国におけるパラレルメカニズムに関する研究の先駆者のお一人であり，本書の礎となるさまざまな知見をご教授いただいた恩師 東京工業大学名誉教授 舟橋宏明先生に深く感謝いたします．さらに，本書を企画され，出版する機会を与えていただいた森北出版 丸山隆一氏，拙い原稿を適確に校正いただいた同社 藤原祐介氏に厚くお礼申し上げます．

2018.11　　著　者

目　次

第1章

ロボットの機構の基礎

1.1 はじめに

1980 年頃より，産業用ロボットの機構には，図 1.1 (a) に示すような，人間の腕を模してアームを直列に配置した**シリアルメカニズム**（serial mechanism）または**開ループ機構**（open-loop mechanism）とよばれる形式がよく用いられている．一方，1990 年頃，図 1.1 (b) に示すように，複数のアームを並列に配置した**パラレルメカニズム**（parallel mechanism）がロボットの新たな機構として注目を集めた．ただし，同機構の歴史は古く，文献 [1] のように，フライトシミュレータ，工作機械，タイヤの走行模擬試験装置としての用途が 60 年代半ばにすでに提案されている．

シリアルメカニズムを用いたロボットは，先端部に把持や溶接などを行う**エンドエフェクタ**（end effector）を装着し，それらの位置と方向を決定して作業することが多い．これに対し，パラレルメカニズムを用いたロボットは，図 1.1 (b) に示すように，複数のアームで支えた平板に物体を載せたり，工具を装着したりして，それらの並進運動による位置決めだけでなく，平板を複雑に回転させ，物体や工具の傾きをさ

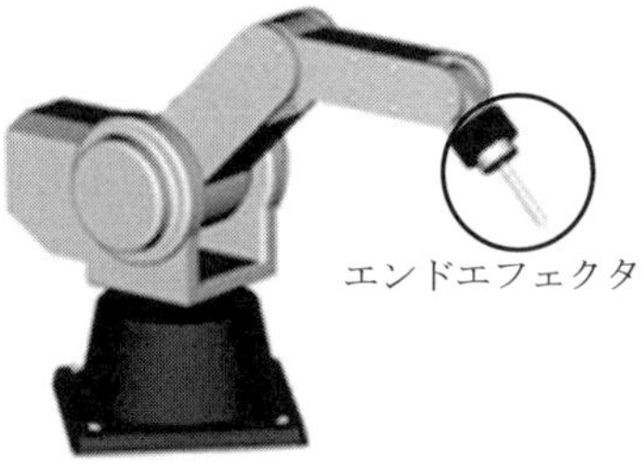

（a）シリアルメカニズム

（b）パラレルメカニズム

図 1.1　シリアルメカニズムおよびパラレルメカニズムを用いたロボット

まざまに変化させて作業することが多い．また，パラレルメカニズムを用いたロボットは，シリアルメカニズムを用いた場合に比べて，高剛性，高精度，高出力といった利点を有することから，これまでロボットの応用が困難であった加工などへの適用が期待されている．さらに，その高速性を利用して部品搬送や，複雑な運動が可能であることから遊具などへも利用されている．

しかし，パラレルメカニズムの設計や制御はシリアルメカニズムと異なる場合が多く，これまでシリアルメカニズムを中心に体系化が進んだロボット工学の手法では，扱いが困難な場合がある．

本書では，ロボットの機構として用いることを前提に，パラレルメカニズムの特徴，設計方法，運動解析の基礎，さらに，設計時に役立つ入出力関係の解析および評価法を解説する．その際に，従来のシリアルメカニズムをはじめとするロボットの機構に関する運動学や力学などを理解しておくことは，パラレルメカニズム，さらにはロボットの機構全般を深く理解するために役立つ．そこで，本書の多くでは，シリアルメカニズムなど従来のロボットの機構と併記，対比しながら，パラレルメカニズムの解説を行う．

1.2　ロボットの機構の構成

ロボットの外観は図 1.1 や図 1.2 (a) に示すように複雑であるが，運動や力学の解析などは，一般に図 1.2 (a) の破線，図 1.2 (b) の実線で示したロボットの骨格である機構を対象に行われる．

図 1.2 (b) の機構は，**平行クランク形機構**（parallel crank mechanism）または**閉**

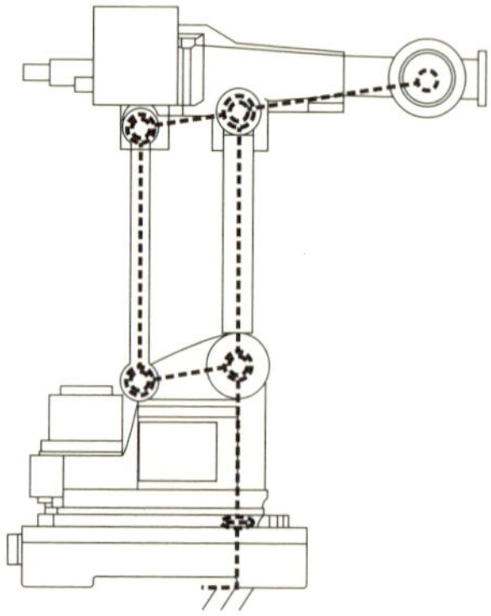

（a）産業用ロボット

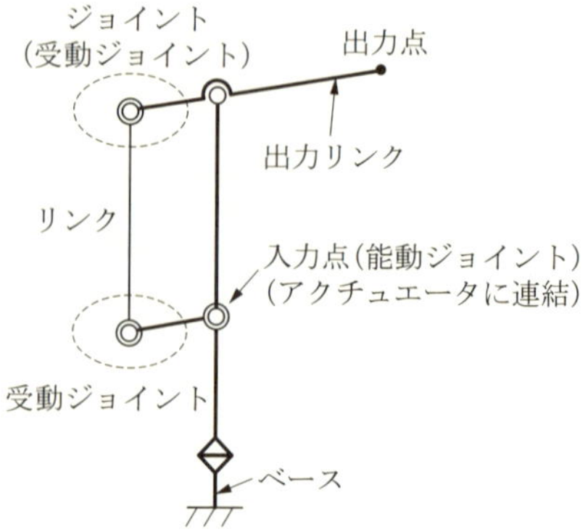

（b）機構図

図 1.2　ロボットの外観と骨格

ループ機構（closed-loop mechanism）とよばれ，図 1.1 (a) で示したシリアルメカニズムとともに，産業用ロボットによく用いられる．同機構は，パラレルメカニズムと同様にアームを並列に配置しているが，後述するように，通常はパラレルメカニズムと区別して扱う．

図 1.2 (b) において，ロボットのアーム部分は実線で示され，機構学では**リンク**（link）とよばれる．以下，本書でもリンクと記す．リンクは，通常は変形しない剛体とみなす．○や◎などは，リンクを連結している部分である．ロボットの機構は複数のリンクで構成され，リンクどうしは，一方のリンクが他方のリンクに対して回転したり，直進したりすることが可能となるように連結されている．この連結部分を**ジョイント**（joint）または関節とよぶ．また，機構学では**対偶**（pair）とよんでいる．ジョイントは，軸や軸受など複数の要素から成り立っている．

ジョイントには，アクチュエータが連結されて能動的に運動するものと，軸と軸受などを用いて複数のリンクを連結し，これらのリンクの運動に応じて受動的に運動するものがある．本書では，前者を能動ジョイント，後者を受動ジョイントとよぶ．図 1.2 (b) では，入力点と記した部分がアクチュエータに連結する能動ジョイントであり，ほかのジョイントは受動ジョイントである．なお，図 1.2 (b) の入力点では，後述の図 1.6 (b) に示すように，二つの能動ジョイントが紙面に対して重なっている．

ロボットの機構の先端のリンクには，物体の把持や塗装など，外部に対して何らかのはたらきをする**エンドエフェクタ**（end effector）を装着する．エンドエフェクタを取り付けて作業を行う部分を**出力点**（output point）とよぶ．また，出力点が存在するリンクを**出力リンク**（output link）とよぶ．一方，出力リンクとは他端側の，地面や天井に固定するリンクを**ベース**（base）とよぶ．また，ベース以外の運動可能なリンクを総称して**可動リンク**（movable link）とよぶ．

1.3 ジョイントの種類とロボットの特徴に及ぼす影響

ロボットの機構には，回転運動を行う**回転ジョイント**（rotary joint, revolute joint），直進運動を行う**直進ジョイント**（prismatic joint, sliding joint）をよく用いる．たとえば，図 1.2 の機構は回転ジョイントで構成されている．本書では回転ジョイントを図 1.3 (a) の記号で，直進ジョイントを図 1.3 (b) の記号で表す．最下段の図はよく用いられる略図であり，本書でも図によって利用する．

回転ジョイントには，**転がり軸受**（ball bearing）がよく用いられる．転がり軸受をリンクに固定して軸を挿入し，ほかのリンクと連結することで回転ジョイントを構成する．転がり軸受は静止摩擦が小さく，停止状態からも滑らかに運動する．また，メ

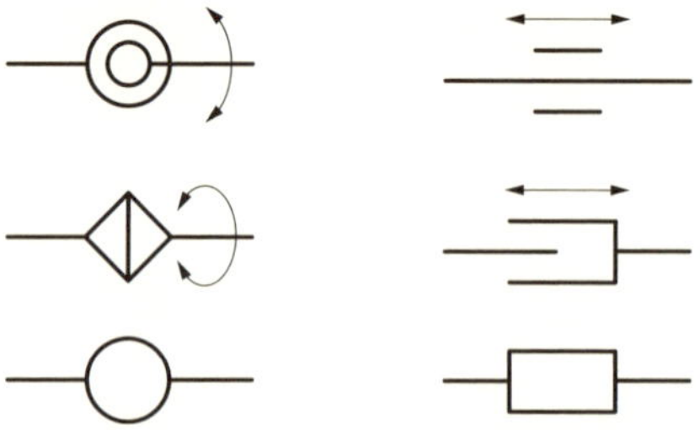

（a）回転ジョイント　　（b）直進ジョイント

図 1.3　ロボットの機構の代表的なジョイント

ンテナンスが容易でコンパクトであることから，ロボットの機構に多用されている．

直進ジョイントには，**ボールねじ**（ball screw），リニアガイドなどが用いられる．直進ジョイントは，わずかなゆがみで運動が妨げられること，接触部のメンテナンスが煩雑であることから以前はその使用を躊躇することもあったが，最近では高剛性で優れた性能をもつ製品が多数開発され，ロボットの機構に多用されている．

図 1.4 (a) に示すジョイントは**ボールジョイント**（ball joint）または球対偶とよばれ，直交する 3 軸周りの回転が可能である．また，図 1.4 (b) に示すジョイントは，直交する 2 軸周りの回転が可能であり，**ユニバーサルジョイント**（universal joint）とよばれる．

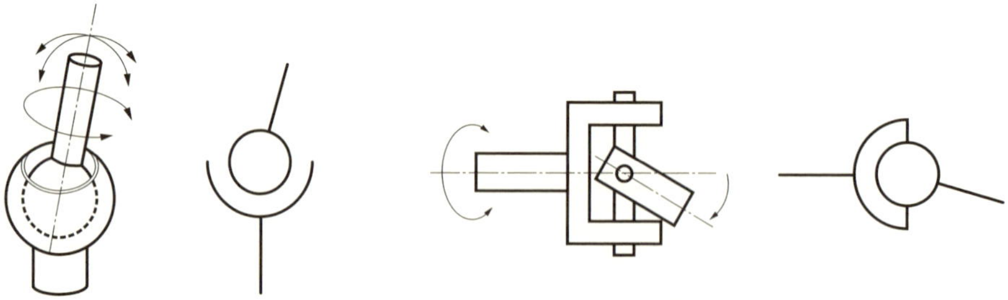

（a）ボールジョイント　　（b）ユニバーサルジョイント

図 1.4　ボールジョイントおよびユニバーサルジョイント

回転ジョイントおよび直進ジョイントの運動はそれぞれ，平面内の 1 軸周りおよび 1 軸方向に限定されるが，ボールジョイント，ユニバーサルジョイントの運動は平面内に拘束されず多軸方向であるため，複雑な運動を行うロボットに用いられる．本書では，ボールジョイントおよびユニバーサルジョイントをそれぞれ各図の右側に示した記号で表す．

以上で述べたジョイントとリンクを組み合わせることで，ロボットの機構が構成される．ジョイントの種類は，ロボットの運動や負荷の方向を左右することから，ロボットの特徴に大きく影響する．ジョイントの種類に起因するロボットの特徴を表 1.1 に示す．

表 1.1 ジョイントの種類によるロボットの特徴

種類	剛性	制御	占有空間	作業領域	保守
直進ジョイント	優	優	劣	劣	劣
回転ジョイント	劣	劣	優	優	優

能動ジョイントとして直進ジョイントが発生する力は並進力であり，回転ジョイントは回転力である．その結果，能動ジョイントである直進ジョイントを配置したリンクには引張・圧縮負荷，回転ジョイントを配置したリンクには曲げモーメントが主に作用する．

一般に，機械構造は引張・圧縮負荷に対する変形は生じにくいが，曲げ・ねじりモーメントに対しては，てこの原理で大きな変形を生じやすい．したがって，直進ジョイントを用いたロボットは剛性が高く，回転ジョイントを用いた場合は低くなりやすい．

また，直進ジョイントを用いたロボットの入力や出力は直進変位となり，ロボットの入力変位と出力変位の関係，すなわち入出力変位関係も直進変位の比例式で表されることが多く，線形となるため制御は容易になる．一方，回転ジョイントを用いた場合，ロボットの入力や出力は回転運動となり，ロボットの入出変位を表す関係式は，入力角度を変数とした三角関数などで表されることが多く，非線形となるため制御は複雑となる．

しかし，直進ジョイントは可動部分となるレールなどの軌道を設置するために大きな空間を必要とし，干渉が生じやすく，障害物を回避する姿勢をとりにくいなど，占有空間および作業領域に関して不利となる．これに対し，回転ジョイントは，可動部分がいわば円に沿った無限軌道であり，少ない占有空間で大きな作業領域をとることができる．また，直進ジョイントは前述のとおり，可動部分の防塵，変形に注意しなければならず，保守の点で回転ジョイントに劣る．

なお，図 1.2 (b) に細線で示すリンクのように，両端が回転ジョイントかつ受動ジョイントである場合には，ジョイントが回転力を伝えないことから，リンク本体に直接負荷が作用しない限り，ほかのリンクから曲げやねじりモーメントが伝わらない．したがって，リンクには引張または圧縮負荷しか作用しないため，大きな変形が生じにくく，結果として機構全体の剛性向上に貢献する．

1.4　ロボットの種類（出力点位置の表現に基づく分類）

ロボットの機構に注目する前に，まず，ロボットの主な種類を示す．ロボットには，歩行ロボットやロボットハンドなどさまざまな種類が存在するが，ここでは産業用ロボットを対象として，よく用いられるロボットの分類について示す．

産業用ロボットは，それらの出力点位置を表す変数に基づき，図 1.5 に示すように主に分類されている．図 1.5 (a) の**直角座標ロボット**（rectangular robot, Cartesian robot）では，出力点の位置が直交座標系で表され，座標を表す変数には (x, y, z) が用いられる．図 1.5 (b) の**円筒座標ロボット**（cylindrical robot）では，出力点の位置が円筒座標系で表され，座標を表す変数には (r, z, θ) が用いられる．図 1.5 (c) の**極座標ロボット**（polar robot, spherical robot）では，出力点の位置が極座標系で表され，座標を表す変数には (r, ϕ, θ) が用いられる．図 1.5 (d) の**多関節ロボット**（anthropomorphic robot, articulated robot）は，関節の角変位 θ_1～θ_3 を変数として，三角関数などを用いて出力点の位置が表される．

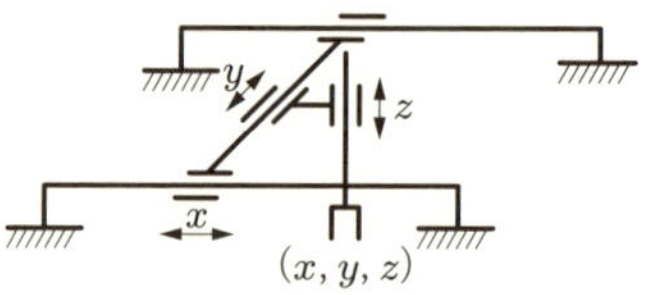

（a）直角座標ロボット

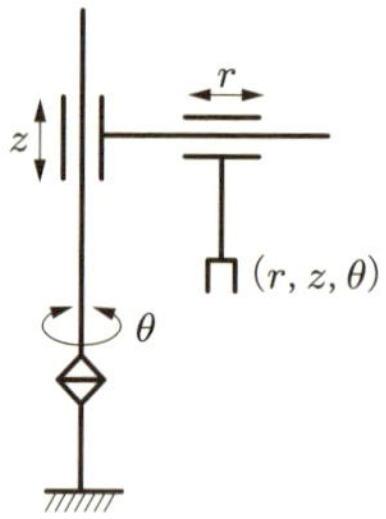

（b）円筒座標ロボット

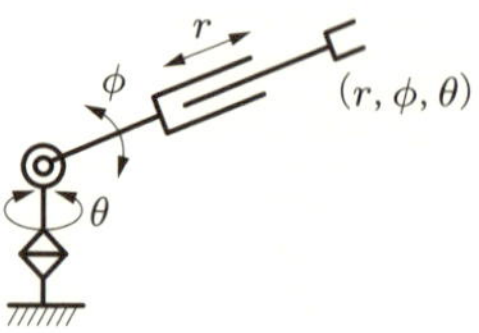

（c）極座標ロボット

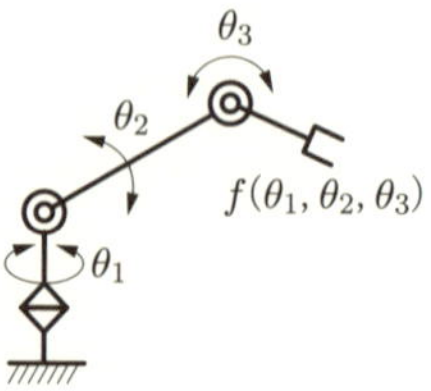

（d）多関節ロボット

図 1.5　ロボットの種類

直角座標ロボットは直進ジョイントで構成され，多関節ロボットは回転ジョイントで構成される．したがって，直角座標および多関節ロボットは，表 1.1 に示した直進および回転ジョイントの特徴をよく示す．円筒座標ロボット，極座標ロボットは直進ジョイントおよび回転ジョイントの両方を用いたロボットであり，図 1.5 (b)，(c) に示すとおり，円筒座標ロボットでは直進ジョイントを，極座標ロボットでは回転ジョイントをより多く用いている．したがって，円筒座標ロボットでは直進ジョイントの特徴が，また，極座標ロボットでは回転ジョイントの特徴が強く表れる．

直進ジョイントを用いる直角座標ロボット，円筒座標ロボットでは，直進ジョイント部分の入出力変位関係が線形となり，制御，位置決めが行いやすい．また，直進ジョイントには主に引張・圧縮負荷が作用するため変形が少なく，結果として高剛性が期待できる．しかし，図 1.5 (a)，(b) に示すように，ロボットに要求される出力変位と同じ長さの直進ジョイントを必要とするため，本体の占有空間が大きくなる．また，障害物を回避して物体を把持することは得意でない．

これに対して，回転ジョイントを主に用いる極座標ロボット，多関節ロボットでは，本体の占有空間が少なく障害物回避など柔軟な運動が行いやすい．しかし，回転ジョイントの角変位と出力点の変位は三角関数などを用いた非線形関係となるため，制御は複雑である．また，リンクが片持ちで支持され，支持部には大きなモーメントが作用するため剛性は低い．

産業用ロボットが普及していく過程で，その初期には制御のしやすさから直進ジョイントを用いたロボットがよく用いられた．しかし，制御系の発達にともない，本来ロボットに求められる柔軟な作業が行える，回転ジョイントを用いた多関節ロボットが現在は主流となっている．

1.5 多関節ロボットの機構の種類

前節で述べたとおり，ロボットは図 1.5 に示したように種類分けされるが，各ロボットに用いられる機構形式はさまざまであり，同一種類のロボットにおいても異なる形式の機構が用いられ，また，異なる種類のロボットでも同じ種類の機構が用いられることがある．以下では，産業用ロボットとして主流である多関節ロボットを対象に，パラレルメカニズムを除いた代表的な機構の種類を述べる．

図 1.6 (a) のロボットに用いている機構は，図 1.1 (a) と同じく，アクチュエータを配置したジョイントを介してリンクが直列に連結されているシリアルメカニズム（以後，本書では開ループ機構をシリアルメカニズムと記す）である．なお，図 1.5 (b)，(c)，(d) のロボットに用いている機構形式も，リンクが回転および直動ジョイントを用いて直列に連結されたシリアルメカニズムである．

シリアルメカニズムは，人間の腕や脚に類似した形態となり，本体面積に対して作業可能な領域が広く，また，ほかの物体と干渉せずにさまざまな作業を行いやすいため，頻繁に用いられる．しかし，同機構は可動リンク上にアクチュエータを配置しな

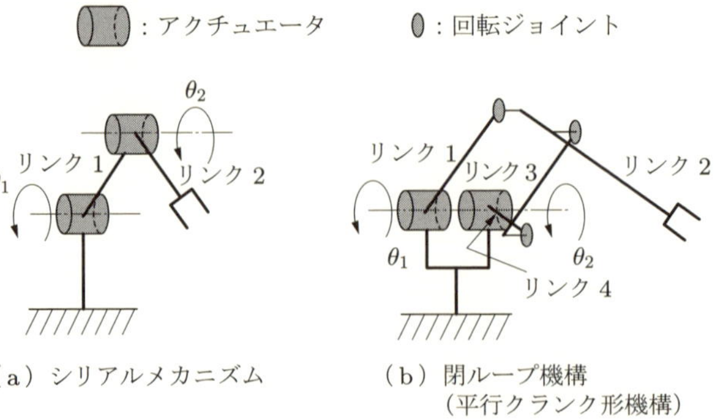

図 1.6　多関節ロボットの機構の種類

ければならないため，可動部の質量が大きくなり，動作時に大きな慣性力も発生しやすく，ベース付近のリンクおよびアクチュエータに大きな負荷が作用する．また，前節で述べたように，構造も全体として片持ちばり構造であるため，剛性が低くなりやすい．

図 1.6 (b) の多関節ロボットは図 1.2 の機構と同様な形式であり，リンクの一部が閉ループを構成していることが特徴である．このような機構形式を**閉ループ機構**（closed-loop mechanism）とよぶ．

関節ロボットに用いる閉ループ機構は，図 1.6 (b) の平行クランク形機構が多い．図 1.6 (a) のシリアルメカニズムでは，リンク 1 上に配置したアクチュエータによってリンク 2 を運動させるが，図 1.6 (b) の閉ループ機構では，ベース上に設置したアクチュエータにより，リンク 3 およびリンク 4 を介してリンク 2 を運動させる．そのため，シリアルメカニズムを用いた場合に比べて，可動部の質量を小さくしやすい．また，図 1.6 (b) の機構では，1.3 節で述べたように，構造上，リンク 3 に引張・圧縮負荷のみが作用し，モーメントが作用しないため，変形が生じにくく，低強度な部材を用いることができる．

リンクの長さの比にもよるが，一般には閉ループ機構を用いた多関節ロボットは，シリアルメカニズムを用いた場合に比べて高剛性で位置決め精度に優れる．ただし，閉ループ機構を用いる場合，閉ループ部分が周囲の物体と干渉しやすく，シリアルメカニズムを用いたロボットに比べて作業領域が小さくなる．また，リンクの数も多くなり，さらに，リンク間の平行が厳密に要求されることから，ロボット自身の製作コストが高くなることが欠点である．

1.6 パラレルメカニズム

パラレルメカニズムを用いたロボットはパラレルロボットともよばれ，同ロボットに用いる機構形式，すなわちパラレルメカニズムにもさまざまな形式が存在する．パラレルメカニズムは，図 1.7 に示すように，複数の連鎖とよばれる可動部でベースと出力リンクを連結する．それぞれの連鎖は一つ以上のリンクまたはジョイントを含み，出力リンクは通常は板状で，**プラットフォーム**（platform）ともよばれる．なお，ジョイントには回転および直進のいずれのジョイントも用いる．

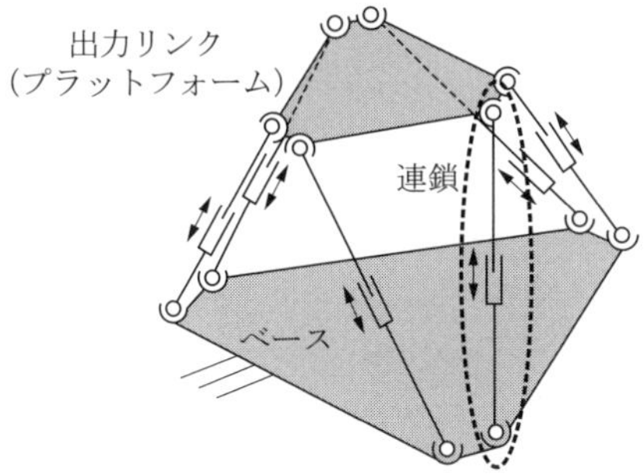

図 1.7　パラレルメカニズムの概略

パラレルメカニズムは，図 1.7 のとおり，構造内に複数の閉ループ部分をもつ．したがって，前節で述べた閉ループ機構の一種であるが，図 1.6 (b) の機構とは区別して，複ループ機構とよぶこともある．逆に，図 1.6 (b) に示すような閉ループ機構もパラレルメカニズムの一種であるともいえる．しかし，その解析や設計方法は，シリアルメカニズムに近い．本書では，平行クランク形機構などの閉ループ機構と，複ループ機構であるパラレルメカニズムとは異なる機構形式とみなす．

パラレルメカニズムの特長として，高剛性，高出力，高精度があげられる．これらの特長を有する理由は以下のとおりである．

高剛性：パラレルメカニズムは図 1.7 のとおり，出力リンクを複数の連鎖で支持する．したがって，片持ちばり構造であるシリアルメカニズムに比べて，両持ちばりに近い構造となっている．また，パラレルメカニズムは，リンクやジョイントの組合せによって，上述の連鎖に引張・圧縮の力のみが作用する構造とすることができる．シリアルメカニズムのような構造はいわゆる片持ちばり構造であり，曲げに対して大きなたわみ変位を生じやすいが，引張・圧縮による伸び縮み変位はそれに対して小さい．したがって，パラレルメカニズムは負荷に対する変形が生じにくく，高剛性を示す．

高出力：パラレルメカニズムでは，アクチュエータをベースと連鎖との連結部近傍に配置することが多い．したがって，閉ループ機構と同じく，可動部は，リンクやジョイントのみで構成されるため軽量である．可動部が軽量であれば，運動時に発生する慣性力は小さい．すなわち，低慣性であり，少ない力で大きな加速度を発生できる．よって，パラレルメカニズムを用いたロボットは，上述のように高剛性である特長も活かし，大きな力を高速に発生させることができ，高出力な動作が行える．

高精度：図 1.8 (a) に示すようにシリアルメカニズムでは出力点に作用する負荷に対して各ジョイントに回転変形が生じやすく，その結果，リンクの姿勢が変化し，各ジョイントの位置に誤差が生じる．それらの誤差がベース側から累積されて出力点に現れるため，大きな誤差を生じやすい．これに対し，パラレルメカニズムでは，図 1.8 (b) に示すように各連鎖の誤差はシリアルメカニズムと同様にベース側から出力リンク側に向かって累積されるが，複数の連鎖それぞれの誤差が平均化されて出力リンクの誤差となって現れ，総和とはならないため，比較的小さな誤差となる．このような特長に加え，上述のように，各連鎖に生じる変形をわずかな伸び縮みとすることもでき，高剛性であることから，パラレルメカニズムを用いたロボットの位置・姿勢決めは高精度となる．

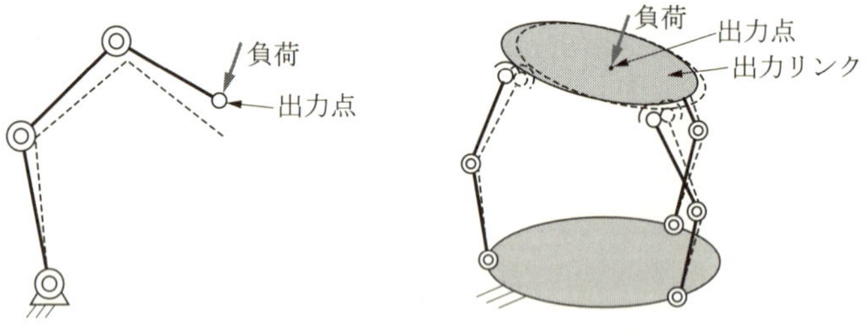

（a）シリアルメカニズムの誤差　　（b）パラレルメカニズムの誤差

図 1.8　シリアルメカニズムとパラレルメカニズムの誤差の特徴

以上のように，パラレルメカニズムを用いたロボットの特徴として，高剛性，高出力，高精度がよくあげられる．また，第 5 章で述べるように，ロボットの制御時などに必要な，出力リンクをある位置・姿勢とするための入力変位を求める逆運動学も，シリアルメカニズムに比べて容易である．しかし，出力リンクの移動可能な領域がロボット全体の大きさに比べて小さく，その形状も複雑であることが欠点としてあげられる．そのほか，構造も複雑であり，設計が容易でないという問題も有する．

以下の章では，シリアルメカニズムなどと対比しながら，解析，設計方法を述べていく．なお，シリアルメカニズムなどにおいては，出力点の運動や同点に作用する力に注目することが多い．パラレルメカニズムの出力点は出力リンクの中央とすることが多く，同点の座標でパラレルメカニズムの位置や並進変位を表すことが多いが，回転を含む運動全体や作用する力に対する釣り合いなどは，出力リンク全体に注目して考える必要がある．

1.7　まとめ

本章では，ロボットに用いられる機構の種類や特徴を広く述べたうえで，パラレルメカニズムの特徴を示し，従来のロボットの機構との比較を述べた．パラレルメカニズムを学ぶためには，シリアルメカニズムなど，従来のロボットの機構の基本を知っておくことは重要であり，それらの知識はパラレルメカニズムの理解にも役立つ．以下においても，必要に応じ，従来の機構との比較などを通して，パラレルメカニズムの力学や運動学を述べていく．

■参考文献

[1] D. Stewart, Proc. Instn. Mech. Engrs. (Part I) 180 (1), pp.371–386 (1965–66).

第2章

機構の自由度

2.1　はじめに

パラレルメカニズムは，前章で述べたように，ロボットの機構形式としては機構内に複数の閉ループ部分を有する複ループ機構として分類される．さらに，パラレルメカニズムのなかにおいても，連鎖の数や連鎖を構成するジョイントの構成が異なるさまざまな形式が存在する．また，運動可能な方向，駆動方法によっても分類することができる．

これらを理解し，パラレルメカニズムの機構形式を設計・選択するためには，まず，**自由度**（degrees of freedom）の概念が必須である．ここでの自由度とは，ロボットが出力リンクをどの程度自由に動かせるかを表す数であり，機構を構成するジョイントとリンクの組合せで決定される．パラレルメカニズムをはじめ，機構の設計では，まず，目的とする作業に必要な自由度を明らかにして，その値を満たすように機構の形式を設計し，その後，詳細な構造や寸法の決定を行う．

本章では自由度の概念を説明するとともに，ロボットの作業と必要な自由度との関係，自由度の求め方に関して解説する．

2.2　質点および剛体の自由度

自由度は理工学一般に広く用いられる概念である．物理学において，自由度は，質点や剛体などの物体の位置および姿勢を表現するために必要な独立した変数の数である．自由度を考える際には，対象が質点または剛体であるか，さらに，それらの対象が平面内でのみ運動可能か，空間内でも運動可能かが重要となる．

図 2.1 (a) に示す平面内での質点の自由度を考えてみよう．質点とは，質量をもつが，大きさがないとみなせる点である．したがって，回転の概念はなく，並進のみ可

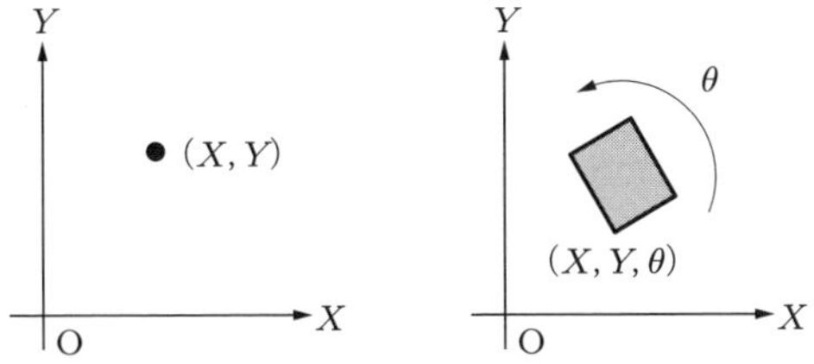

（a）質点 （b）剛体

図 2.1 平面内での物体の自由度

能である．平面内に 2 次元 XY 直交座標系を設定すれば，質点の位置は X および Y の 2 変数で表される．したがって，質点の運動はこれら二つの独立した変数で表されるので，2 自由度である．一方，図 2.1 (b) に示す平面上の剛体の状態を表す変数には，その重心などを代表点として X および Y の座標値で表される位置のみならず，剛体の平面内の回転によって生じる姿勢の変化が存在する．すなわち，平面内における剛体の運動は，X，Y の位置および剛体の回転角 θ の 3 変数で表されるので，自由度は 3 となる．

次に，空間内における物体の自由度を考えてみよう．図 2.2 (a) のように 3 次元 XYZ 直交座標系を設定すれば，質点の位置は X，Y および Z で示され，運動はこれら 3 変数で表される．したがって，空間内における質点の自由度は 3 である．さらに，剛体に関しては，図 2.2 (b) のように，その位置は X，Y および Z の 3 変数で表される．これに加えて，剛体は，X，Y および Z の各軸周りに回転できる．したがって，空間内で剛体の運動を示す変数は，図 2.2 (b) の座標系を用いれば，位置を示す X，Y および Z と，姿勢を示す α，β および γ の 6 個となり，自由度は 6 である．

すなわち，質点の場合は位置のみが変数となり，2 次元平面内における自由度は 2，3 次元空間内における自由度は 3 であるが，剛体の場合は姿勢の変数が加わり，平面では 3，空間では 6 となる．

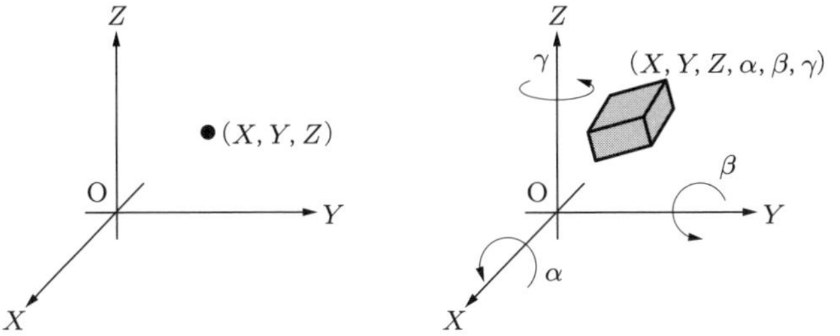

（a）質点 （b）剛体

図 2.2 空間内での物体の自由度

2.3　工学における自由度

工学での自由度の定義は，前節で述べた物理学の定義と根本的に同じであるが，より具体的な表現として，「機械や対象物の位置や姿勢を調整可能な独立した変数の数」または「機械や対象物の並進や回転の運動方向を調整可能な独立した変数の数」などとされる．物理学と同じく，位置および姿勢に関する調整が対象であり，速度や加速度の調整は自由度には含まない．

たとえば，図 2.3 に示す工作機械は，XY テーブルに載せた加工物を工具に対して X および Y 方向に移動して位置決めすることができ，さらに，パラレルメカニズムによって工具を Z 軸方向に移動するとともに，X 軸および Y 軸周りに傾けることができる．したがって，加工物を切削する自由度は 5 である．また，工作機械全体では，工具を Z 軸周りに回転させることから 6 自由度となるが，工作機械の自由度は切削に関する位置決めの自由度を指すため，図 2.3 の機械は 5 自由度工作機械とよばれる．

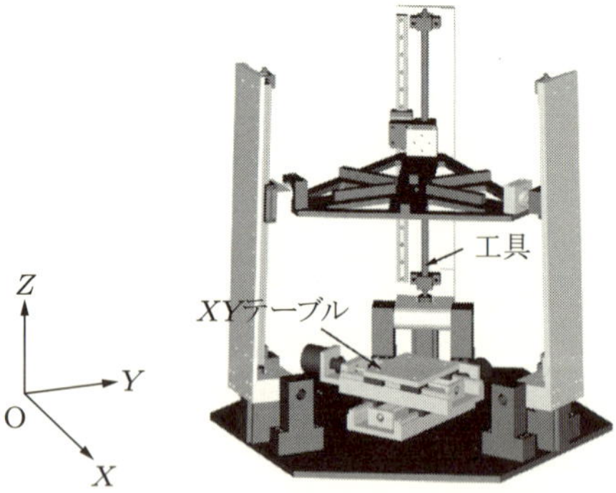

図 2.3　5 自由度工作機械[1]

参考として，車の自由度を考えてみよう．ここでは車本体の自由度を取りあげる．まず，ハンドルをきることによって，車本体の並進方向を回転させることができる．これは独立した調整機能であり，自由度の一つである．さらに，ギアによって車の進行方向を前進，後進に調整でき，これも自由度の一つである．したがって，車の走行時に位置や方向（姿勢に相当）を決めるための自由度は 2 である．

なお，前節で述べたとおり，剛体を平面内で任意に位置・姿勢決めするために必要な自由度は 3 である．これに対し，車の自由度は 2 であることから，路面上において任意に位置・姿勢を十分に調整できないことになる．実際，われわれは車の運転において縦列駐車などに苦労する．車の自由度が 3 であれば，車を側面方向に平行移動できることになり，縦列駐車も容易に行えるはずである．

以上に加え，工学でよく使う自由度の概念として，作業の自由度がある．すなわち，ある作業を行うために必要な，独立して調整または制御すべき変数の数を，作業に必要な自由度とよぶ．たとえば，平面内で物体を移動させるために必要な自由度は，物体の姿勢が任意でかまわない場合は 2 であり，物体の姿勢まで調整する場合は 3 となる．後述のように，ロボットの自由度は，対象とする作業の自由度に応じて決めなければならない．

2.4　ジョイントおよび機構の自由度

■2.4.1　ジョイントの自由度

ロボットの自由度は，用いる機構の自由度で決まり，また，機構の自由度は機構を構成するジョイントの自由度に依存する．以下，パラレルメカニズムをはじめとして，ロボットの機構に用いられる代表的なジョイントの自由度について考えてみよう．

図 2.4 (a)，(b) に示す回転ジョイントおよび直進ジョイントの運動は，それぞれ 1 軸周りの回転角 θ および 1 軸方向の並進変位 x によって表される．言い換えれば，図 2.4 (a) のジョイントは 1 軸周りの回転角 θ を調整可能であり，図 2.4 (b) のジョイントは 1 軸方向の変位 x を調整できる．したがって，自由度はいずれも 1 である．また，図 2.4 (c) に示すユニバーサルジョイントは，その運動が直交する 2 軸周りの回転角 θ，ϕ で表され，2 軸周りの回転角をそれぞれ調整可能であるから自由度は 2 である．図 2.4 (d) に示すボールジョイントは，その運動が直交する 3 軸周りの回転角 α，β，γ で表され，3 軸周りの回転角をそれぞれ調整可能であるから，自由度は 3 である．

1 自由度のジョイントは，自由度は低いが，精度の高い運動が行え，制御しやすいことからよく用いられる．これに対し，2 自由度のジョイントとして図 2.4 (c) の**ユニバーサルジョイント**（universal joint），3 自由度のジョイントとして図 2.4 (d) のボールジョイントがあり，パラレルメカニズムにはよく用いられるが，構造は複雑で，

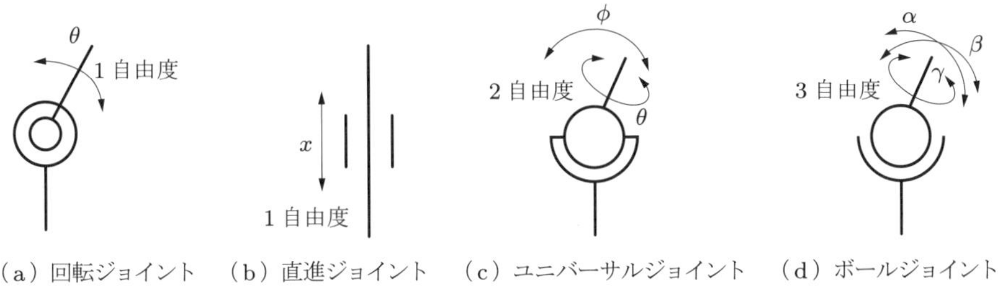

図 2.4　ジョイントの自由度

とくにボールジョイントの用途は限られている．

■2.4.2　機構の自由度とジョイントの数

機構の自由度は，機構を用いるロボットの作業時や制御時に調整可能な，運動を表す変数の数である．また，その数は，ロボットが外部に対して作業を行う出力点または出力リンクの運動を指定するために，制御時に用いる変数の数に通常は一致する．

ここで，出力点または出力リンクの運動は，ロボットを構成する複数のジョイントが，それぞれ回転，直進することにより行われる．ロボットのジョイントは，アクチュエータを連結して能動的に動かす能動ジョイントと，ほかのリンクの動きに応じて受動的に変位する受動ジョイントからなるが，運動を調整可能なのは能動ジョイントであることから，ロボットに用いる機構の自由度は，能動ジョイントの数で表される．

例として，図 2.5 (a)，(b) に示すシリアルメカニズムおよび閉ループ機構は，第 1 章で示したようにそれぞれ二つのアクチュエータを用いており，いずれも 2 自由度である．ただし，図 2.5 (a) のシリアルメカニズムにおいては，すべてのジョイントがアクチュエータに連結している能動ジョイントであり，ジョイントの自由度と機構の自由度が一致している．これに対し，図 2.5 (b) の閉ループ機構では，アクチュエータを連結した二つのジョイントのほかに，アクチュエータを連結していない受動ジョイントが存在し，ジョイントの自由度の総和とロボットの自由度は一致していない．さらに，図 2.5 (c) に示すパラレルメカニズムは多数のジョイントを用いており，それらには自由度が 2 以上のジョイントも含まれていることから，ジョイントの自由度の総和は機構の自由度に比べて大きな値となる．しかし，機構の自由度はアクチュエータを連結するジョイントの数である 6 となる．

このように，ジョイントの自由度の総和とロボットの自由度は一致しない．これが，

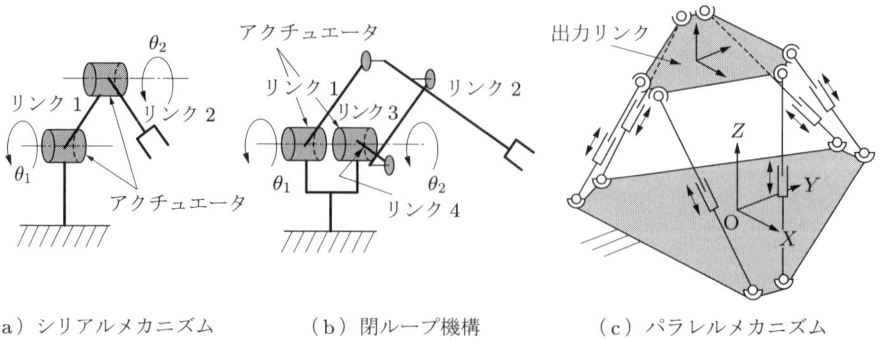

（a）シリアルメカニズム　（b）閉ループ機構　（c）パラレルメカニズム

図 2.5　ロボットのジョイントの数と自由度

ロボットの機構の自由度を求めたり，また，目的とする自由度をもつ機構形式を設計したりすることを難しくする．これらに関して，本章および次章で詳しく解説する．

2.5　ロボットの機構の自由度

2.5.1　空間機構および平面機構

ロボットの機構の自由度を考える際には，機構が空間内で運動する必要があるか，または平面内での運動で十分かを，ロボットの作業に応じて区別する必要がある．空間内で運動する機構を**空間機構**（spatial mechanism），平面内でのみ運動する機構を**平面機構**（planar mechanism）とよぶ．

平面機構と空間機構の区別が重要であることを，図 2.6 を用いて説明する．図 2.6 (a)，(b) の機構は，いずれも三つの回転ジョイントをもち，各ジョイントにアクチュエータを配置する 3 自由度のシリアルメカニズムである．図 2.6 (a) の機構は，回転角変位が θ_1～θ_3 で表される三つのジョイントをいずれも平面内で回転させることができ，出力リンク CD の位置と姿勢を平面内で自由に制御可能な平面機構である．

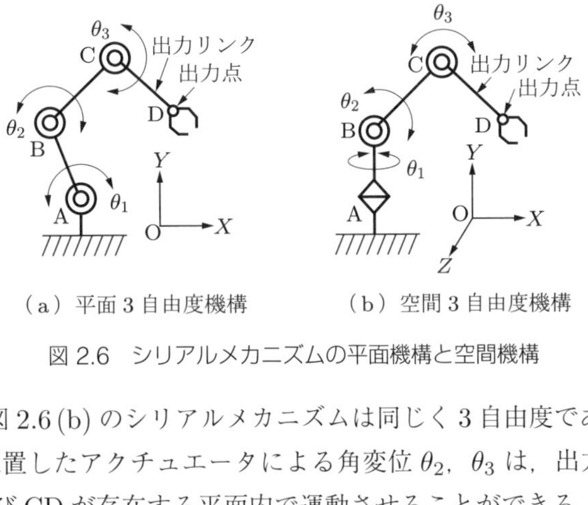

（a）平面 3 自由度機構　　（b）空間 3 自由度機構

図 2.6　シリアルメカニズムの平面機構と空間機構

これに対し，図 2.6 (b) のシリアルメカニズムは同じく 3 自由度であり，ジョイント B および C に配置したアクチュエータによる角変位 θ_2，θ_3 は，出力リンク CD を，リンク BC および CD が存在する平面内で運動させることができる．ただし，ジョイント A に配置したアクチュエータによる角変位 θ_1 は，出力リンク CD をその平面の外へ移動させる，すなわち空間内で回転させる運動を行う．したがって，図 2.6 (b) のシリアルメカニズムの平面内の自由度は 2 であり，出力リンク CD を平面内で自由に位置・姿勢決めすることはできない．しかし，出力リンク CD を空間内で運動させることができる空間機構である．

このように，同じ 3 自由度の機構であっても，平面機構か空間機構であるかで，必要な自由度を満たせるかどうかは異なる．すなわち，図 2.6 (a) の機構は平面内で必要な 3 自由度の位置・姿勢決めが可能であるが，図 2.6 (b) の機構は不可能であり，また，図 2.6 (a) の機構は空間内での位置決めは不可能である．

したがって，機構の設計時には，空間機構であるか平面機構であるかの区別を最初に行うことが重要である．

■2.5.2　ロボットの作業と機構の自由度との関係

以上を前提に，ロボットが行う作業と機構の自由度の具体的な例を考えてみよう．ロボットの機構の自由度は，通常，作業対象物の位置や姿勢を調整するために制御時に用いる出力点または出力リンクの運動を表す独立した変数の数に一致する．すなわち，平面内で物体の位置決めだけを行う場合は機構には 2 自由度が，姿勢まで調整する場合は 3 自由度が必要となる．空間では，対象物の位置決めに 3 自由度，姿勢の調整には 3 自由度が必要であり，任意に対象物の位置・姿勢を調整する場合には 6 自由度が必要となる．

したがって，図 2.7 (a) に示す平面 2 自由度のシリアルメカニズムを用いたロボッ

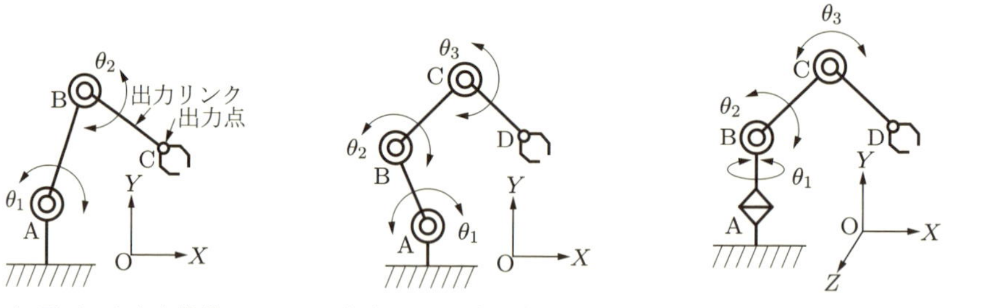

（a）平面 2 自由度機構
（シリアルメカニズム）

（b）平面 3 自由度機構
（シリアルメカニズム）

（c）空間 3 自由度機構
（シリアルメカニズム）

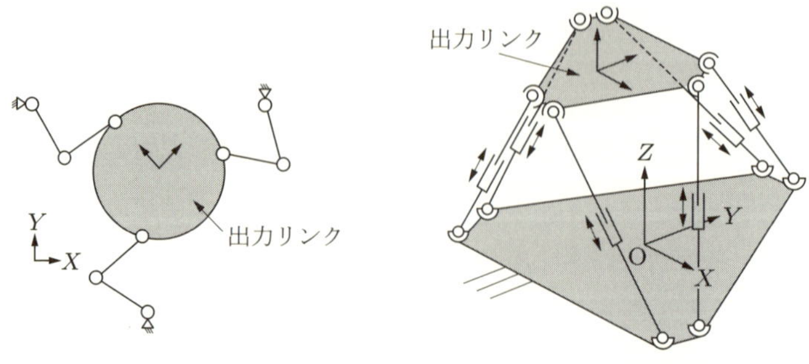

（d）平面 3 自由度機構
（パラレルメカニズム）

（e）空間 6 自由度機構
（パラレルメカニズム）

図 2.7　ロボットの自由度

トは，XY 平面内で出力点の位置決めが行えればよく，向きを考慮する必要のない，物体の平面内の搬送などに用いることができる．また，図 2.7 (b) に示す平面 3 自由度のシリアルメカニズムを用いたロボットは，出力点の位置だけでなく，出力リンクの姿勢も制御可能である．よって，出力リンクに塗装ガンなどを取り付け，位置だけでなく，その方向を制御する作業が行える．図 2.7 (c) に示す空間 3 自由度のシリアルメカニズムを用いたロボットは，XYZ 空間内での物体の搬送が可能である．ただし，図 2.7 (c) のロボットは，出力リンクの位置と姿勢を同時に制御することはできないため，指定した位置で物体の姿勢を調整することはできない．

図 2.7 (d)，(e) はいずれもパラレルメカニズムであり，それぞれ平面機構および空間機構である．図 2.7 (d) に示す機構は平面 3 自由度パラレルメカニズムであり，ベース上の回転ジョイントを能動ジョイントとすることで，円板状の出力リンクの位置および姿勢を平面内で同時に制御できる．また，図 2.7 (e) に示す空間 6 自由度機構であるパラレルメカニズムを用いれば，各連鎖に含まれる直進ジョイントを能動ジョイントとすることで，空間内で出力リンクの位置および姿勢を同時に制御可能である．

■2.5.3 冗長な自由度をもつロボットの機構

以上で述べたとおり，ロボットの自由度はアクチュエータの数に一致し，通常，作業対象とする物体の位置・姿勢決めに必要な自由度に相当する．また，作業を行うために位置・姿勢を制御する対象は，それぞれ単一の質点または剛体として考えることができる出力点または出力リンクである．したがって，平面または空間での位置・姿勢決めであれば，ロボットの機構に必要な最大自由度は 3 または 6 であり，これ以上の自由度は，作業対象の位置・姿勢のみならず，出力点や出力リンクの運動を表すには余剰となるはずである．

しかし，ロボットによっては，アクチュエータの数が 3 より多い平面機構，または 6 より多い空間機構を用いることがあり，この場合，ロボットの自由度は，出力点または出力リンク単体の平面または空間での自由度より大きな自由度をもつことになる．

たとえば，図 2.8 (a) のロボットの機構は，リンク A，B，C，D それぞれにアク

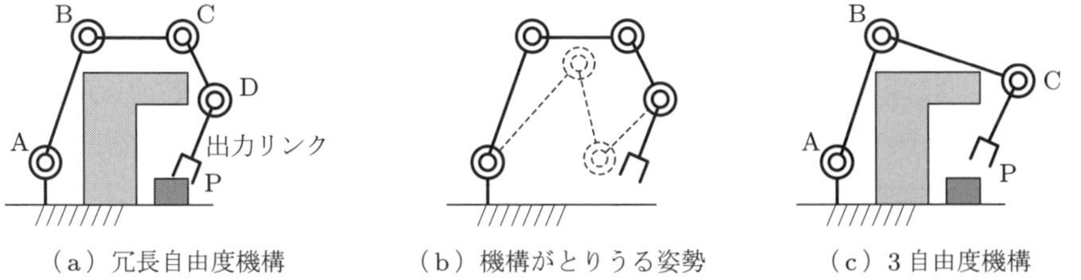

図 2.8 冗長自由度を有するシリアルメカニズムの例

チュエータを配置するシリアルメカニズムであり，自由度は4となる．ただし，出力リンクそのものの剛体としての自由度は平面内で3を超えることはないため，入力の自由度は余剰となる．このような場合，図2.8(b)に示すように，出力リンクの同一の位置・姿勢に対して，それを実現するロボットの形態は複数存在する．このようなロボットを，**冗長自由度**（redundant degree of freedom）をもつロボットと称し，用いている機構を**冗長自由度機構**（redundant degree of freedom mechanism）とよぶ．

ロボットが冗長自由度を有する場合の利点を考えてみよう．図2.8(c)のロボットの機構は能動ジョイントA，BおよびCからなる3自由度の平面シリアルメカニズムである．出力リンクCPそのものの平面内での自由度は3であることから，このロボットは，出力リンクの位置および姿勢を制御可能である．しかし，図2.8(c)に示すように障害物がある場合，その影におかれた物体の把持などは行えない．これに対し，図2.8(a)に示すように，冗長自由度を有するロボットは障害物を回避して作業を行えることがある．

冗長自由度を有するロボットは，機構全体としてとりうる姿勢の可能性が増加し，障害物回避など，複雑な作業が可能となる．一方，図2.8(b)に示したように，出力リンクの同一の位置・姿勢に対して，それを実現するロボットの形態は複数存在するため，各能動ジョイントの入力変位は複数のなかから選択する必要があり，制御は複雑になる．また場合によっては，単純な計算ではロボットの出力リンクの位置・姿勢を制御するための入力変位を決定できなくなることもある．

これらを考慮したうえで，ロボットの機構設計時に自由度を選択する必要がある．

■2.5.4　パラレルメカニズムの冗長自由度

シリアルメカニズムなどのロボットの機構が冗長自由度を有する場合，前項で示したように，出力リンクのある位置・姿勢に対して，ロボット全体ではさまざまな姿勢をとることができる．すなわち，ロボットは，出力リンクの位置・姿勢は保ちながら，ほかのリンクの位置・姿勢を変化させることで障害物の回避などが可能となり，動作の範囲が広がることが多い．

一方，パラレルメカニズムが冗長な自由度をもつ場合，かえって動作が制限される場合がある．図2.9(b)に示すパラレルメカニズムは，図2.9(a)に示した平面3自由度機構の形式に，さらに，破線で示す連鎖を加えた平面4自由度機構である．この場合，円板状の出力リンクの位置・姿勢は実線で示すほかの三つの連鎖で決定されるため，●で示す破線の連鎖と出力リンクとの結合点の位置は固定され，その結果，同連鎖全体の姿勢も決まってしまい，自由に動くことはできない．無理に動作させようとすると，ほかの連鎖と引っ張りまたは押し合うことになり，パラレルメカニズム内に

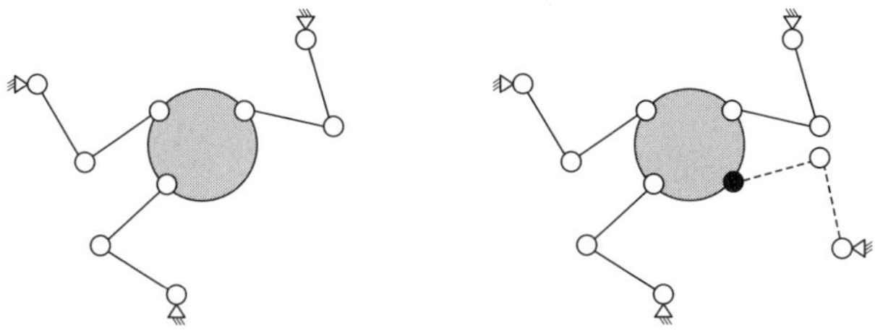

（a）平面 3 自由度機構　（b）平面 4 自由度機構

図 2.9　冗長自由度を有するパラレルメカニズム

は大きな内力が発生する．

シリアルメカニズムなどでは，冗長自由度をもつことにより，出力リンクの位置・姿勢を保ちながら，図 2.8 (b) に示したように機構全体の形態を変えうる．これは，図からわかるように，ジョイントで連結されているリンクの動作がたがいに独立であり，あるリンクの姿勢が，ほかのリンクの動作に影響しないためである．しかし，パラレルメカニズムでは，余剰となる連鎖の動作は，ほかの連鎖の位置・姿勢に対して従属的に決定される．よって，冗長自由度をもった場合にも，その形態を自由に変化させることはできない．

すなわち，冗長自由度をもつパラレルメカニズムは，シリアルメカニズムのように機構全体でのとりうる姿勢の状態が増加することはなく，かえって力の拮抗が生じないように制御する必要があり，動作は制限されることが多い．ただし，たとえば，その拮抗する力を利用してパラレルメカニズム全体の剛性を向上させたり，また，後で述べる特異姿勢を防いだりするために利用することは可能である．

なお，図 2.10 の機構は，パラレルメカニズムにシリアルメカニズムを連結した形式であり，自由度は 8 である．このような場合，パラレルメカニズムとシリアルメカニズムが独立に動作可能であることから，ロボット全体として取り得る姿勢の自由度は増加し，前項と同様な冗長自由度の効果が期待できる．このように，パラレルメカ

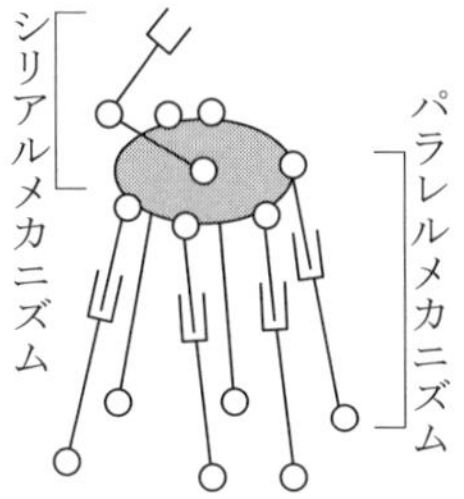

図 2.10　ハイブリッドメカニズム

ニズムとシリアルメカニズム，また，異なるパラレルメカニズムどうしなど，異形式の機構を連結する形式を**ハイブリッドメカニズム**（hybrid mechanism）とよぶ．

■2.5.5　自由度が少ない機構の特徴

2.5.3 項および 2.5.4 項で述べたように，冗長な自由度をもつロボットの機構が存在する一方，出力リンクの自由度に対して入力数，すなわちロボットとしての自由度が少ない機構も存在する．簡単な例として，図 2.7 (a) に示した入力数が 2 である平面 2 自由度シリアルメカニズムの自由度は，出力リンクの剛体としての自由度である 3 より少ない．したがって，図 2.7 (a) の機構は XY 平面内で出力点の位置決めと同時に出力リンクの傾きを制御できず，出力点の位置に応じて出力リンクの傾きが変化する．言い換えれば，出力リンクの姿勢は，出力点の位置に応じて従属的に決まる．

このように，平面内で運動するロボットで自由度が 3 未満である場合，位置・姿勢決め時には制御できない変位が生じることに注意しなければならない．平面 2 自由度シリアルメカニズムでは，通常，出力点の位置を決める 2 自由度を制御し，出力リンクの姿勢は従属的に決定される．もし，出力リンクの姿勢を制御した場合は，出力点の X または Y 方向のいずれかの位置が従属的に決定されることになる．

同様に，図 2.7 (c) に示した空間 3 自由度シリアルメカニズムは，空間において 3 自由度の運動が可能であり，出力リンクの位置・姿勢を表す変数の中の 3 個を制御可能である．ただし，空間では出力リンクの位置・姿勢を決定するために 6 個の変数が必要であることから，制御されない 3 個の変数は，制御される変数に対して従属的に変化する．

シリアルメカニズムや平行クランク形機構を用いたロボットは，出力点を位置決めし，出力点に取り付けたハンドなどのエンドエフェクタで姿勢を制御することが多い．したがって，単純なマニピュレータでは，平面では 2 自由度，空間では 3 自由度の機構を用いることも多い

パラレルメカニズムでは，3 自由度の平面パラレルメカニズムまたは 6 自由度の空間パラレルメカニズムであれば，それぞれ平面および空間内で出力リンクの位置・姿勢をすべて決定可能である．パラレルメカニズムでは出力リンクに取り付けるエンドエフェクタではなく，出力リンクそのもので位置と姿勢を調整することが多いことから，通常は，平面および空間で作業するロボットには，それぞれ 3 および 6 自由度の機構を用いる．しかし，構造を単純化するため，およびほかの機構との組合せのために，パラレルメカニズムにおいても，図 2.11 に示すような空間 3 自由度機構を用いることがある[2]．このような少自由度の機構の制御時には，出力リンク単体の位置・姿勢を表す変数において，制御の対象としていない変数に従属的な変位が発生するこ

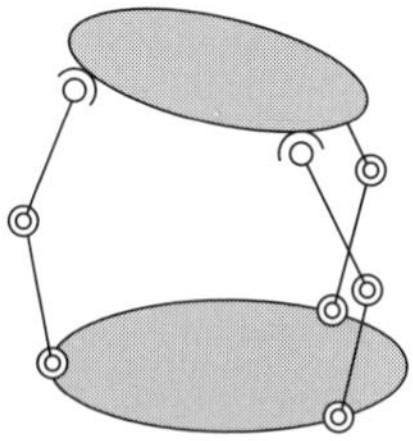

図 2.11 空間 3 自由度パラレルメカニズム

とに注意しなければならない．その詳細については，5.7 節に示す．

2.6 機構の自由度の求め方

■2.6.1 グリューブラーの式

図 2.7 (a) に示したシリアルメカニズムなど，構造が単純な機構では，その自由度を比較的容易に把握できる．しかし，図 2.7 (e) や図 2.11 に示したパラレルメカニズムなどの自由度を直感的に把握することは難しい．また，たとえば 6 自由度のパラレルメカニズムを設計する際に，どのようにリンク，ジョイントを組み合わせればよいかを即座に決定することも困難である．すなわち，必要とする自由度を満たす機構のリンクとジョイントの組合せを決定することは容易でない．

あるリンクとジョイントの組合せが，どのような自由度の機構となるかを把握する方法があれば，設計および解析において有用である．以下に述べる**グリューブラー（Grübler）の式**は，機構の自由度の数と，リンク，ジョイントの組合せとの関係を表す式であり，機構の解析や設計でよく利用される．グリューブラーの式は，以下のとおり簡単な式で表される．

$$G = M(N-1) - \sum_{m=1}^{M-1} (M-m) j_m \tag{2.1}$$

ここで，G は機構の自由度，N は機構を構成するリンクの総数である．M は剛体としてのリンク単独の自由度であり，先に述べたとおり，運動が平面内のみで行われる場合は 3，空間内である場合は 6 となる．m は各ジョイントの自由度であり，j_m は自由度が m であるジョイントの総数である．

グリューブラーの式が成り立つ理由を図 2.12 で説明する．まず，図 2.12 (a) に示すように，機構を構成するリンクの数が N であり，これらが連結されていない場合，一つのリンクの自由度は M であることから，リンクの自由度の総数は $M \times N$ と考えられる．ただし，実際には図 2.12 (b) に示すように，いずれかのリンクはベースと

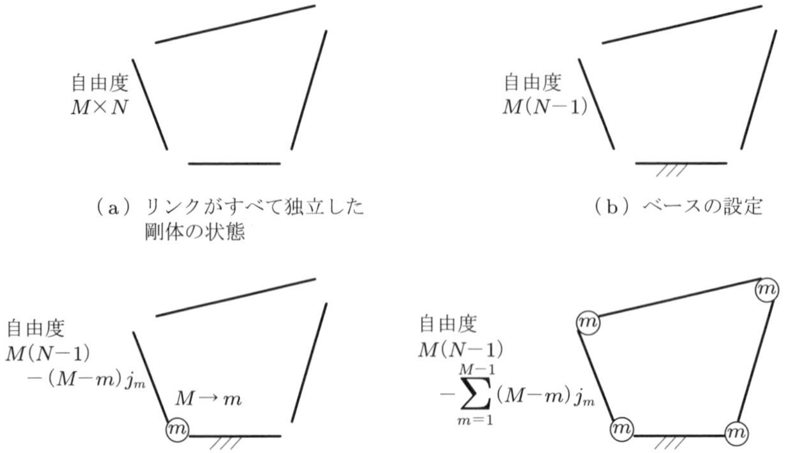

（a）リンクがすべて独立した剛体の状態　（b）ベースの設定

（c）リンクを m 自由度のジョイントで連結　（d）機構の完成

図 2.12　グリューブラーの式の成り立ち

して固定されるので，自由度の総数は $M(N-1)$ となる．この値が式 (2.1) の第 1 項となる．

次に，図 2.12 (c) に示すように，あるリンクが m 自由度のジョイントで連結されるとする．このとき，m 自由度のジョイントで連結されたリンクの自由度は M から m に減少する．すなわち，$M(N-1)$ であった自由度の総数から $(M-m)$ の自由度が減ることになる．よって，図 2.12 (d) に示すように，m 自由度のジョイントを j_m 個用いてリンクを結合すれば，機構全体として $(M-m)j_m$ の自由度が減少する．さらに，自由度の異なる複数のジョイントを用いる場合，これら減少する自由度の総和が式 (2.1) の第 2 項で表される．

> **例題 2.1**　図 2.12，2.13 を参考に，リンクの総数を 4 とし，各リンクを 1 自由度の回転ジョイントで連結して構成される平面機構の自由度を求めてみよ．

解答　まず，図 2.13 (a) においてリンクの総数 $N = 4$ であり，平面内においてそれぞれ $M = 3$ の自由度をもつことから，全リンクの自由度の総和は

$$M \times N = 3 \times 4 = 12$$

である．

機構として用いるには，いずれかのリンクを固定しなければならない．そこで，図 2.13 (b) に示すように，下部のリンク I を固定する．この結果，自由に動けるリンクの数は $(N-1)$ となることから，全リンクの自由度の総和は

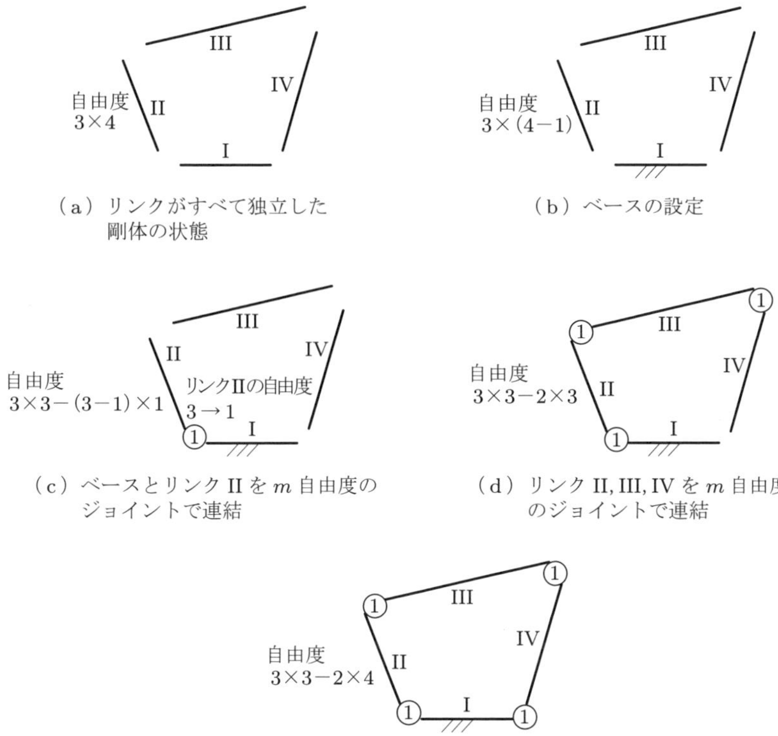

（a）リンクがすべて独立した剛体の状態

（b）ベースの設定

（c）ベースとリンク II を m 自由度のジョイントで連結

（d）リンク II, III, IV を m 自由度のジョイントで連結

（e）すべてのリンクを m 自由度のジョイントで連結して機構を完成

図 2.13　グリューブラーの式による解法例

$$M(N-1) = 3 \times 3 = 9$$

となる．

ここで，図 2.13 (c) に示すように，1 自由度の回転ジョイントにより，ベースであるリンクⅠにリンクⅡを固定する．固定されたリンクⅡは，ベースに対して 1 軸周りの回転運動のみが可能となる．すなわち，固定されていない場合の自由度は 3 であったが，$m = 1$ 自由度である（個数 $j_m = 1$ 個の）回転ジョイントで連結されたことにより，リンクの自由度は $(3-1)$ だけ減じたことになる．よって，この状態での図 2.13 (c) に示すリンク全体の自由度は

$$M(N-1) - (M-m)j_m = 9 - 2 \times 1 = 7$$

となる．

確認すると，リンクⅠはベースとして固定されていて自由度はゼロであり，リンクⅡは，ベースから 1 自由度の回転ジョイント 1 個で連結されていて，1 軸周りの回転運動を行うため自由度は 1 である．また，リンクⅢ，Ⅳは平面内で自由に運動でき，それぞ

れの自由度は 3 である．よって，図 2.13 (c) に示すリンク全体の自由度は，グリューブラーの式が表すとおり 7 となっている．

さらに，図 2.13 (d) に示すように，リンクⅡにリンクⅢを，リンクⅢにリンクⅣを 1 自由度の回転ジョイントでそれぞれ連結すると，回転ジョイントの個数 $j_m = 3$ となるから

$$M(N-1) - (M-m)\,j_m = 9 - 2 \times 3 = 3$$

となる．この状態では，図 2.13 (d) に示すようにリンクⅠからⅣまで直列に連結されており，機構の運動は 3 個の 1 自由度回転ジョイントの角変位で表されるので，自由度はグリューブラーの式から得られるとおり 3 である．

最後に，リンクⅣをリンクⅠに，1 自由度の回転ジョイントで連結すると機構が完成し，全体のジョイントの数 $j_m = 4$ となるので

$$M(N-1) - (M-m)j_m = 9 - 2 \times 4 = 1$$

となり，図 2.13 (e) の機構は 1 自由度となる．同機構は平面 4 節リンク機構とよばれる．■

以上のように，グリューブラーの式は明快な過程で自由度を求めることができ，得られる式の形も比較的単純である．さらに，同式は機構の自由度を求めるために広く用いることができる実用的な式である．一部，例外となる場合もあるが，それは，機構の構造に特殊な条件が含まれていることが多く，そのような機構の特徴を把握するうえでも有用である．以下では，同式を用いた機構の自由度の解析例をいくつか示す．

例題 2.2　図 2.14 に示す平面パラレルメカニズムの自由度を求めよ．

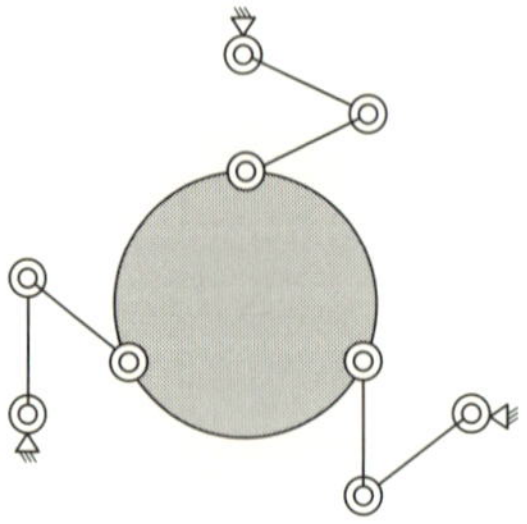

図 2.14　平面パラレルメカニズム

解答　図 2.14 の機構は出力リンク 1 個，その他の可動リンク $3 \times 2 = 6$ 個であり，機構を設置しているベースの数 1 を加えれば，リンクの総数は $N = 8$ となる．設置面であるベースはリンクとして明記されないが，実際には一つのリンクであるので注意が必要である．また，ジョイントは自由度 $m = 1$ の回転ジョイントが $3 \times 3 = 9$ 個用いられてお

り，グリューブラーの式 (2.1) において $j_1 = 9$ となる．ロボットは平面内で運動を行うことから，定数 $M = 3$ である．よって

$$G = M(N-1) - \sum_{m=1}^{M-1}(M-m)\,j_m = 3(8-1) - (3-1)\cdot 9 = 3$$

すなわち，図 2.14 の平面パラレルメカニズムは 3 自由度である． ■

なお，必要な自由度 G を有する機構を設計する場合は，式 (2.1) において，自由度 G を満たすリンクの総数 N，m 自由度のジョイントの個数 j_m の組合せを検討すればよく，その詳細は第 3 章で述べる．

例題 2.3　図 2.15（図 2.7 (e) の再掲）に示すスチュワートプラットフォームの自由度を求めよ．

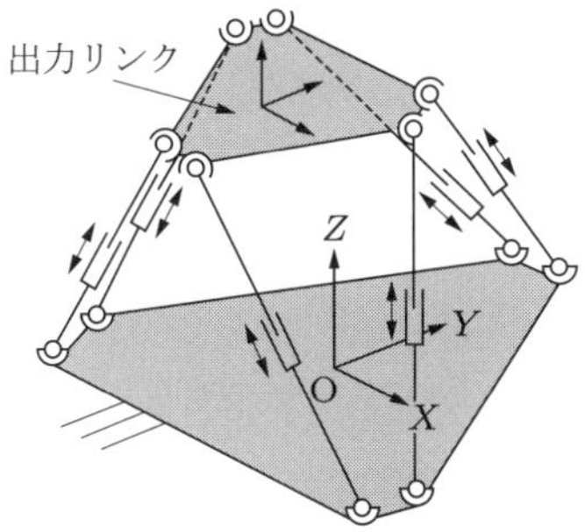

図 2.15　スチュワートプラットフォーム

解答　図 2.15 の機構は**スチュワートプラットフォーム**（Stewart platform）とよばれ，出力リンクとベースが 6 本の連鎖で連結されている．6 本の連鎖は，それぞれ 1 自由度の直進ジョイントで連結された 2 本のリンクで構成される．したがって，リンクの総数 N は次式となる．

$$N = 2 + 6 \times 2 = 14$$

また，上端および下端が 3 および 2 自由度の回転ジョイントで，出力リンクおよびベースに連結されているため，1 自由度の直進ジョイント，2 自由度の回転ジョイント，3 自由度の回転ジョイントは，それぞれ 6 個である．さらに，同機構が空間機構であることを考慮すれば $M = 6$ であり，グリューブラーの式は次式となる．

$$G = M(N-1) - \sum_{m=1}^{M-1}(M-m)\,j_m$$

$$= 6(14-1) - (6-1)\cdot 6 - (6-2)\cdot 6 - (6-3)\cdot 6 = 6$$

すなわち，スチュワートプラットフォームは6自由度の空間機構であり，空間で剛体が可能な3自由度の並進および回転運動がすべて行える．■

例題 2.4　図 2.16（図 2.11 の再掲）に示した空間パラレルメカニズムの自由度が3であることを確認せよ．

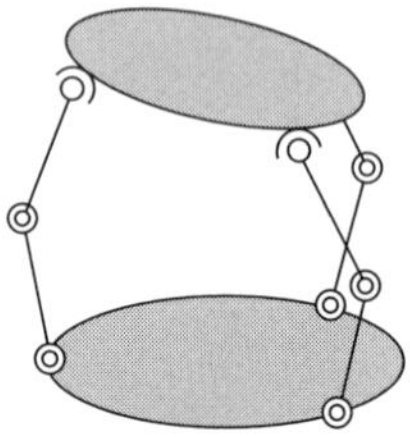

図 2.16　空間3自由度パラレルメカニズム

解答　出力リンクとベースでリンクが2本であり，3本の連鎖はそれぞれ2本のリンクで構成されているため，機構全体のリンクの総数は $N = 8$ となる．また，各連鎖は3自由度のボールジョイント1個と，1自由度の回転ジョイント2個で連結されていることから，機構全体での3自由度ジョイントの総数は3個，1自由度ジョイントの総数は6個である．

したがって，同機構が空間機構であることを考慮し $M = 6$ とすれば，グリューブラーの式は次式となり，自由度が3であることが確認される．

$$G = M(N-1) - \sum_{m=1}^{M-1} (M-m)\,j_m = 6(8-1) - (6-1)\cdot 6 - (6-3)\cdot 3 = 3$$

すなわち，図 2.16 の機構は空間機構であるが，自由度は3であり，空間での剛体の自由度である3自由度の並進および3自由度の回転運動のなかの，いずれか3自由度の運動が行え，ほかの運動は従属的に生じることになる．■

■2.6.2　グリューブラーの式があてはまらない機構

前項で示したように，グリューブラーの式を用いれば，複雑な機構の自由度を容易に求められる．ただし，機構の条件によってはあてはまらない場合もある．

例として，図 2.17 に示す機構（平面4節リンク機構）の自由度について検討する．図 2.17 (a) の機構は，可動部である3本のリンクとベースとで，合わせて総数 $N = 4$ のリンクで構成されている．同機構は，自由度 $m = 1$ の回転ジョイントを $j_1 = 4$ 個用い，運動は平面内で行われることから，その自由度は式 (2.1) において $M = 3$ とし，次式で表される．

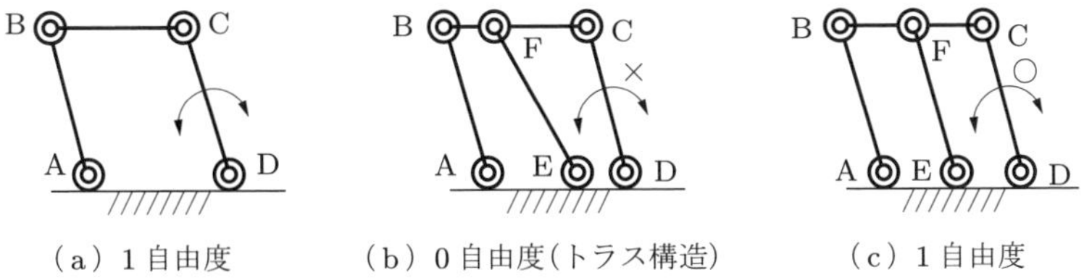

図 2.17 グリューブラーの式があてはまらない例

$$G = M(N-1) - \sum_{m=1}^{M-1} (M-m) j_m = 9 - (3-1) \cdot 4 = 1$$

得られた結果のとおり，図 2.17 (a) の機構は，たとえばジョイント D にアクチュエータを連結して動作させることができる 1 自由度機構である．

ここで，図 2.17 (b) のように閉ループ部分にリンク EF を加え，回転ジョイントで連結した場合を検討する．自由度は，リンクが一つ増え，回転ジョイントが二つ増えることから，次式で得られる．

$$G = 3(5-1) - (3-1) \cdot 6 = 0$$

すなわち，自由度はゼロとなり，図 2.17 (b) の機構は動作しない．具体的には，図 2.17 (b) は回転ジョイントで連結され，各部材に引張・圧縮荷重のみが作用し，モーメントが生じない，いわゆる**トラス構造**（truss structure）である．

しかし，追加したリンク EF が図 2.17 (c) に示すように両端のリンク AB，CD と平行であれば運動可能となる．この状態では，リンク EF は機構の運動には影響しない状態で，強度的な観点からの補強となっている．

以上のように，特殊な幾何学的条件によってはグリューブラーの式による値と実際の運動の自由度と一致しないこともある．

2.7 まとめ

本章では，機構が出力可能な，並進および回転運動の方向の数を表す自由度について述べた．パラレルメカニズムの特徴は多自由度なことであり，自由度の概念はパラレルメカニズムの多自由度な運動および力学解析の基礎となる．また，設計においては，所定の自由度を満たすように機構の構成を決定することが求められる場合も多く，重要な概念である．

平面での機構の最大自由度は 3，空間では 6 であること，およびグリューブラーの式による自由度の計算方法はとくによく把握しておいてほしい．

■参考文献

[1] パラレルメカニズム型加工機の出力運動予測による工具経路の生成，谷内宏史・立矢 宏・海 貴之・服部亮治，日本機械学会論文集 C 編，75 (752), pp.1114–1121 (2009).

[2] 3 自由度空間パラレルマニピュレータの運動解析，岩附信行・林 巌・森川広一・島田洋一，日本機械学会 機素潤滑設計部門講演会講演論文集，pp.139–142 (2002).

第3章 機構形式の設計

3.1 はじめに

ロボットの機構の設計を開始する際には，まず，機構形式の選択を行うことになる．通常，出力リンクに作用する荷重が少なく，また，本体を小形化したい場合にはシリアルメカニズムを，作用荷重が大きい場合は閉ループ機構を用いることが多い．シリアルメカニズムや閉ループ機構を構成するリンクとジョイントの組合せはほぼ決まっているので，選択後は，目的とする運動の実現や，荷重に耐えられるように，機構の寸法などの詳細を設計することになる．これに対し，パラレルメカニズムを用いる場合は，リンクやジョイントの組合せ，すなわち機構の形式から決定しなければならないことが多い．本章では，機構設計の方法にのっとった，パラレルメカニズムの機構形式の設計法について学ぶ．

3.2 パラレルメカニズムの機構形式

■3.2.1 パラレルメカニズム

第 2 章までにおいて，いくつかのパラレルメカニズムの形式を示した．本章では，機構形式の設計の前に，これらパラレルメカニズムの形式を要約するとともに，前章までに示していない形式も紹介する．

これまでに述べたとおり，機構の設計や解析時には，平面機構であるか，空間機構であるかをまず区別することが重要である．パラレルメカニズムでは，第 2 章でも示したが，図 3.1 に示すような平面および空間パラレルメカニズムが存在し，対象とする作業が平面内の運動であるか，また，空間内での運動であるかに応じていずれかを選択する．なお，第 2 章で述べたとおり，平面での作業に必要な自由度は 3 以下であり，空間での作業に必要な自由度は 6 以下であることが多い．

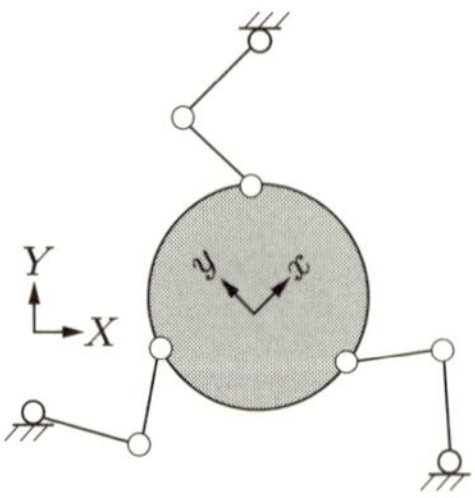

（a）平面パラレルメカニズム

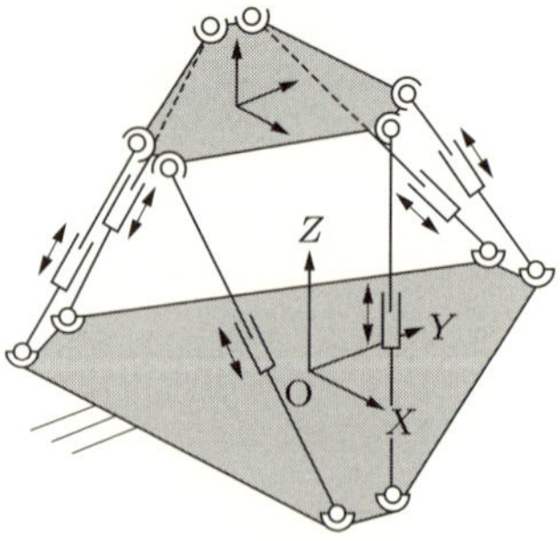

（b）空間パラレルメカニズム

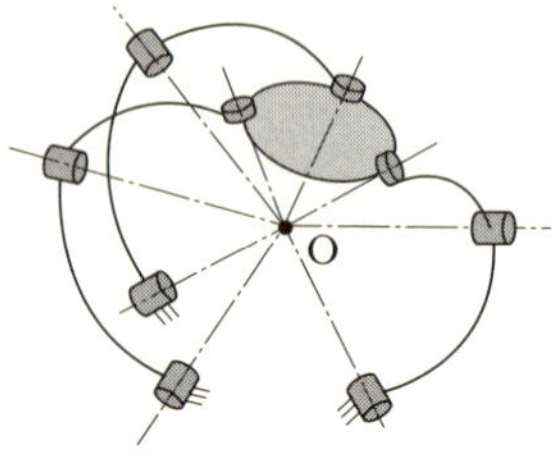

（c）球面パラレルメカニズム

図 3.1　平面および空間パラレルメカニズム

平面パラレルメカニズムは，通常，出力リンクを平面内の 2 方向へ並進させて位置決めする 2 自由度の運動と，平面内で出力リンクを 1 軸周りに回転させて方向の調整，すなわち姿勢決めを行う 1 自由度の運動が可能な 3 自由度機構である．

ここで，出力リンクが面内で運動する特殊な形式のパラレルメカニズムを図 3.1 (c) に示す．同機構は，1 自由度の回転ジョイントで構成され，さらに，すべての回転軸の延長線が 1 点で交わるように各ジョイントを配置している．図 3.1 (c) の機構は，出力リンクを含む可動リンクがすべて球面上で常に運動する性質をもち，自由度としては，球面内での位置と姿勢の調整が可能な 3 となる．すなわち，同機構は，空間機構のようにもとらえられるが，分類としては平面機構の一種といえる．ただし，平面が球面に置き換わっている．したがって，同機構の自由度も平面機構としてグリューブラーの式より求めることができる．このような機構を**球面パラレルメカニズム**（spherical parallel mechanism）とよぶ．

空間パラレルメカニズムは，出力リンクの空間での 3 方向への位置決めと 3 軸周りの回転を行うための 6 自由度機構であることが多いが，6 自由度未満の機構形式も存在する．たとえば，工作機械に用いる場合，先端に回転工具などを取り付けるため，機構としては，図 3.1 (b) に示す出力リンクの z 軸周りの回転運動は必要がなく，5 自由度であればよい．

また，空間内の 3 軸方向の並進運動を行うパラレルメカニズムとして，図 3.2 に示す**デルタ機構**（Delta mechanism）がよく用いられている．この機構は，出力リンクの姿勢を常に水平に保つことができる．よって，姿勢変化の自由度はゼロであり，三つの能動ジョイントによる入力は，空間内での 3 自由度の並進運動による位置決めのみに使用される．すなわち，同機構は並進運動のみが可能な空間 3 自由度機構である．

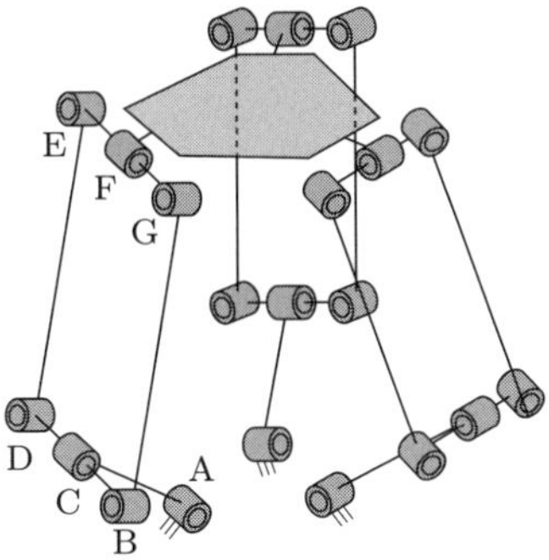

図 3.2 空間並進 3 自由度パラレルメカニズム（デルタ機構）

2.5.5 項で述べたように，空間機構において自由度 n が 6 未満である場合，制御する n 自由度の位置・姿勢に対して，$6-n$ の従属的な位置や姿勢の変化が生じる．しかし，図 3.2 の機構は空間機構ではあるが，幾何学的な拘束により出力リンクの姿勢変化を常にゼロとして，従属変位をともなわない 3 自由度並進運動が可能である．

なお，図 3.2 のデルタ機構の自由度をグリューブラーの式で求めようとすると値は負となる．すなわち，デルタ機構は動作しないこととなる．しかし，実際には同機構は 3 自由度機構として動作する．これは，2.6.2 項で示した場合と同様に，図 3.2 に示すリンク DE と BG が平行であるため，幾何学的な拘束がなくなることが原因である．デルタ機構ではすべての連鎖において，リンク BG とその両端のジョイント，もしくはリンク DE とその両端のジョイントに相当する構造が存在しないとして自由度を求めれば 3 となる．すなわち，これらのリンクとジョイントは実際には不要であるが，存在しないと各連鎖に大きな曲げが生じる．ただし，リンクがたがいに平行となるように高い組立精度が要求される．

なお，すべての連鎖のジョイント E，G に相当する部分に 3 自由度のボールジョイントを用いた形式や，B，D，E，G に相当する部分に 2 自由度のユニバーサルジョイントを用いた形式なども存在する．これらの場合は，機構全体での自由度が 3 となる．

■3.2.2 ハイブリッドメカニズム

2.5.4 項において，パラレルメカニズムの作業領域が狭いといった欠点を補うため，パラレルメカニズムにシリアルメカニズムを連結したハイブリッドメカニズムの一形式を紹介した．しかし，同形式のハイブリッドメカニズムは，場合によっては，パラレルメカニズムの剛性が高いといった利点が，シリアルメカニズムの部分で損なわれてしまうこともある．

そこで，図 3.3 に示すように，パラレルメカニズムどうしを組み合わせた機構が提案されている[2]．図 3.3 の機構は平面 3 自由度パラレルメカニズムの出力リンクに空間 3 自由度パラレルメカニズムを連結しており，全体として 6 自由度の空間機構を構成している．

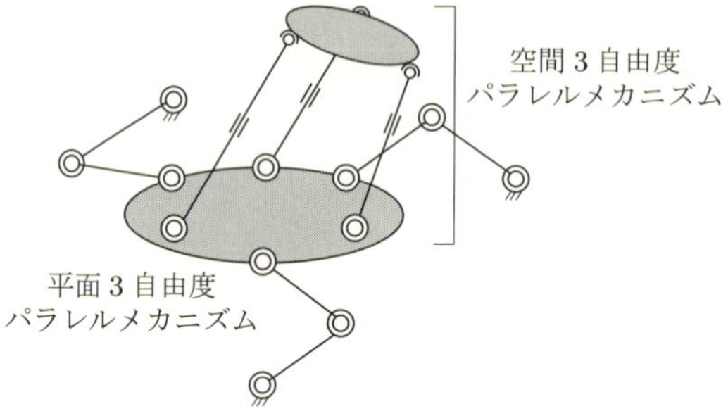

図 3.3　空間 6 自由度ハイブリッドメカニズム

同機構は，平面 3 自由度パラレルメカニズムによって XY 平面内で比較的広い作業領域を確保し，同機構の上部に連結した，構造が比較的単純な空間 3 自由度パラレルメカニズムで空間での運動が可能なため，通常の空間 6 自由度パラレルメカニズムに比べて作業領域が広く，かつ，その範囲の形状が単純で，機構の構造も簡素といった特長を有する．ただし，剛性に関しては，空間 6 自由度パラレルメカニズムに比べれば低い．

前章の図 2.3 に示した機構は，平面 3 自由度パラレルメカニズムを 2 自由度の平面案内テーブルに置き換え，さらに，空間パラレルメカニズムを直接ベースに設置している．平面案内テーブルは剛性に優れた案内面であり，また，空間 3 自由度パラレルメカニズムも強固に固定できるため，全体としての剛性も高い．同機構は，平面 2 自由度および空間 3 自由度を組み合わせた空間 5 自由度機構であり，先述のとおり，出力リンクに工具を取り付け，工作機械として利用する[3]．

■3.2.3　パラレルワイヤ駆動機構

いままでに述べたパラレルメカニズムの連鎖は，剛体とみなすリンクで構成されている．これに対し，図 3.4 に示すように，連鎖にワイヤを利用して出力リンクの位置・姿勢を制御する機構をパラレルワイヤ駆動機構とよぶ．

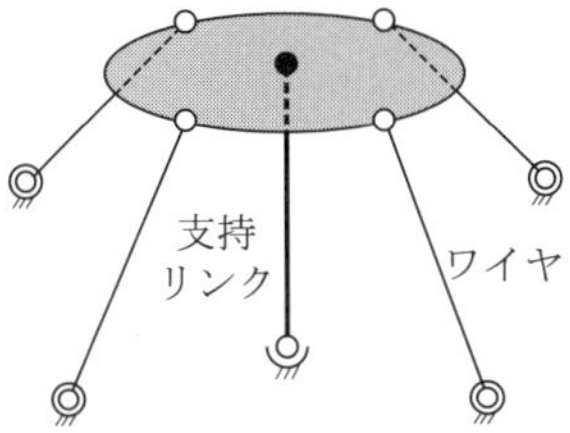

図 3.4 空間 3 自由度パラレルワイヤ駆動機構

図 3.4 の機構は出力リンクとベースを 4 本のワイヤと 1 本の支持リンクで連結している．4 本のワイヤの長さは調整可能である．支持リンクのベース側は 3 自由度のボールジョイントで支持され，他端は出力リンクに固定されている．4 本のワイヤの長さを調整することで，出力リンクの姿勢を，ボールジョイントを中心に変化させることができる．

パラレルワイヤ駆動機構は，ワイヤ主体の構造なので，軽量かつ細身であり，また，柔軟であるといった特徴をもつ．よって，通常のパラレルメカニズムに比べれば，身体に装着しやすいため，人の動きの測定や補助などに利用される[4, 5]．

注意すべき点として，ワイヤは，剛体のリンクと異なり，引張荷重のみを受けることができ，圧縮荷重を受けることはできないため，パラレルワイヤ駆動機構は，常に，すべてのワイヤが引張状態となるようにワイヤ長を決定する必要がある．そのため，第 8 章で学ぶように，n 自由度の機構を構成するためには，$n+1$ 本以上のワイヤを連鎖として必要とする．

なお，図 3.4 の機構の出力リンクは，図 3.1 (c) の球面パラレルメカニズムと同じく，球面上を移動する．しかし，図 3.4 の機構はパラレルメカニズムの連鎖を構成している可動リンクに相当するワイヤが球面上以外で移動すること，平面内の運動では用いることができな 3 自由度のボールジョイントを用いていることから，空間 3 自由度機構である．図 3.4 では略記しているが，ワイヤとベースおよび出力リンクの連結点は，ワイヤの方向を空間内で任意に変化させることができる 2 自由度のジョイントに相当する．

例として，グリューブラーの式において，空間機構として自由度を算出してみてほしい．なお，その際には，先述のように 1 本のワイヤは冗長な連鎖であるので，リンクに相当するワイヤの数は 4 本，ベースを 1 個とし，リンクの総数を 5 本，2 自由度のジョイントを 6 個，3 自由度のジョイントを 1 個とすることになる．

パラレルワイヤ駆動機構は，前項までに述べたパラレルメカニズムとは異なる特徴を有しており，設計や解析方法に関しても特有なことがある．その詳細に関しては第 8 章で述べる．

3.3 機構設計の流れ

パラレルメカニズムを含む，機構設計の一般的な流れを図 3.5 に示す．上から順に示すように，機構設計では，まず，目的とする運動を実現するための機構の種類を選択する．すなわち，ロボットの機構に多く用いるリンク機構やカム機構，歯車機構などから適切な機構を選択する†．次いで，点線内に示すように，順次，選択した機構の詳細を設計していく．機構学では，これらの決定を“**総合**（synthesis）”とよぶ．以下，本書で扱うロボットの機構（リンク機構に相当）を対象に説明していく．

まず，**数の総合**（number synthesis）では，目的とする運動の自由度を満足するリ

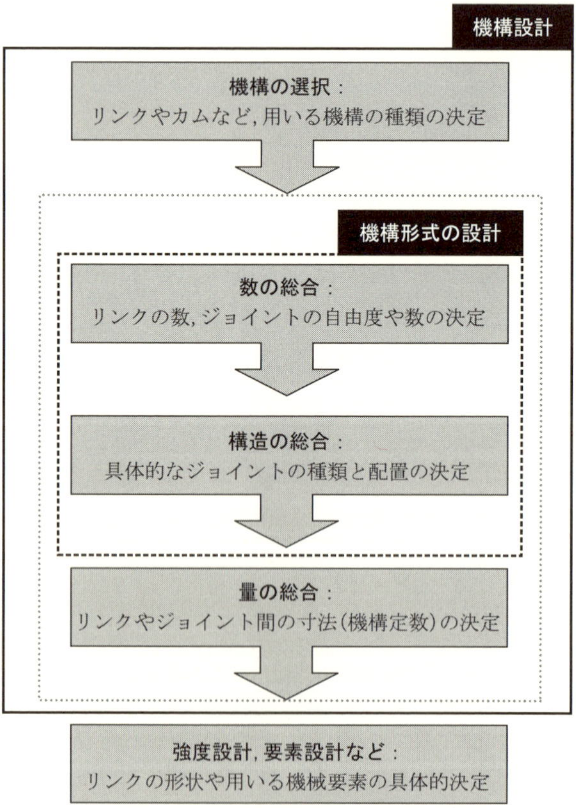

図 3.5　機構の設計過程

† 本書では選択する機構の種類がほぼ限定されているので，この過程を単に機構の選択とするが，所要の動作を満たすように機構を選択することは重要な過程であり，この部分を“形式の総合”と機構学ではよぶことがある．

ンクの数，ジョイントの自由度と数の組合せを決定する．すなわち，ロボットの動作の自由度が与えられたとして，その自由度を実現する機構の決定を行うことになるが，直接，機構の構造やジョイントの形式などを決定するのではなく，目的の自由度を満たすリンクの数，リンクを連結する，ある自由度をもつジョイントの数の組合せを決定する．

この時点では，機構はリンクの数，ジョイントの数や自由度といった，数のみで表される．よって，この段階での設計を数の総合とよぶ．ジョイントや，その自由度，リンクの数の組合せを表す式が先に述べたグリューブラーの式である．そこで，式(2.1)に示すグリューブラーの式において，左辺の自由度に目的の数を入れ，これを満たすように，右辺に含まれる変数，すなわちある自由度のジョイントの数，リンクの数を種々変更してみて，適切な組合せを探すことになる．これには後で例を示すように，拘束条件などから組合せを絞り込み，リンクやジョイントの数を順次増減させながら，考えられる組合せを列挙していくことになる．

次に，**構造の総合**（structural synthesis）では，数の総合の結果に基づき決定した自由度をもつジョイントの種類を選択するとともに，リンクとジョイントの配置方法を決定していく．ジョイントには，直進ジョイントか，回転ジョイントかなどの区別があり，さらに，1 自由度から 3 自由度まで複数の種類が存在する．構造の総合では，これらのジョイントを設計者が選びつつ，選択したジョイントを用いて必要な数のリンクを結合することを試みる．

なお，ある数の総合の結果に対応する構造の総合の結果は複数存在することがあり，また通常は，数の総合の結果も複数得られる．したがって，機構の構造の候補は複数となり，設計者は，これらのなかから実現のしやすさ，制御のしやすさなどを考慮して構造を選択する必要がある．

以上までで，機構の概観は決定され，必要な自由度の運動が可能な機構の形式が決定される．すなわち，機構の一般的な骨格が得られたことになる．最後に，各リンクをはじめとする機構の寸法を決定する．この過程を**量の総合**（dimensional synthesis）とよぶ．

量の総合では，機構の骨格図をもとに，運動学や力学的考察から，目的とする運動を実際に行うためのリンクの長さやジョイント間の寸法などを決定する．その際に，所要の運動範囲を確保することはもちろん，同じ作業をする場合でも，駆動するための力や，剛性が高くなるような寸法を決定していくことが，優れたロボットを設計するために重要である．

以上の総合過程で，機構設計がおおむね完了する．機構設計で得た機構の骨格をもとに，要素設計による個々の部品の選定，寸法の決定，剛性の確保や軽量化のためのリンクの断面形状の検討などを強度設計により行って，図面化することになる．

本章では，まず，数の総合，構造の総合に関して，それらの詳細を学ぶ．なお，これら破線内の総合をあわせて，機構形式の設計とよぶことにする．また，次章以降では，量の総合を行うための指標となる運動学や力学に関して学んでいく．

3.4　機構形式の設計 ―数および構造の総合

■3.4.1　機構形式の設計の流れ

機構形式の設計，すなわち数および構造の総合では，まず数の総合を行う．数の総合では，以下に再掲するグリューブラーの式において，機構が自由度の目標値 G を満たすように，リンクの総数 N，m 自由度のジョイント数 j_m の組合せを求める．

$$G = M(N-1) - \sum_{m=1}^{M-1} (M-m)\, j_m \tag{3.1}$$

たとえば，自由度 G が 3 である平面機構を実現可能な N，j_m を求める場合は，上式において $G = 3$，平面機構であることから $M = 3$ として，同式を満足する N，j_m の組合せを求める．ただし，通常，その組合せは多数存在する．したがって，数の総合時には，機構の条件からリンクとジョイントの組合せに関する制限をあらかじめ明らかにして，N，j_m の組合せを絞り込むとよい．

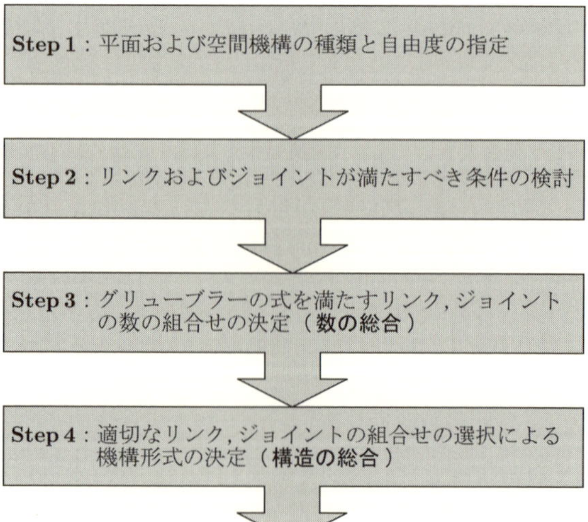

図 3.6　機構形式の設計（数および構造の総合）の流れ

すなわち，数の総合の流れは図 3.6 に示すとおり，まず，機構の自由度と，平面機構または空間機構であるかを指定し（Step 1），次に，機構の条件からリンクとジョイントの制限を明らかにして（Step 2），さらに，同制限下でグリューブラーの式を満たすリンクの総数 N，m 自由度のジョイント数 j_m の組合せを求める（Step 3）．さらに，構造の総合として，得られた数の総合結果から，用いるジョイントの種類やリンクの連結方法を検討して適切な組合せを選択し（Step 4），実際に，機構の形式を決定する．

ただし，以上の過程は，設計者の経験によるところも大きい．その習得には，具体例を参照し，実際に行ってみることが一番の近道である．以下，パラレルメカニズムとして代表的な平面 3 自由度機構および空間 6 自由度機構に関して，機構形式の設計例を示しておく．

■3.4.2 平面 3 自由度パラレルメカニズムの設計例

平面内で任意方向，すなわち 2 軸方向への並進と，平面に対する法線周りに回転可能な平面 3 自由度パラレルメカニズムに関して，数の総合を図 3.6 の方法に沿って行う．

Step 1：機構の種類と自由度の指定

課題のとおり，平面機構とし，自由度は 3 とする．

Step 2：リンクおよびジョイントが満たすべき条件の検討

数の総合で得られるリンクおよびジョイントの数の組合せを絞り込むには，あらかじめ機構の構造の概略を限定すればよい．部品点数や組み立てやすさの点から，パラレルメカニズムは一般に対称構造とし，ベースと出力リンクを結ぶ各連鎖の構造は同一とすることが多い．また，アクチュエータは，可動部の軽量化のため，ベースに配置する．これらの条件より，機構の全体構造の概略は図 3.7 (a) となる．

すなわち，3 自由度であることからアクチュエータの数は 3 となり，連鎖は各アクチュエータと出力リンクを結ぶことから，その数は 3 となる．また，各連鎖は，図 3.7 (b)，(c) に示すように，閉ループを含む場合と含まない場合が考えられる．ここでは，リンクがジョイントによって直列に連結され，閉ループ部分を含まない，図 3.7 (c) に示すシリアル形式とする．

平面機構である場合，用いるジョイントは 1 または 2 自由度となる．そこで，各連鎖に含まれる 1 自由度ジョイントの数を s，2 自由度のジョイントの数を t，さらに，リンクの数を l とする．メカニズム全体における 1 自由度のジョイントの数 j_1，2 自由度のジョイントの数 j_2 は，連鎖の数が 3 であるから次式となる．

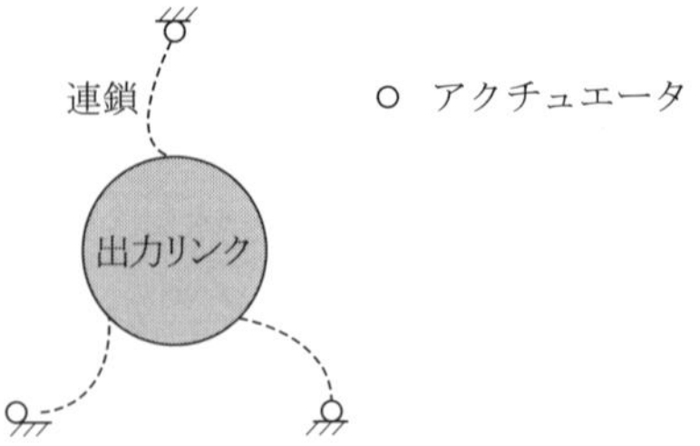

（a）全体構造

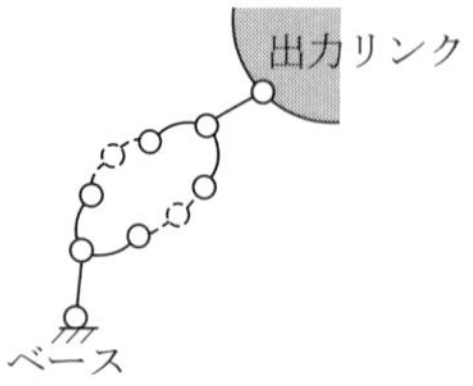

（b）閉ループを含む連鎖の構造

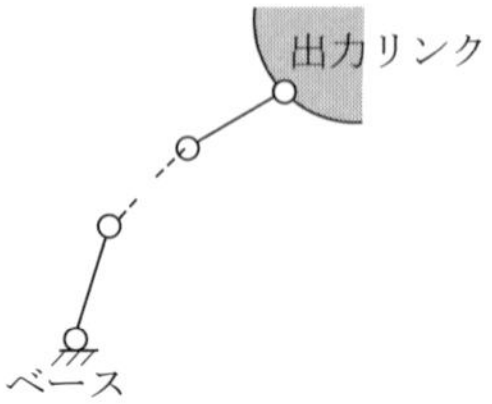

（c）閉ループを含まない連鎖の構造（シリアル形式）

図 3.7　数の総合のための平面 3 自由度パラレルメカニズムの概略

$$j_1 = 3 \cdot s \tag{3.2}$$

$$j_2 = 3 \cdot t \tag{3.3}$$

さらに，メカニズム全体におけるリンクの総数は，各連鎖のリンクの数に出力リンクおよびベースを加えることから次式となる．

$$N = 3 \cdot l + 2 \tag{3.4}$$

ここで，図 3.7 に示すように，リンクとジョイントで構成する各連鎖は，出力リンクおよびベースに対し，相対的に運動可能となるように結合する必要がある．すなわち，それぞれの連鎖の両端は必ずジョイントが連結される．よって，ジョイントの数は，リンクの数に 1 を加えた値となることから，リンクの数 l とジョイントの数 s，t との関係は次式となる．

$$l = s + t - 1 \tag{3.5}$$

なお，ベースに連結するジョイントにはアクチュエータを配置し，能動ジョイントとする．アクチュエータは通常は 1 自由度であるから，同ジョイントは，1 自由度のジョイントに限定される．

Step 3：**グリューブラーの式を満たすリンク，ジョイントの数の組合せの決定（数の総合）**

以上で導いた各連鎖と機構全体のリンクおよびジョイントの数の条件をグリューブラーの式に代入する．すなわち

$$G = M(N-1) - \sum_{m=1}^{M-1} (M-m)\, j_m$$

において $G = 3$，$M = 3$ とし，j_1，j_2，N に式 (3.2)〜(3.4) を代入すれば

$$3 = 3(3l + 2 - 1) - 2 \cdot 3s - 1 \cdot 3t \tag{3.6}$$

となり，上式を整理すれば次式となる．

$$3l - 2s - t = 0 \tag{3.7}$$

さらに，各連鎖のリンク数とジョイント数との関係式 (3.5) を代入すれば次式となる．

$$s + 2t - 3 = 0 \tag{3.8}$$

次に，以上の関係式を満たす s，t，l の組合せを求めるため，まず，1 自由度ジョイント s の数を指定したとして，その条件を満たすように t および l を求めるように式を整理する．すなわち，式 (3.8)，(3.5) より次式が得られる．

$$t = \frac{1}{2}(3 - s) \tag{3.9}$$

$$l = s + t - 1 = \frac{1}{2}(3 + s) - 1 \tag{3.10}$$

s，t，l は，いずれも 0 以上の整数でなければならない．また，アクチュエータを連結するジョイントは 1 自由度であるから，s は 1 以上である．よって，s を 1 から順に増加させ，可能な数の組合せを検討すれば表 3.1 が得られる．

表 3.1 平面 3 自由度パラレルメカニズムにおける各連鎖の数の総合結果

No.	s	t	l
Ⅰ	1	1	1
Ⅱ	3	0	2

Step 4：**適切なリンク，ジョイントの組合せの選択による機構形式の決定（構造の総合）**

表 3.1 で示されたリンクおよびジョイントの数の組合せから，具体的にメカニズムを構成するために適したジョイントの種類やリンクの連結方法を選択する．

まず，No. Ⅰは各連鎖において 1 自由度のジョイントを 1 個，2 自由度のジョイントを 1 個含み，リンク数が 1 である．通常，アクチュエータの自由度は 1 であることから，1 自由度のジョイントをアクチュエータに連結してベースに接続する．したがって，2 自由度のジョイントで連鎖と出力リンクを連結することになる．平面運動を行う 2 自由度のジョイントとしては，図 3.8 (a) に示すように，出力リンクの各辺に連結したジョイントが，出力リンクの各辺に沿って直進運動しながら連鎖が平面内で回転する形式が考えられる．

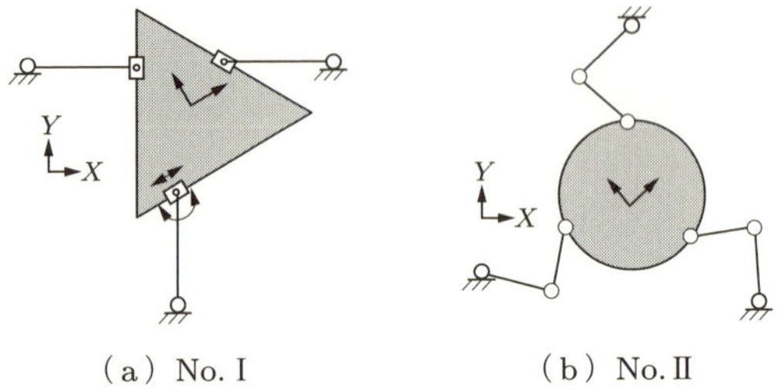

図 3.8　数の総合結果による平面 3 自由度パラレルメカニズムの形式

次に，No. Ⅱの数の組合せに関して具体的なジョイントの種類を当てはめてみる．No. Ⅱは各連鎖において 1 自由度のジョイントが 3 個，リンク数が 2 である．したがって，図 3.8 (b) の構成が考えられる．

以上で得られた No. Ⅰ，Ⅱのパラレルメカニズムはいずれも各アクチュエータが独立して動くことができる．言い換えれば，ほかの二つのアクチュエータが回転した場合でも，基本的にはもう一つのアクチュエータには力は作用しない（ただし，慣性力は作用する）．さらに，3 個のアクチュエータを駆動することで，平面内で出力リンクの X，Y 方向の位置および XY 平面内での回転を制御できる．すなわち，平面 3 自由度パラレルメカニズムとなる．

なお，平面内で 2 自由度の運動が可能なジョイントは構造が複雑になりやすいことから，通常は No. Ⅱのパラレルメカニズムを選択する場合が多い．

■3.4.3　空間 6 自由度パラレルメカニズムの設計例

本項では，空間内の 3 軸方向への並進および 3 軸周りの回転が可能な空間 6 自由度パラレルメカニズムの数の総合を例として示す．

Step 1：機構の種類と自由度の指定

課題のとおり，空間機構とし，自由度は 6 とする．

Step 2：リンクおよびジョイントが満たすべき条件の検討

リンクおよびジョイントの数の組合せを絞り込むため，機構の形式を限定する．前項と同じく，パラレルメカニズムの構造は対称とし，各連鎖の構造はシリアル形式でたがいに同じとする．アクチュエータはベース，またはベース近傍に配置する．これらの条件より，連鎖の数は6となり，機構の全体構造は図3.9のような形式となる．

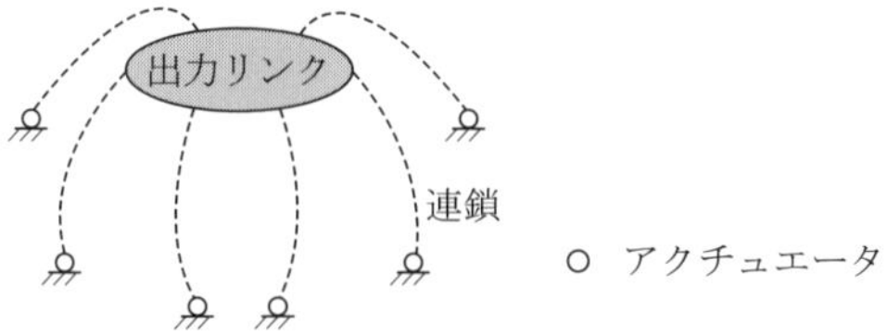

図3.9 数の総合のための空間6自由度パラレルメカニズムの概略

空間機構であることから，各連鎖に用いるジョイントは1，2または3自由度となる．各連鎖に含まれる1自由度，2自由度および3自由度のジョイントの数をそれぞれs，tおよびuとし，リンクの数をlとする．メカニズム全体における1自由度，2自由度および3自由度のジョイントの数j_1，j_2およびj_3は次式となる．

$$j_1 = 6 \cdot s \tag{3.11}$$

$$j_2 = 6 \cdot t \tag{3.12}$$

$$j_3 = 6 \cdot u \tag{3.13}$$

機構全体におけるリンクの総数は，各連鎖のリンクの数に出力リンクおよびベースを加えることから次式となる．

$$N = 6 \cdot l + 2 \tag{3.14}$$

ここで，各連鎖の構造は前項と同様にシリアル形式とすることから，連鎖に含まれるリンクの両端には必ずジョイントが連結される．よって，ジョイントの数は，リンクの数lに1を加えた値となることから，それらの関係は次式となる．

$$l = s + t + u - 1 \tag{3.15}$$

なお，ベースに連結するジョイントはアクチュエータにつなぐ1自由度のジョイントである．

Step 3：グリューブラーの式を満たすリンク，ジョイントの数の組合せの決定（数の総合）

以上で導いた各連鎖と機構全体のリンクおよびジョイントの数の条件式 (3.11)〜(3.14) をグリューブラーの式に代入する．なお，$G=6$，$M=6$ である．

$$6 = 6\,(6l + 2 - 1) - 5 \cdot 6s - 4 \cdot 6t - 3 \cdot 6u \tag{3.16}$$

各連鎖のリンク数である l に式 (3.15) を代入して整理すれば次式となる．

$$s + 2t + 3u = 6 \tag{3.17}$$

アクチュエータを連結するジョイントは 1 自由度であるから，s は 1 以上である．よって，s を 1 から順に増加させ，可能な数の組合せを検討すれば表 3.2 が得られる．

表 3.2　空間 6 自由度パラレルメカニズムにおける各連鎖の数の総合結果

No.	s	t	u	l
Ⅰ	1	1	1	2
Ⅱ	2	2	0	3
Ⅲ	3	0	1	3
Ⅳ	4	1	0	4
Ⅴ	6	0	0	5

Step 4：適切なリンク，ジョイントの組合せの選択による機構形式の決定（構造の総合）

表 3.2 に示されたリンクおよびジョイントの数の組合せにおいて，No. Ⅰは第 2 章の図 2.15 にも示したスチュワートプラットフォームとなる．スチュワートプラットフォームでは，たとえば 3 自由度ジョイントはボールジョイント，2 自由度のジョイントはユニバーサルジョイント，1 自由度のジョイントは能動ジョイントとして，ボールねじなどを用いてアクチュエータに連結する．また，図 3.10 に示すように，直進ジョイントを用いず，ベースに設置した 1 自由度の回転ジョイントにアクチュエータを連結する形式も存在する[1]．

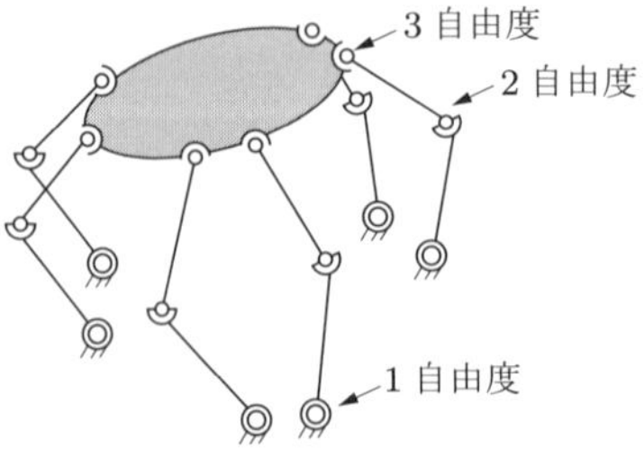

図 3.10　空間 6 自由度パラレルメカニズム（No. Ⅰ）[1]

No. Ⅲの形式としては，図 3.11 が考えられる．なお，1 自由度のジョイントを三つ用いているが，これらの回転軸がすべて平行とならないように配置する必要がある．No. Ⅳ，Ⅴの形式はリンク数が多くなり，実用的ではない．また，No. Ⅱや例を示した No. Ⅲに関しても，第 7 章で説明する各ジョイントの回転軸が平行となる特異姿勢が生じやすくなるため，機構の構造としては No. Ⅰが用いやすい．

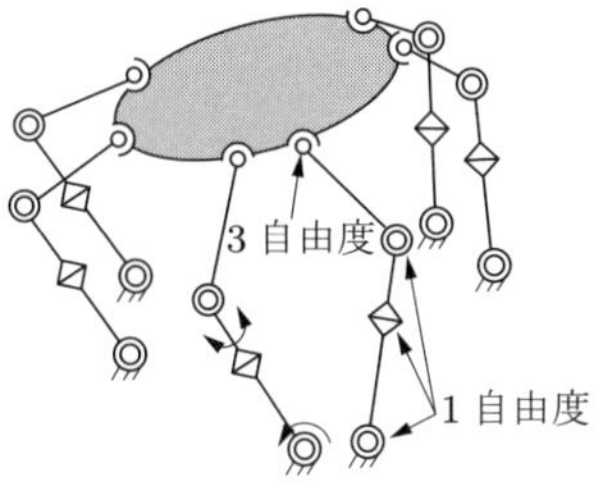

図 3.11　空間 6 自由度パラレルメカニズム（No. Ⅲ）

3.5　まとめ

本章では，ある自由度を満たすために，機構の連鎖に必要なリンクの数，適切な自由度のジョイントとその数，さらに，これらを組み合わせた構造を決定して，機構形式を設計する方法を述べた．また，その解説を通して，さまざまなパラレルメカニズムの形式を紹介した．

パラレルメカニズムの機構形式はさまざまであるが，その解析や設計には，以下の章で示す方法が同様に使用できるので，代表的な形式を例に解説を進めていく．

■参考文献

[1] 6 自由度空間パラレルマニプレータの開発，舟橋宏明・堀江三喜男・久保田哲也・武田行生，日本機械学会論文集 C 編，56 (523), pp.829–834 (1990).
[2] 異形式のパラレルメカニズムからなる 6 自由度空間ハイブリッドメカニズム，立矢 宏・秋野晋也・竹内政紀・須賀智昭，日本機械学会論文集 C 編，64 (627), pp.4353–4360 (1998).
[3] パラレルメカニズム型加工機の出力運動予測による工具経路の生成，谷内宏史・立矢 宏・海 貴之・服部亮治，日本機械学会論文集 C 編，75 (752), pp.1114–1121 (2009).
[4] パラレルワイヤ駆動機構の張力評価による上体動作支援装置の開発，立矢 宏・佐野巌根・奥野公輔・宮崎祐介・吉田博一，日本機械学会論文集 C 編，73 (727), pp.833–840 (2007).
[5] パラレルワイヤ駆動機構を用いた人体の転倒実験装置，立矢 宏・荒井優樹・奥野公輔・宮崎祐介・西村誠次，日本機械学会論文集 C 編，76 (770), pp.2621–2627 (2010).

第4章

機構の位置・姿勢の表現

4.1 はじめに

前章では，パラレルメカニズムの機構形式の設計方法について学んだ．機構の詳細な寸法の決定や，製作された機構を動かすためには，入力に対して出力リンクがどのように運動するかを解析する必要がある．このような幾何学的な関係を扱う理論，手法などを**運動学**（kinematics）とよぶ．実際の設計では，機構に作用する静的な力の関係を扱う**静力学**（statics），さらに，運動時に生じる慣性力の影響を考慮する**動力学**（dynamics）が必要となるが，運動学はそれらの基本となる．

パラレルメカニズムを含むロボットの機構の運動学では，とくに，リンクの回転による姿勢の変化をどのように表現するかが問題となる．そのためには，剛体の回転に関する運動表現が重要となる．

本章では剛体の運動表現に関する理解を深め，次章において，それらを用いたパラレルメカニズムをはじめとするロボットの代表的な運動学を学ぶ．

4.2 ベクトルによるリンクの位置，姿勢，運動の表現

まず簡単な例として，図 4.1 (a) に示す，1 自由度である 1 本のリンクの位置・姿勢について検討してみよう．リンクの平面内での位置・姿勢を表現するには，リンクが真っ直ぐであるとして，その両端の点 O および A の位置を表現すればよい．図 4.1 (a) の場合，座標系 O-XY を用い，点 O および A の位置 $(X_{\mathrm{O}}, Y_{\mathrm{O}})$，$(X_A, Y_A)$ はリンク OA の X 軸に対する角度を θ_1 として次式で表される．

$$\begin{pmatrix} X_{\mathrm{O}} \\ Y_{\mathrm{O}} \end{pmatrix} = \begin{pmatrix} 0 \\ 0 \end{pmatrix}, \quad \begin{pmatrix} X_A \\ Y_A \end{pmatrix} = \begin{pmatrix} l_1 \cos\theta_1 \\ l_1 \sin\theta_1 \end{pmatrix} \tag{4.1}$$

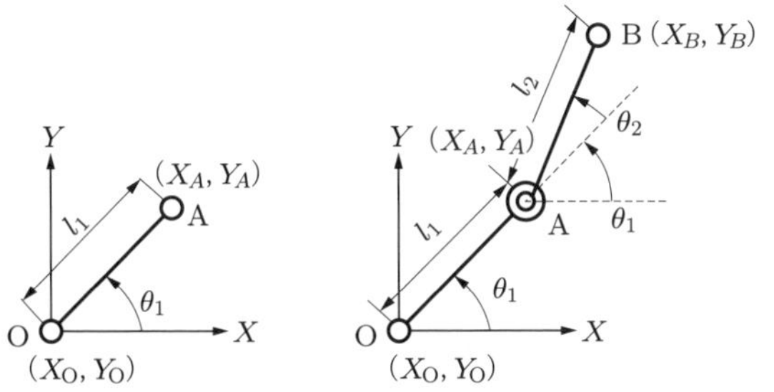

（a）1 自由度のリンク　　（b）2 自由度機構

図 4.1　リンクの位置の表現

ただし，複数のリンクを連結するロボットにおいて，その先端や各ジョイントの位置を表現する場合，以上のように座標を常に表記することは煩雑である．煩雑な情報を簡潔に表現することは数学の重要な役割であり，ベクトルはその代表的な方法である．ロボットを構成するリンクの位置・姿勢の表現にも，ベクトルをよく利用する．すなわち，リンク OA を，長さが l_1 で，姿勢が θ_1 であるベクトルとみなし，ベクトル $\boldsymbol{OA}$ と表す．ベクトル $\boldsymbol{OA}$ の成分は式 (4.1) に示したとおりであるが，リンクの位置と姿勢の表現の解析過程に関してベクトルを用いれば，その表記が格段に容易になる．たとえば，図 4.1 (b) に示すような，2 本のリンクからなる 2 自由度機構について考えてみよう．

図 4.1 (b) に示す 2 本のリンクで構成する 2 自由度機構において，リンク OA および AB の位置と姿勢を表すベクトルをそれぞれ $\boldsymbol{OA}$ および $\boldsymbol{AB}$ とすれば，機構の先端である点 B の位置は次式で表現できる．

$$\boldsymbol{OB} = \boldsymbol{OA} + \boldsymbol{AB} \tag{4.2}$$

一方，点 B の位置を座標系 O-XY での座標値で表せば次式のようになる．

$$\begin{aligned}\begin{pmatrix} X_B \\ Y_B \end{pmatrix} &= \begin{pmatrix} l_1 \cos\theta_1 \\ l_1 \sin\theta_1 \end{pmatrix} + \begin{pmatrix} l_2 \cos(\theta_1+\theta_2) \\ l_2 \sin(\theta_1+\theta_2) \end{pmatrix} \\ &= \begin{pmatrix} l_1\cos\theta_1 + l_2\cos(\theta_1+\theta_2) \\ l_1\sin\theta_1 + l_2\sin(\theta_1+\theta_2) \end{pmatrix}\end{aligned} \tag{4.3}$$

式 (4.2) と式 (4.3) を比較すれば，前者を用いたほうが，表現は簡潔である．

このほかにも，パラレルメカニズムを含むロボットの出力リンクの並進変位や並進速度など，並進成分を表すために，ベクトルは非常に有効な道具となる．たとえば，図 4.2 に示すように，1 本のリンクが並進運動したとする．並進変位がベクトル $\boldsymbol{r}$ で

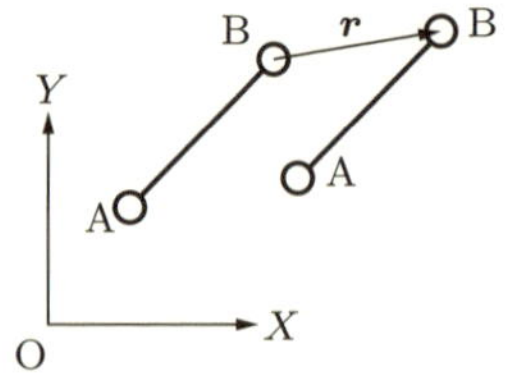

図 4.2　並進運動のベクトル表示

表されたとすれば，運動後の点 B の位置 $\boldsymbol{OB_r}$ は次式のように簡単に表すことができる．

$$\boldsymbol{OB_r} = \boldsymbol{OB} + \boldsymbol{r} \tag{4.4}$$

以上のように，静止しているとみなせる，ある瞬間でのロボット機構のリンクの位置・姿勢，また，並進運動のみを表すのであれば，ベクトルのみで簡潔に表現できる．一方，ロボットにおいては，並進だけでなく，姿勢の変化，すなわち回転運動をともなうことが多い．よって，以上のようなベクトルによる並進運動の表現とともに，回転運動の表現が必要であり，その簡潔な表現手法が以下で述べる回転行列である．回転行列は，ロボットの運動学や力学において重要であり，とくに，回転運動を含む多自由度運動を特徴とするパラレルメカニズムでは必須である．

4.3　回転行列

■4.3.1　回転行列の用途

回転行列の用途は大きく分類すれば 3 とおりある．まずは，複数の座標系の相対的な関係を表す場合である．複数の剛体に座標系がそれぞれ設定されていれば，ある剛体に対するほかの剛体の姿勢を座標系の相対的な関係を利用して表すことができる．

また，座標系の相対的な関係を表す回転行列は，ある座標系で表されている座標値を，ほかの座標系を参照した座標値に変換するためにも用いられる．たとえば，回転行列を用いれば，ある剛体上の動座標系で表された位置の座標を，ベース上，すなわち絶対座標系での座標値に変換することができる．

さらに，回転行列は，単独の座標系において，剛体の回転変位を表す場合にも用いられる．これにより，リンクを回転させた場合に，その姿勢がどのように変化するのかを表すことができる．

パラレルメカニズムをはじめとするロボットの機構の運動を表す場合には，これらをいずれも利用する．以下，基本的なシリアルメカニズムを対象とし，リンクの姿勢に関する自由度が1である平面の場合に関して，回転行列を用いた姿勢に関する表現方法を学ぶ．シリアルメカニズムを対象とした解析を学べば，パラレルメカニズムの各連鎖の解析が可能となり，結果としてパラレルメカニズム全体の解析へ応用できる．また，空間での回転は3軸周り，すなわち3自由度であり，複雑であるが，平面での回転行列を理解すれば，複数の回転行列を用いて空間での運動解析も比較的容易に行える．

■4.3.2 複数の座標系間の関係の表現 ―リンクの相対的な姿勢の表現

まず，複数のリンクに設定した各座標の相対関係を表すことにより，それぞれのリンクの姿勢を表す方法を学ぶ．図4.3に示す回転ジョイントの数が3であるロボットの機構で，出力リンクBPの姿勢を表現してみよう．同機構は点Oをベースに連結しており，点O，AおよびBは能動ジョイントである．まず，図4.3に示すように，リンクAB上には原点が点Aに一致する座標系 o_A-x_Ay_A を，出力リンクBPには原点が点Bに一致する座標系 o_B-x_By_B をそれぞれ設定する．

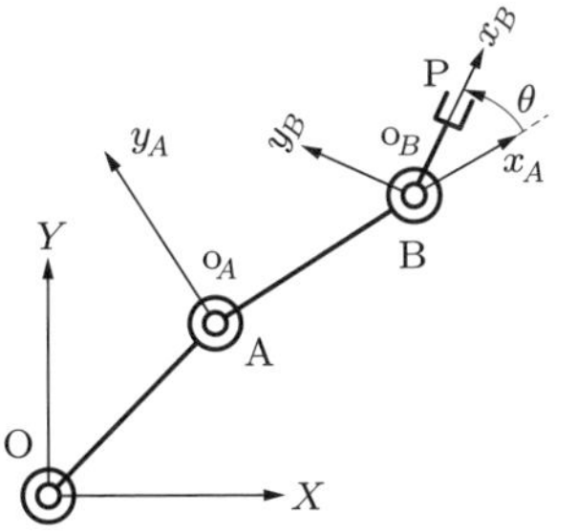

図4.3 座標系を用いたリンクの位置・姿勢の表現

ここで，リンクABに対する出力リンクBPの姿勢は，座標系 o_B-x_By_B の各軸の，座標系 o_A-x_Ay_A の各軸に対する角度 θ で表すことができる．すなわち，座標系 o_B-x_By_B は，座標系上の物体の位置を表すためだけではなく，その座標軸の方向で，リンク姿勢を表すためにも用いられる．

このような複数の座標系間における相対的な関係を表すことが，回転行列の用途の一つである．回転行列を用いて実際にリンクの姿勢を表してみよう．図4.3において o_A-x_Ay_A および o_B-x_By_B で表される座標系を，図4.4のように原点を一致させて，両座標系の姿勢の関係を検討する．なお，o_A-x_Ay_A および o_B-x_By_B をそれぞれ座標系 Σ_A および Σ_B と記す．

まず，座標系 Σ_B 上において，Σ_B の各軸方向の単位ベクトル $(\boldsymbol{i}_B, \boldsymbol{j}_B)$ を表せば次式となる．

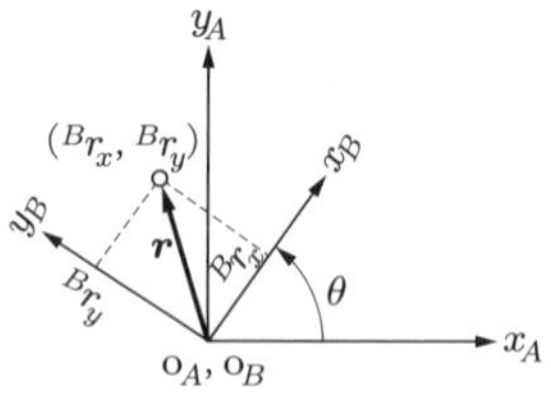

図 4.4　回転行列による姿勢の表現の説明

$$\left.\begin{aligned} {}^B\boldsymbol{i}_B &= (1,0)^T \\ {}^B\boldsymbol{j}_B &= (0,1)^T \end{aligned}\right\} \tag{4.5}$$

ここでベクトルの左肩の記号は，ベクトルの成分を表示している座標系を示す．たとえば，$\left({}^Br_x,\ {}^Br_y\right)$ は，座標系 Σ_B で表したベクトル $\boldsymbol{r}$ の成分である．さらに，これら座標系 Σ_B の各軸方向を示す単位ベクトル $\boldsymbol{i}_B$ および $\boldsymbol{j}_B$ を座標系 Σ_A 上で表せば次式となる．

$$\begin{aligned} {}^A\boldsymbol{i}_B &= (\cos\theta, \sin\theta)^T \\ {}^A\boldsymbol{j}_B &= (-\sin\theta, \cos\theta)^T \end{aligned} \tag{4.6}$$

式 (4.6) をまとめて次式のように行列形式で表す．

$${}^A\boldsymbol{R}_B = \left({}^A\boldsymbol{i}_B,\ {}^A\boldsymbol{j}_B\right) = \begin{pmatrix} \cos\theta & -\sin\theta \\ \sin\theta & \cos\theta \end{pmatrix} \tag{4.7}$$

行列 ${}^A\boldsymbol{R}_B$ は，座標系 Σ_A からみた座標系 Σ_B を構成する各軸の方向を表している．すなわち，座標系 Σ_B があるリンクに設定されていれば，${}^A\boldsymbol{R}_B$ は座標系 Σ_A に対する，Σ_B を設定したリンクの姿勢を表現する．よって，式 (4.7) は図 4.3 においてリンク AB に対するリンク BP の姿勢を表していることになる．

以上の行列が回転行列であり，とくにある座標系を設定した剛体の姿勢を表すために用いる場合，姿勢行列とよばれることもある．

複数の座標系間の関係を表す回転行列には，ある座標系で示されているベクトルの成分をほかの座標系で示した場合の成分に変換するために用いるというもう一つの用途がある．座標系 Σ_B 上で表した任意のベクトル ${}^B\boldsymbol{r}$ の成分 $\left({}^Br_x,\ {}^Br_y\right)^T$ を，座標系 Σ_A 上で表す場合を考えてみよう．座標系 Σ_B 上で表した ${}^B\boldsymbol{r}$ の成分 $\left({}^Br_x,\ {}^Br_y\right)^T$ は，座標系 Σ_A から見れば，座標系 Σ_B 上の x 軸方向および y 軸方向の単位ベクトル ${}^A\boldsymbol{i}_B$ および ${}^A\boldsymbol{j}_B$ のそれぞれ ${}^Br_x$ 倍および ${}^Br_y$ 倍となる．よって，${}^B\boldsymbol{r}$ の成分を Σ_A で表したベクトルを ${}^A\boldsymbol{r}$ とすれば次式が導かれる．

$$ {}^{A}\boldsymbol{r} = {}^{A}\boldsymbol{i}_B\,{}^{B}r_x + {}^{A}\boldsymbol{j}_B\,{}^{B}r_y \tag{4.8} $$

さらに，${}^{A}\boldsymbol{r}$ の成分を $\left({}^{A}r_x, {}^{A}r_y\right)^T$ とすれば式 (4.7) より次式となる．

$$ \begin{pmatrix} {}^{A}r_x \\ {}^{A}r_y \end{pmatrix} = {}^{A}\boldsymbol{R}_B \begin{pmatrix} {}^{B}r_x \\ {}^{B}r_y \end{pmatrix} \tag{4.9} $$

すなわち，行列 ${}^{A}\boldsymbol{R}_B$ によって，座標系 Σ_B 上で表したベクトルの成分を座標系 Σ_A 上で表した成分に変換することができる．以上のように，${}^{A}\boldsymbol{R}_B$ は二つの座標間の関係を示すとともに，座標変換の演算子として用いることができる．

■4.3.3　剛体の回転変位の表現 —リンクの姿勢変化の表現

回転行列のもう一つの用途は，ある一つの座標系上で，剛体，すなわちリンクの姿勢変化を表現することである．例として，図 4.5 に示すように，リンクを表したベクトル $\boldsymbol{r}$ および $\boldsymbol{r}'$ を考える．ベクトル $\boldsymbol{r}$ は，ベクトル $\boldsymbol{r}'$ を紙面に垂直な平面内で z_A 軸周りに θ 回転させたベクトルである．すなわち，$\boldsymbol{r}'$ から $\boldsymbol{r}$ へとリンクを平面内で θ 回転させたことを表している．

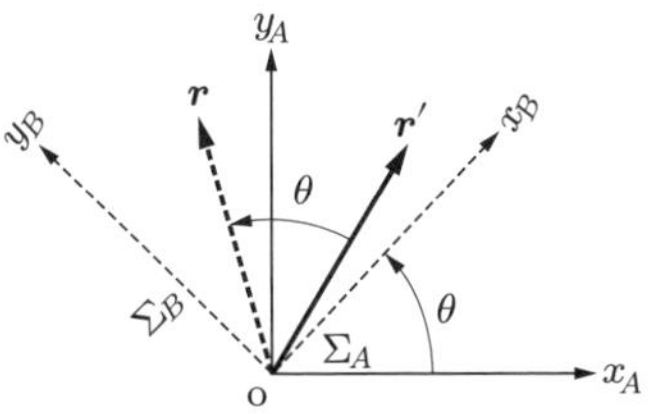

図 4.5　姿勢の変化を表現する回転演算子の説明

ベクトル $\boldsymbol{r}'$ の成分が既知であるとして，同一座標系内で同ベクトルを回転させたときの成分の変化，すなわち姿勢変化後のリンクを表すベクトル $\boldsymbol{r}$ を，回転行列を用いて求めてみる．

図 4.5 に示すように，まず，直交座標系 o-x_Ay_A を設定して Σ_A と記す．次に，Σ_A 上にベクトル $\boldsymbol{r}'$ を定義する．さらに，Σ_A を原点周りに θ 回転させた直交座標系 o-x_By_B を考え，Σ_B と記す．このとき，ベクトル $\boldsymbol{r}'$ を Σ_A と同時に原点周りに θ 回転させ，回転後のベクトルを $\boldsymbol{r}$ とする．すなわち，ベクトル $\boldsymbol{r}'$ を Σ_A 上に固定して原点周りに θ 回転させ，それぞれをベクトル $\boldsymbol{r}$，座標系 Σ_B とする．このとき，座標系 Σ_B 上で表したベクトル $\boldsymbol{r}$ の成分，すなわち ${}^{B}\boldsymbol{r}$ の成分と，座標系 Σ_A 上で表したベクトル $\boldsymbol{r}'$ の成分，すなわちベクトル ${}^{A}\boldsymbol{r}'$ の成分は，図 4.5 からも明らかなとおり等しい．

ここで，4.3.2 項で述べたように，座標系 $\boldsymbol{\Sigma}_A$ と座標系 $\boldsymbol{\Sigma}_B$ の関係を表す回転行列 ${}^A\boldsymbol{R}_B$ によって，座標系 $\boldsymbol{\Sigma}_B$ 上で成分を表した ${}^B\boldsymbol{r}$ は，座標系 $\boldsymbol{\Sigma}_A$ 上で成分を表した ${}^A\boldsymbol{r}$ に次式のように変換することができる．

$$
{}^A\boldsymbol{r} = {}^A\boldsymbol{R}_B\,{}^B\boldsymbol{r} \tag{4.10}
$$

さらに，上述のようにベクトル ${}^B\boldsymbol{r}$ と ${}^A\boldsymbol{r}'$ の成分が等しいことから，式 (4.10) より次式が成り立つ．

$$
{}^A\boldsymbol{r} = {}^A\boldsymbol{R}_B\,{}^A\boldsymbol{r}' \tag{4.11}
$$

上式は，座標系 Σ_A 上で，ベクトル ${}^A\boldsymbol{r}'$ を ${}^A\boldsymbol{R}_B$ によってベクトル ${}^A\boldsymbol{r}$ に変換していると解釈できる．図 4.5 より，座標系 Σ_A 上のみで考えれば，ベクトル $\boldsymbol{r}$ はベクトル $\boldsymbol{r}'$ を原点周りに θ 回転したベクトルであり，式 (4.11) はその回転操作を表している．すなわち，ベクトル $\boldsymbol{r}'$ を原点周りに θ 回転させたときの成分の変化は式 (4.11) で表され，同一座標系内における姿勢の変化が回転行列で求められることがわかる．

なお，式 (4.11) では，回転行列 ${}^A\boldsymbol{R}_B$ はある単独の座標系上における回転変換を行っているとみなせる．この場合，二つの座標系間の関係を表す ${}^A\boldsymbol{R}_B$ の表記を用いることは適切でない．そこで，単独の座標系上における回転変換を表す行列を次式のように $\boldsymbol{E}^{k\theta}$ で表す．

$$
\boldsymbol{E}^{k\theta} = \begin{pmatrix} \cos\theta & -\sin\theta \\ \sin\theta & \cos\theta \end{pmatrix} \tag{4.12}
$$

k はベクトルの回転軸を示し，この場合は原点を通り紙面に垂直な軸である．$\boldsymbol{E}^{k\theta}$ は k 軸周りにベクトルを左回りに θ 回転させることを表している．

■4.3.4　回転行列のまとめと使用方法

回転行列は，パラレルメカニズムをはじめとするロボットの機構の解析において重要な役割を果たす．その用途を以下にまとめておく．

1. 座標系 Σ_A に対する座標系 Σ_B の姿勢の表示（姿勢行列）
2. 原点が一致している座標系 Σ_A および Σ_B において，座標系 Σ_B 上で表したベクトルの成分の座標系 Σ_A 上での表現への変換（座標変換）
3. 座標系 Σ_A 上でのベクトルの回転変換（回転演算子）

回転行列を表す記号は，上述のように，上記 1 および 2 として用いる場合は，二つの座標系間の関係に関連するものであるから ${}^A\boldsymbol{R}_B$ と記す．上記 3 として用いる場合

は $\boldsymbol{E}^{k\theta}$ などと記す．すなわち，本節の始めに述べたように，回転行列は大きく分類すれば ${}^A\boldsymbol{R}_B$，$\boldsymbol{E}^{k\theta}$ などと表現する 2 種類となり，用途は上記 1〜3 の三つとなる．

なお，表記法 ${}^A\boldsymbol{R}_B$ において以下の規則を利用すれば，回転行列に関する演算が容易になる．たとえば，座標系 Σ_A と座標系 Σ_B の原点が一致している場合，${}^A\boldsymbol{R}_B{}^B\boldsymbol{r}$ は座標系 Σ_B 上で成分を表したベクトル ${}^B\boldsymbol{r}$ を座標系 Σ_A 上で表現したベクトル ${}^A\boldsymbol{r}$ に変換することを表し，次式が成り立つ．

$$ {}^A\boldsymbol{r} = {}^A\boldsymbol{R}_B{}^B\boldsymbol{r} \tag{4.13} $$

上式の左辺に注目すれば，隣接する上付きおよび下付きの添え字が同一な場合，結果的にそれらを略せば右辺が導かれることがわかる．このことは，後述する回転行列どうしの乗算にも成り立つ．例として，原点が同じ位置である座標系 Σ_A，Σ_B，Σ_C を考える．ここで，座標系 Σ_C 上でその成分を表したベクトル ${}^C\boldsymbol{r}$ を座標系 Σ_B 上で表せば次式となる．

$$ {}^B\boldsymbol{r} = {}^B\boldsymbol{R}_C{}^C\boldsymbol{r} \tag{4.14} $$

さらに，ベクトル ${}^B\boldsymbol{r}$ を座標系 Σ_A 上で表せば次式となる．

$$ {}^A\boldsymbol{r} = {}^A\boldsymbol{R}_B{}^B\boldsymbol{r} \tag{4.15} $$

式 (4.14)，(4.15) より

$$ {}^A\boldsymbol{r} = {}^A\boldsymbol{R}_B{}^B\boldsymbol{R}_C{}^C\boldsymbol{r} $$

が成り立つ．上式は座標系 Σ_C 上でその成分を表したベクトル ${}^C\boldsymbol{r}$ を座標系 Σ_A 上で表す次式と等価である．

$$ {}^A\boldsymbol{r} = {}^A\boldsymbol{R}_C{}^C\boldsymbol{r} \tag{4.16} $$

したがって

$$ {}^A\boldsymbol{R}_C = {}^A\boldsymbol{R}_B{}^B\boldsymbol{R}_C \tag{4.17} $$

であり，上述の規則が成り立つことがわかる．なお，以上の演算は座標系間の姿勢の関係のみを表しており，位置や並進変位は考慮していない．いわば，座標系の原点が一致しているとして，姿勢の変換のみを扱っている．位置や並進変位を含む場合に関しては，4.4 節以降で取り扱う．

また，回転演算子として用いる場合は，次式で示す規則が成り立つ．ベクトル $\boldsymbol{r}$ が平面内でまず θ_1 回転し，次いで θ_2 回転したベクトル $\boldsymbol{r}'$ は次式で求められる．

$$\boldsymbol{r}' = E^{k\theta_2} E^{k\theta_1} \boldsymbol{r} \tag{4.18}$$

なお，ベクトル $\boldsymbol{r}$ を最初に θ_1 回転させ，変化したベクトルを θ_2 回転させるため，回転行列は式 (4.18) のように対象とするベクトルの左側に順次乗じていく．なお，以上の操作はベクトル $\boldsymbol{r}$ を $(\theta_1 + \theta_2)$ だけ回転させたことに等しく，その回転行列は $E^{k(\theta_1+\theta_2)}$ で表される．したがって，次式が成り立つ．

$$E^{k(\theta_1+\theta_2)} = E^{k\theta_2} E^{k\theta_1} \tag{4.19}$$

ただし，上式は，θ_1 および θ_2 が同軸周りの回転であるため成り立つ式であり，次項に示す 3 次元での回転行列では成り立たないことに注意する必要がある．

■4.3.5　3 次元における回転行列

前項では回転行列の特徴を把握するために，理解が容易な 2 次元を対象とした．3 次元における姿勢の表現は，2 次元に比べていくつかの点で複雑となる．その一つは，2 次元では姿勢の変化，すなわち回転の自由度が 1 であることに対し，3 次元では回転の自由度が 3 となることである．もう一つは，回転変位が並進変位と異なり，ベクトルとして扱えないことであるが，これに関しては 4.5 節で述べる．まず，実際に 3 次元空間における回転行列を前項までと同様に求めてみよう．

2 次元の場合と同様，図 4.6 に示すように，3 次元直交座標系 o-$x_A y_A z_A$ および座標系 o-$x_B y_B z_B$ をそれぞれ Σ_A および Σ_B として考える．Σ_A に対する Σ_B の姿勢は，Σ_B の各軸方向の単位ベクトルの成分を Σ_A で表すことにより定義され，それらを ${}^A\boldsymbol{i}_B$，${}^A\boldsymbol{j}_B$ および ${}^A\boldsymbol{k}_B$ とすれば，3 次元空間における回転行列 ${}^A\boldsymbol{R}_B$ は次式となる．

$${}^A\boldsymbol{R}_B = \left({}^A\boldsymbol{i}_B, {}^A\boldsymbol{j}_B, {}^A\boldsymbol{k}_B\right) \tag{4.20}$$

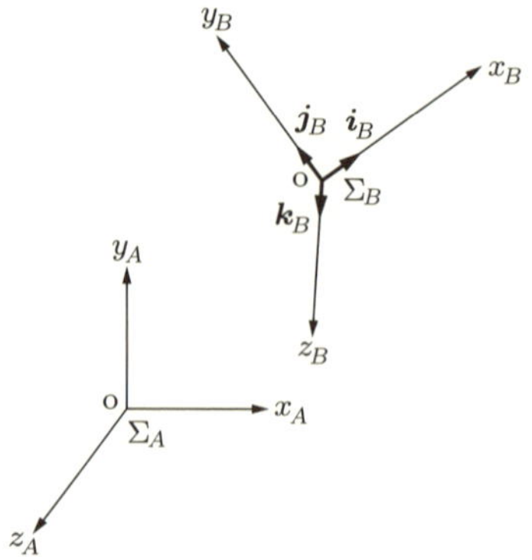

図 4.6　3 次元空間における座標間の関係の検討

座標系 Σ_A と座標系 Σ_B の原点が一致しているとして，Σ_B 上の任意のベクトル ${}^B\boldsymbol{r}$ の成分 $({}^Br_x, {}^Br_y, {}^Br_z)^T$ を Σ_A 上で表すことを考えよう．座標系 Σ_A からみた，座標系 Σ_B を構成する各軸の方向を表す単位ベクトルを ${}^A\boldsymbol{i}_B$，${}^A\boldsymbol{j}_B$ および ${}^A\boldsymbol{k}_B$ として表す．このとき，Σ_B 上の任意のベクトル ${}^B\boldsymbol{r}$ の成分を座標系 Σ_A 上で表したベクトル ${}^A\boldsymbol{r}$ は次式で表される．

$$ {}^A\boldsymbol{r} = {}^A\boldsymbol{i}_B\,{}^Br_x + {}^A\boldsymbol{j}_B\,{}^Br_y + {}^A\boldsymbol{k}_B\,{}^Br_z \tag{4.21} $$

すなわち

$$ \begin{pmatrix} {}^Ar_x \\ {}^Ar_y \\ {}^Ar_z \end{pmatrix} = \left({}^A\boldsymbol{i}_B,\ {}^A\boldsymbol{j}_B,\ {}^A\boldsymbol{k}_B\right) \begin{pmatrix} {}^Br_x \\ {}^Br_y \\ {}^Br_z \end{pmatrix} = {}^A\boldsymbol{R}_B \begin{pmatrix} {}^Br_x \\ {}^Br_y \\ {}^Br_z \end{pmatrix} \tag{4.22} $$

書き換えれば

$$ {}^A\boldsymbol{r} = {}^A\boldsymbol{R}_B\,{}^B\boldsymbol{r} \tag{4.23} $$

となり，2 次元の場合と一致する．ただし，3 次元直交座標系における回転行列は各軸周りの回転に対して定義され，ロボットの姿勢や出力リンクの運動を表すために三つ必要となる．

3 次元直交座標系における各軸周りの回転行列を実際に求めてみよう．以上と同様に，3 次元直交座標系 o-$x_Ay_Az_A$ および座標系 o-$x_By_Bz_B$ をそれぞれ Σ_A および Σ_B とし，Σ_A を回転前，Σ_B を回転後の座標系とする．

まず，図 4.7 に示すように，Σ_B を Σ_A と一致させた状態から z 軸周りに θ 回転させる場合の回転行列を導く．Σ_A からみた Σ_B の各軸方向の単位ベクトル ${}^A\boldsymbol{i}_B$，${}^A\boldsymbol{j}_B$，${}^A\boldsymbol{k}_B$ はそれぞれ次式で表される．

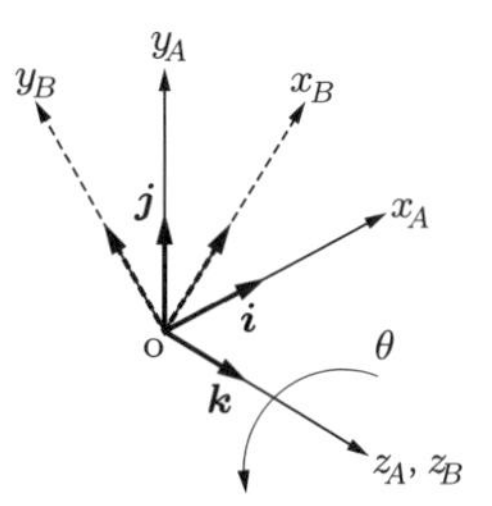

図 4.7 z 軸周りの回転行列の説明

$$\left.\begin{array}{l} {}^{A}\boldsymbol{i}_B = (\cos\theta, \sin\theta, 0)^T \\ {}^{A}\boldsymbol{j}_B = (-\sin\theta, \cos\theta, 0)^T \\ {}^{A}\boldsymbol{k}_B = (0, 0, 1)^T \end{array}\right\} \tag{4.24}$$

Σ_A に対する Σ_B の関係を表す回転行列 ${}^{A}\boldsymbol{R}_B$ は $\left({}^{A}\boldsymbol{i}_B, {}^{A}\boldsymbol{j}_B, {}^{A}\boldsymbol{k}_B\right)$ で表されるが，これは 4.3.3 項で述べたように，同時に Σ_A 上のベクトルを，z 軸周りに θ 回転させたベクトルの成分を表す回転行列 $\boldsymbol{E}^{k\theta}$ としても使用できる．したがって，次式が成り立つ．

$$ {}^{A}\boldsymbol{R}_B = \boldsymbol{E}^{k\theta} = \begin{pmatrix} C_\theta & -S_\theta & 0 \\ S_\theta & C_\theta & 0 \\ 0 & 0 & 1 \end{pmatrix} \tag{4.25}$$

なお，上式中の C，S は，それぞれ三角関数 cos，sin を表し，下付添え字は変数を示す．すなわち，C_θ は $\cos\theta$ を表している．以下，本書では同略記方法を必要に応じて利用する．

同様に，図 4.8 に示す y 軸周りの回転に関連する回転行列を求めると次式となる．

$$ {}^{A}\boldsymbol{R}_B = \boldsymbol{E}^{j\theta} = \begin{pmatrix} C_\theta & 0 & S_\theta \\ 0 & 1 & 0 \\ -S_\theta & 0 & C_\theta \end{pmatrix} \tag{4.26}$$

さらに，図 4.9 に示す x 軸周りの回転行列を求めれば次式となる．

$$ {}^{A}\boldsymbol{R}_B = \boldsymbol{E}^{i\theta} = \begin{pmatrix} 1 & 0 & 0 \\ 0 & C_\theta & -S_\theta \\ 0 & S_\theta & C_\theta \end{pmatrix} \tag{4.27}$$

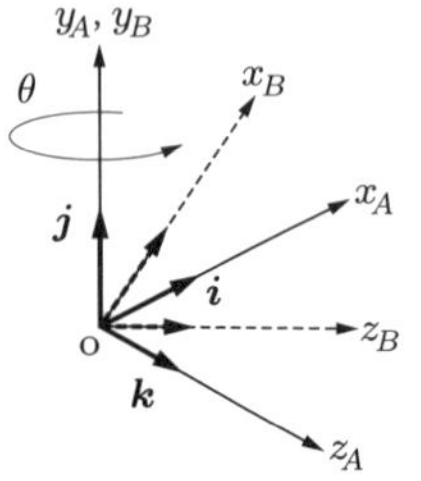

図 4.8　y 軸周りの回転行列の説明

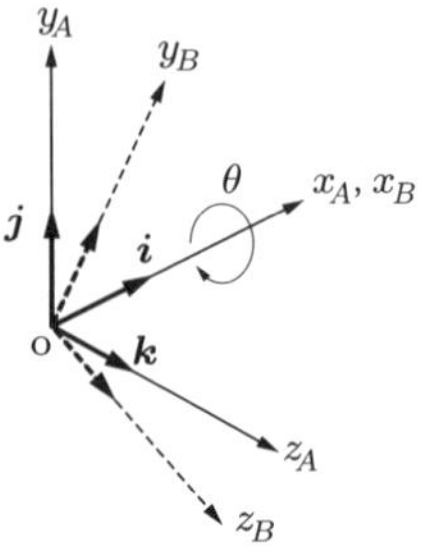

図 4.9　x 軸周りの回転行列の説明

なお，回転方向は，各ベクトルに沿って右ねじが進行する場合，すなわち時計回りを正とし，$\boldsymbol{E}^{i\theta}$，$\boldsymbol{E}^{j\theta}$，$\boldsymbol{E}^{k\theta}$ はそれぞれ，直交座標系の各軸方向を示す単位ベクトル $\boldsymbol{i}$，$\boldsymbol{j}$，$\boldsymbol{k}$ 周りに，θ の回転変位を行うことを示している．この回転方向の正負は式 (4.12) の場合と同じである．式 (4.25)～(4.27) はロボットの運動解析によく利用される式であり，公式として用いればよい．

例題 4.1　図 4.10 に示すシリアルメカニズムのベース，各ジョイントおよび出力点に座標系 Σ_A，Σ_B，Σ_C，Σ_D および Σ_P を設定し，それぞれの座標系を構成する各軸を図 4.10 中の記号で示す．破線で示す初期姿勢において，すべての座標系の x，y および z 軸の方向は同一とする．なお，各座標系の x，y および z 軸方向を区別するために，図 4.10 中に示すように下付け添え字を付す．

各ジョイントを，Σ_B が y_A 軸周りに $-\alpha$，Σ_C が z_B 軸周りに $-\beta$，Σ_D が x_C 軸周りに γ 回転するように運動させた場合，出力リンクのベースに対する姿勢を，回転行列を用いて示せ．$-\alpha$，$-\beta$ は反時計回りの回転角であることを示している．

なお，以上の例題のように，初期姿勢においてすべての座標系の x，y および z 軸の方向を一致させることで解析は容易になる．

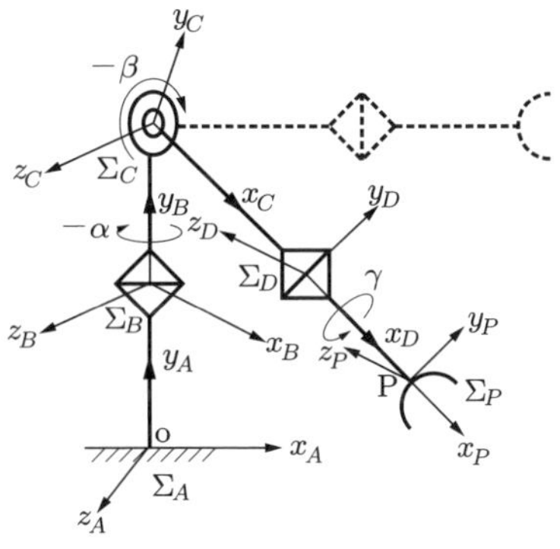

図 4.10　回転行列によるシリアルメカニズムの姿勢表現

解答　図 4.10 の機構において，ベースに設置した座標系は Σ_A，出力リンクに設置した座標系は Σ_D および Σ_P であり，Σ_D と Σ_P の姿勢は常に一致している．したがって，Σ_A に対する Σ_D の関係を表す ${}^A\boldsymbol{R}_D$ によって出力リンクの姿勢が表される．また，式 (4.17) などと同様に次式が成り立つ．

$$ {}^A\boldsymbol{R}_D = {}^A\boldsymbol{R}_B\,{}^B\boldsymbol{R}_C\,{}^C\boldsymbol{R}_D $$

${}^A\boldsymbol{R}_B$，${}^B\boldsymbol{R}_C$，${}^C\boldsymbol{R}_D$ はそれぞれ各座標系での y_A 軸，z_B 軸および x_C 軸周りの姿勢変換行列にも一致する．すなわち，各座標系における y 軸，z 軸および x 軸方向の単位ベ

クトルを $\boldsymbol{j}$，$\boldsymbol{k}$ および $\boldsymbol{i}$ とすれば，それぞれ次式で表される．

$$ {}^{A}\boldsymbol{R}_{B} = \boldsymbol{E}^{j(-\alpha)}, \quad {}^{B}\boldsymbol{R}_{C} = \boldsymbol{E}^{k(-\beta)}, \quad {}^{C}\boldsymbol{R}_{D} = \boldsymbol{E}^{i\gamma} $$

したがって，出力リンクの姿勢 ${}^{A}\boldsymbol{R}_{D}$ は次式で表される．

$$ {}^{A}\boldsymbol{R}_{D} = \boldsymbol{E}^{j(-\alpha)}\boldsymbol{E}^{k(-\beta)}\boldsymbol{E}^{i\gamma} $$

上式に式 (4.26)，(4.25)，(4.27) を用いれば，${}^{A}\boldsymbol{R}_{D}$ が求められる．■

■4.3.6　任意軸周りの回転行列

以上では，直交座標系を想定した各軸方向の回転行列を示したが，実際には，座標軸周り以外の回転を扱うこともある．その場合に用いる任意軸周りの回転行列を示す．

ベクトル $\boldsymbol{r}$ が，任意の方向の単位ベクトル $\boldsymbol{\eta}$ 周りに θ 回転する場合，回転後のベクトル $\boldsymbol{r}'$ は次式で表される．

$$ \boldsymbol{r}' = (\boldsymbol{r}\cdot\boldsymbol{\eta})\,\boldsymbol{\eta} + \cos\theta\,[\boldsymbol{r} - (\boldsymbol{r}\cdot\boldsymbol{\eta})\,\boldsymbol{\eta}] + \sin\theta\,(\boldsymbol{\eta}\times\boldsymbol{r}) \tag{4.28} $$

上式を展開してベクトル $\boldsymbol{r}$ と $\boldsymbol{r}'$ の関係を示す回転行列 $\boldsymbol{E}^{\eta\theta}$ を求めれば次式となる．なお，ベクトル $\boldsymbol{\eta}$ の成分を $(\lambda,\mu,\nu)^T$ とする．

$$ \boldsymbol{E}^{\eta\theta} = \begin{bmatrix} \lambda^2(1-C_\theta)+C_\theta & \lambda\mu(1-C_\theta)-\nu S_\theta & \lambda\nu(1-C_\theta)+\mu S_\theta \\ \lambda\mu(1-C_\theta)+\nu S_\theta & \mu^2(1-C_\theta)+C_\theta & \mu\nu(1-C_\theta)-\lambda S_\theta \\ \lambda\nu(1-C_\theta)-\mu S_\theta & \mu\nu(1-C_\theta)+\lambda S_\theta & \nu^2(1-C_\theta)+C_\theta \end{bmatrix} \tag{4.29} $$

上式は**ロドリゲスの回転公式**（Rodrigues' rotation formula）とよばれる．式 (4.29) にベクトル $\boldsymbol{i}$，$\boldsymbol{j}$，$\boldsymbol{k}$ を代入すれば式 (4.27)，(4.26)，(4.25) となることが容易に確認できる．式 (4.29) は，機構の運動をある特定の軸周りで検討・表現する場合などに用いられる．

■4.3.7　回転行列の逆行列

回転行列 ${}^{A}\boldsymbol{R}_{B}$，すなわち，$\left({}^{A}\boldsymbol{i}_{B}, {}^{A}\boldsymbol{j}_{B}, {}^{A}\boldsymbol{k}_{B}\right)$ の列成分である ${}^{A}\boldsymbol{i}_{B}$, ${}^{A}\boldsymbol{j}_{B}$, ${}^{A}\boldsymbol{k}_{B}$ は直交する 3 軸方向を表す単位ベクトルである．すなわち，これらのベクトルはたがいに直交している．したがって，回転行列は**直交行列**（orthogonal matrix）であり，直交行列の逆行列は，その転置行列に一致する．ここでは，ロボットの姿勢変換への理解を深めるために，回転行列の逆行列がその転置行列で表されることを実際に導いてみよう．

回転行列 ${}^{A}\boldsymbol{R}_{B}$ の列成分である ${}^{A}\boldsymbol{i}_{B}$, ${}^{A}\boldsymbol{j}_{B}$, ${}^{A}\boldsymbol{k}_{B}$ は先述のように座標系 Σ_A 上でそ

れらの成分を表した座標系 Σ_B の各軸方向の単位ベクトルである．言い換えれば，これらは座標系 Σ_B 上における各軸方向の単位ベクトルの座標系 Σ_A 上への射影成分である．すなわち，次式のように表すことができる．

$$ {}^A\boldsymbol{R}_B = \begin{bmatrix} {}^B\boldsymbol{i}_B \cdot {}^A\boldsymbol{i}_A & {}^B\boldsymbol{j}_B \cdot {}^A\boldsymbol{i}_A & {}^B\boldsymbol{k}_B \cdot {}^A\boldsymbol{i}_A \\ {}^B\boldsymbol{i}_B \cdot {}^A\boldsymbol{j}_A & {}^B\boldsymbol{j}_B \cdot {}^A\boldsymbol{j}_A & {}^B\boldsymbol{k}_B \cdot {}^A\boldsymbol{j}_A \\ {}^B\boldsymbol{i}_B \cdot {}^A\boldsymbol{k}_A & {}^B\boldsymbol{j}_B \cdot {}^A\boldsymbol{k}_A & {}^B\boldsymbol{k}_B \cdot {}^A\boldsymbol{k}_A \end{bmatrix} \tag{4.30} $$

上式の行列中の各成分は，両座標系の各軸方向を表す単位ベクトルどうしの余弦であり，1 列目は上から順に Σ_B の x_B 軸の，Σ_A の x_A，y_A，z_A 軸への射影成分となっている．

ここで，${}^A\boldsymbol{R}_B$ の 1 行目の成分に注目する．1 行目の成分からなる行ベクトルを考えれば，それは，座標系 Σ_A における x_A 軸方向の単位ベクトル ${}^A\boldsymbol{i}_A$ の座標系 Σ_B 上への射影成分となっている．2，3 行目に関しても同様に，座標系 Σ_A における y_A，z_A 軸方向の単位ベクトル ${}^A\boldsymbol{j}_A$，${}^A\boldsymbol{k}_A$ の座標系 Σ_B 上への射影成分となっていることがわかる．すなわち，${}^A\boldsymbol{R}_B$ の各行は，座標系 Σ_B で表した座標系 Σ_A の各軸方向の単位ベクトルの成分となっており，次式で表すことができる．

$$ {}^A\boldsymbol{R}_B = \begin{bmatrix} \left({}^B\boldsymbol{i}_A\right)^T \\ \left({}^B\boldsymbol{j}_A\right)^T \\ \left({}^B\boldsymbol{k}_A\right)^T \end{bmatrix} \tag{4.31} $$

上式の右辺は，座標系 Σ_B 上で表したベクトルの成分を座標系 Σ_A で表す回転行列 ${}^B\boldsymbol{R}_A$ の転置行列となっている．したがって，次式が成り立つ．

$$ {}^A\boldsymbol{R}_B = \left({}^B\boldsymbol{R}_A\right)^T \tag{4.32} $$

以上のことから，ある座標系からほかの座標系への関係を表す回転行列の転置行列は，逆の関係を表す回転行列となることがわかる．また，回転行列を構成する各列ベクトル，または各行ベクトルはたがいに直交し，さらに，単位ベクトルとなる．すなわち，回転行列は正規直交行列であり，次式が成り立つ．

$$ {}^A\boldsymbol{R}_B\,{}^B\boldsymbol{R}_A = {}^A\boldsymbol{R}_A = \boldsymbol{I}_3 \tag{4.33} $$

$\boldsymbol{I}_3$ は 3 元の単位行列である．したがって，回転行列の逆行列は次式で表される．

$$ \left({}^A\boldsymbol{R}_B\right)^{-1} = {}^B\boldsymbol{R}_A = \left({}^A\boldsymbol{R}_B\right)^T \tag{4.34} $$

以上の関係は，パラレルメカニズムの運動学計算を行うために重要である．

4.4　同次変換行列による位置と姿勢の表現

機構を構成する各リンクの位置・姿勢を表すためには，回転とともに，ジョイントの並進運動や，リンクの長さなどによる並進変位を表現する必要がある．そこで，リンクの回転および並進変位を同時に表す方法を説明する．

図4.11に示すように，二つの座標系 Σ_A および Σ_B を想定する．これらの座標系は，それぞれ別の剛体，すなわちリンク上に設定され，座標系の原点は，それぞれのリンクの回転中心，すなわちリンクを連結するジョイントの回転軸上に設定されている．ここで，座標系 Σ_B においてベクトル ${}^B\boldsymbol{r}$ で表される点 r の位置を座標系 Σ_A で表すことを考えよう．座標系 Σ_B の原点位置 P が座標系 Σ_A に対してベクトル ${}^A\boldsymbol{P}_B$ で表されるとする．また，Σ_A および Σ_B の関係を表す回転行列を ${}^A\boldsymbol{R}_B$ とする．${}^A\boldsymbol{P}_B$ および ${}^A\boldsymbol{R}_B$ を用いれば，${}^B\boldsymbol{r}$ の成分は次式によって Σ_A 上で表現することができる．

$$ {}^A\boldsymbol{r}_B = {}^A\boldsymbol{R}_B\,{}^B\boldsymbol{r} + {}^A\boldsymbol{P}_B \tag{4.35} $$

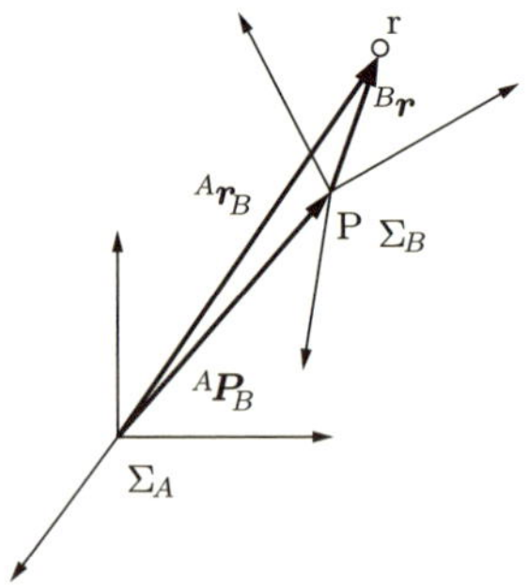

図4.11　回転行列によるロボットの姿勢表現の説明

式(4.35)は，まず，座標系 Σ_A および Σ_B の原点が一致している場合を想定し，両座標系間の回転に関する関係を回転行列で操作して，次に Σ_A の原点を始点とし，先端を Σ_B の原点とするベクトルを加えることにより，並進に関する操作を行っていると解釈できる．式(4.35)を，さらに，以下のように行列形式で表記する．

$$ \begin{bmatrix} {}^A\boldsymbol{r}_B \\ 1 \end{bmatrix} = \begin{bmatrix} {}^A\boldsymbol{R}_B & {}^A\boldsymbol{P}_B \\ 0 & 1 \end{bmatrix} \begin{bmatrix} {}^B\boldsymbol{r} \\ 1 \end{bmatrix} \tag{4.36} $$

ベクトル $\begin{bmatrix} {}^A\boldsymbol{r}_B & 1 \end{bmatrix}^T$ 中の“1”は表記を簡潔にするためのもので，物理的な意味はない．次式に示す，式(4.36)右辺に含まれている行列は，**同次変換行列**（homogeneous transformation matrix）とよばれる．

$$
{}^{A}\boldsymbol{T}_{B}=\begin{bmatrix} {}^{A}\boldsymbol{R}_{B} & {}^{A}\boldsymbol{P}_{B} \\ 0 & 1 \end{bmatrix} \tag{4.37}
$$

回転行列 ${}^{A}\boldsymbol{R}_{B}$ が二つの座標系間の姿勢の関係を示すことに対し，同次変換行列 ${}^{A}\boldsymbol{T}_{B}$ は二つの座標系間の姿勢（回転変位）および位置（並進変位）の関係を示す．同行列を用いれば，各リンクの回転および並進変位を同時に表すことができる．ただし，前述のように，同次変換行列は，まず回転に関する操作を行い，次に並進に関する操作を順番に行うことを想定した変換行列であることに注意が必要である．この順番が異なると，表す位置・姿勢も異なってしまう．

以上で述べた同次変換行列により，機構の位置・姿勢を表す方法を具体的に示す．図 4.12 は図 4.10 と同一のロボットであるが，位置を表現するためにベースから出力点 P までの接地点，各ジョイントを A，B，C，D で表して，各リンクをリンク AB，BC，CD とし，それぞれの長さを l_A，l_B，l_C，l_D として，これらをはじめとする必要な記号を付記して再度示したものである．

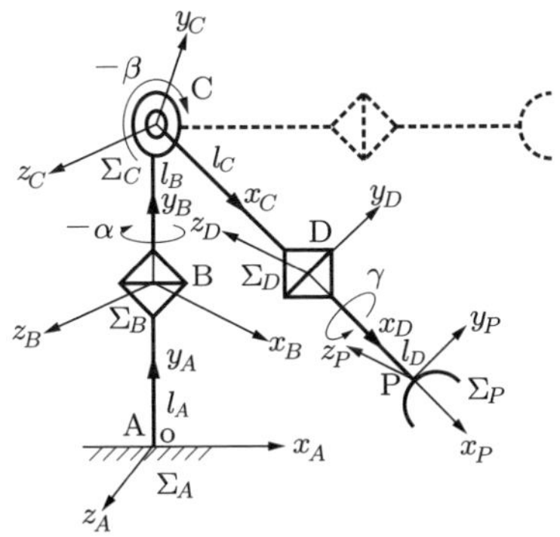

図 4.12 同次変換行列によるロボットの位置・姿勢表現の例

同次変換行列または回転行列を用いて機構の位置や姿勢を表現するために，各リンクに座標系を設定する必要がある．座標系の設定方法は任意であるが，一般的な手順を示す．

1. ロボットの初期姿勢を，主に作業を行う姿勢を考慮しながら，各ジョイントの回転軸がなるべく同一方向となり，かつ各リンク長手方向が同一または直交するように設定する．
2. ベースを除く各リンク上に座標系の原点を設定する．通常，原点は各リンクにおいて隣接するベース側のリンクとの連結点（ジョイントの回転軸）とする．
3. 各可動リンクに設定した座標系の一つの軸方向をジョイントの回転軸に一致さ

せる．

4. 各可動リンクに設定した座標系のもう一つの軸方向として，同リンクの回転軸と隣接する出力リンク側のジョイントの回転軸との共通垂線方向を選択する．隣接する回転軸がたがいに垂直である場合は，両回転軸方向で定義される平面の法線方向とすればよい．なお，出力リンクにおいては，隣接するベース側のリンクの回転軸方向と一致するように，もう一つの軸方向を設定する．通常の多関節ロボットでは，リンク長手方向が座標系の一つの軸方向となることが多い．
5. 以上で定義した二つの軸に対して，右手座標系となるように直交座標系を設定する．
6. ベース上に設定する絶対座標系は，ロボットの接地点を原点として各軸方向が隣接する座標系と同一となるように設定する．さらに，出力点を原点として各軸の方向を以上で決定した出力リンク上の座標系と一致するように設定する．なお，出力点に設定された座標系は，出力リンクの位置および姿勢を表すために用いる．

以上の各手順において，各軸方向を示す x，y，z などの表記方法は，初期姿勢において各座標系での軸方向がなるべく同方向となるように定めればよい．もし，表記を同じにできない場合，また，以上の手順1において初期の座標軸の方向を同一とできない場合は，各軸方向と表記を同一とした初期の座標系を想定し，実際に用いる座標系への回転を仮想的に生じたとして回転行列を用いた演算に加えればよい．

図4.12のシリアルメカニズムを例に座標系を設定してみよう．なお，その後，設定された座標系を用いて機構の位置・姿勢を同次変換行列で表してみる．

1. まず，機構の初期姿勢を図4.12の破線で示すように設定する．このほか，たとえばリンクABからリンクDPまでが一直線となるように設定してもよい．
2. ベースを除く各リンク上に座標系の原点を設定する．ここでは，リンクBC上のリンクABとの連結部分に座標系 Σ_B の原点を，リンクCD上のリンクBCとの連結部に座標系 Σ_C の原点を，リンクDP上のリンクCDとの連結部に座標系 Σ_D の原点をそれぞれ設定する．
3. 各リンクのジョイントの回転軸を，各リンクに設定した座標系の一つの軸方向とする．ここでは，座標系 Σ_B の y_B 軸をジョイントBの回転軸方向，Σ_C の z_C 軸をジョイントCの回転軸方向，Σ_D の x_D 軸をジョイントDの回転軸方向とする．
4. 各座標系のもう一つの軸方向を決定する．まず，座標系 Σ_B について検討する．Σ_B の y_B 軸と隣接する Σ_C の z_C 軸は直交している．そこで，x_B 軸を，Σ_B の原点を含み，y_B および z_C 軸方向で定義される平面に対する法線方向として設定する．同様に，座標系 Σ_C の y_C 軸を設定する．出力リンクの連結点に設定されている座標系 Σ_D に関しては，ベース側のリンクに設定されている座標系を参考とする．ここでは，座標系 Σ_C を参考にして Σ_D の y_D 軸を y_C 軸と同じ向きとなるように設定する．

5. 以上で設定した各座標系において，右手座標系となるように三つめの軸方向を設定する．
6. ベースであるリンク AB に，接地点を原点とし，各軸方向がそれぞれ初期姿勢における座標系 Σ_B に等しい絶対座標系 Σ_A を設定する．また，出力点である点 P を原点とする座標系 Σ_P を，各軸方向が Σ_D と同一となるよう設定する．

以上の手順で各リンクに座標系が設定されたとして，同次変換行列を用いた位置・姿勢の表現を示す．同次変換行列は，回転行列の場合と同じく，参照する座標系の記号を上付きの左添え字，対象とする座標系の記号を下付きの右添え字として表す．たとえば，座標系 Σ_A と Σ_B の関係を表す同次変換行列を ${}^A\boldsymbol{T}_B$ と記す．${}^A\boldsymbol{T}_B$ は座標系 Σ_A に対する座標系 Σ_B の位置・姿勢を表示するとともに，座標系 Σ_B 上で表したベクトルの成分の座標系 Σ_A 上での表現への変換に用いられる．

以上で定義された同次変換行列を用いれば，図 4.12 においてベースに設定された絶対座標系 Σ_A に対する出力点 P の位置と姿勢は ${}^A\boldsymbol{T}_P$ となり，次式より得られる．

$$
{}^A\boldsymbol{T}_P = {}^A\boldsymbol{T}_B\,{}^B\boldsymbol{T}_C\,{}^C\boldsymbol{T}_D\,{}^D\boldsymbol{T}_P \tag{4.38}
$$

実際に，ジョイント B，C および D にそれぞれ図 4.10 と同じく $-\alpha$，$-\beta$ および γ の角変位が生じたとして，Σ_A に対する出力リンクの位置・姿勢を求めてみよう．なお，各座標系において x_w，y_w および z_w（$w = A$〜C）軸方向の単位ベクトルを，$\boldsymbol{i}$，$\boldsymbol{j}$ および $\boldsymbol{k}$ で表すこととする．

隣接するリンクの関係を表す同次変換行列を求めるには，まず，対象とする座標系を基準となる座標系に一致させた状態から，回転，次に並進の順に操作を加え，現在の状態に変換するための方法を考えればよい．すなわち，${}^A\boldsymbol{T}_B$ に関しては，まず，座標系 Σ_B が Σ_A に一致した状態から，y_A 軸周りに $-\alpha$ 回転した後，y_A 軸方向へ l_A 並進移動すれば目的とする Σ_B の状態に一致することから，同次変換行列 ${}^A\boldsymbol{T}_B$ は次式で表される．

$$
{}^A\boldsymbol{T}_B = \begin{bmatrix} \boldsymbol{E}^{j(-\alpha)} & l_A\boldsymbol{j} \\ 0 & 1 \end{bmatrix} \tag{4.39}
$$

Σ_B は Σ_C に一致した状態から z_B 軸周りに $-\beta$ 回転し，y_B 軸方向へ l_B 並進移動す

ればよい．したがって，同次変換行列 ${}^{B}\boldsymbol{T}_C$ は次式となる．

$$
{}^{B}\boldsymbol{T}_C = \begin{bmatrix} \boldsymbol{E}^{k(-\beta)} & l_B\boldsymbol{j} \\ 0 & 1 \end{bmatrix} \tag{4.40}
$$

同様に，Σ_C を Σ_D，Σ_D を Σ_P に一致させる同次変換行列 ${}^{C}\boldsymbol{T}_D$，${}^{D}\boldsymbol{T}_P$ は，次式で表される．

$$
{}^{C}\boldsymbol{T}_D = \begin{bmatrix} \boldsymbol{E}^{i\gamma} & l_C\boldsymbol{i} \\ 0 & 1 \end{bmatrix} \tag{4.41}
$$

$$
{}^{D}\boldsymbol{T}_P = \begin{bmatrix} \boldsymbol{E}^{0} & l_D\boldsymbol{i} \\ 0 & 1 \end{bmatrix} \tag{4.42}
$$

なお，$\boldsymbol{E}^0$ は単位行列である．以上の結果より，出力リンクの絶対座標系に対する位置・姿勢は次式で表される．

$$
{}^{A}\boldsymbol{T}_P = {}^{A}\boldsymbol{T}_B{}^{B}\boldsymbol{T}_C{}^{C}\boldsymbol{T}_D{}^{D}\boldsymbol{T}_P = \begin{pmatrix} \boldsymbol{T}_{11} & \boldsymbol{T}_{12} \\ 0 & 1 \end{pmatrix} \tag{4.43}
$$

ただし

$$
\boldsymbol{T}_{11} = \boldsymbol{E}^{j(-\alpha)}\boldsymbol{E}^{k(-\beta)}\boldsymbol{E}^{i\gamma},
$$

$$
\boldsymbol{T}_{12} = l_A\boldsymbol{j} + \boldsymbol{E}^{j(-\alpha)}l_B\boldsymbol{j} + \boldsymbol{E}^{j(-\alpha)}\boldsymbol{E}^{k(-\beta)}l_C\boldsymbol{i} + \boldsymbol{E}^{j(-\alpha)}\boldsymbol{E}^{k(-\beta)}\boldsymbol{E}^{i\gamma}l_D\boldsymbol{i}
$$

である．上式において，$\boldsymbol{T}_{11}$ が出力リンクの姿勢，$\boldsymbol{T}_{12}$ が出力点の位置を示す．なお，ここでは各ジョイントを回転ジョイントとして，各リンクの長さは一定として扱ったが，並進ジョイントを用いる場合は，各リンクの長さを表している部分に並進変位量を付加すればよい．

4.5　回転行列を用いた運動の表現方法

■ 4.5.1　並進運動と回転運動の表現の違い

これまで，主にロボットの各ジョイントの運動と，出力リンクをはじめとする各リンクの位置・姿勢との関係を表現するための基本的な方法を学んだ．並進運動のみの表現や，静止していて各ジョイントの角度が明らかな場合は，以上の方法でパラレルメカニズムの位置や姿勢を表すことができる．しかし，実際に必要となるのは刻々と変化していく姿勢の表現であり，とくに出力リンクの多軸周りの回転を特徴とするパラレルメカニズムにおいては重要である．また，出力リンクやロボットに把持されるワークの回転に関する表現は，並進とは扱いが異なるため注意が必要である．

図 4.13 に示す剛体の並進運動を例に説明しよう．剛体を位置 A から位置 B へ並進運動させる場合の，x，y，z 各軸方向への並進変位量を Δx，Δy，Δz で示す．この場合，各軸方向への運動の順序は任意であり，また，それぞれの方向への並進をさらに分割することも可能である．結果的に各方向への変位量の和が Δx，Δy，Δz となれば，剛体は目標位置に達する．

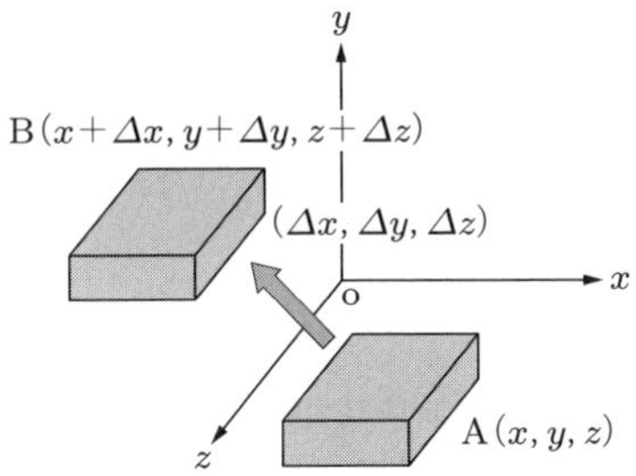

図 4.13 並進運動の表現

並進運動は以上のように各軸方向の変位量を示せばよく，ベクトルとして扱うことができ，その表現や演算は容易である．しかし，回転運動に関しては注意を要する．例として，図 4.14 に示すように，剛体を初期姿勢の位置 A から x および y 軸周りにそれぞれ $-90°$ 回転させる場合を考えよう．運動の順序としては，たとえば，x 軸周りに回転後に y 軸周りに回転させる場合と，その逆が考えられる．そこで，図 4.14 (a) に剛体を x 軸周りに $-90°$ 回転させた後に y 軸周りに $-90°$ 回転させた場合を，図 4.14 (b) に剛体を y 軸周りに $-90°$ 回転させた後に x 軸周りに $-90°$ 回転させた場合を，それぞれ A→B→C として示す．図 4.14 からわかるように，最終的な剛体 C の姿勢は異なり，複数の回転軸周りに関する回転運動には，運動の順序が影響す

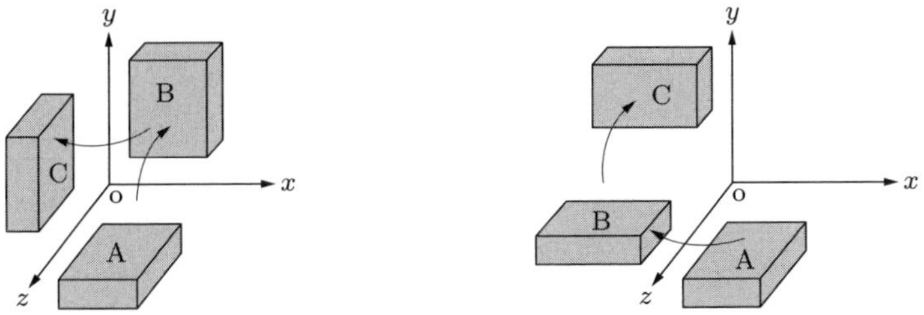

（a）x 軸周りに$-90°$ → y 軸周りに$-90°$　（b）y 軸周りに$-90°$ → x 軸周りに$-90°$

図 4.14 回転運動の表現

ることがわかる．

以上のことから，出力リンクやワークを目標とする姿勢にするために回転運動を行わせる場合は，回転変位量だけでなく，その順序を示さなければならない．すなわち，複数の回転軸周りに関するリンクやワークの回転運動はベクトルとして扱えない．ただし，瞬間的な物理量を示す回転速度，すなわち角速度に関しては，ベクトルとしての扱いが可能であり，各軸周りの角速度ベクトルの和により，全体としての角速度および瞬間的な回転軸を表せることに注意しなければならない．

■4.5.2　回転運動の表現法 ―固定角法とオイラー角法

リンクやワークを回転運動させる場合は，以上で述べたように，回転変位の量だけでなく，回転変位を行う順序を示す必要がある．回転変位の量および順序の表示方法としては以下の 2 とおりの方法がよく用いられる．

一つは，図 4.15 (a) のように固定された絶対座標系の各軸周りの角変位を示す方法であり，**固定角法**（fixed angle method）とよばれる．代表的な固定角法は，固定した O-XYZ 直交座標系に対して，X 軸周り，Y 軸周り，Z 軸周りの順序で回転運動を表示する方法である．固定角法では，基準となる回転軸が常に一定であるため，剛体を外から観察した場合に姿勢の変化を直感的に把握しやすい．

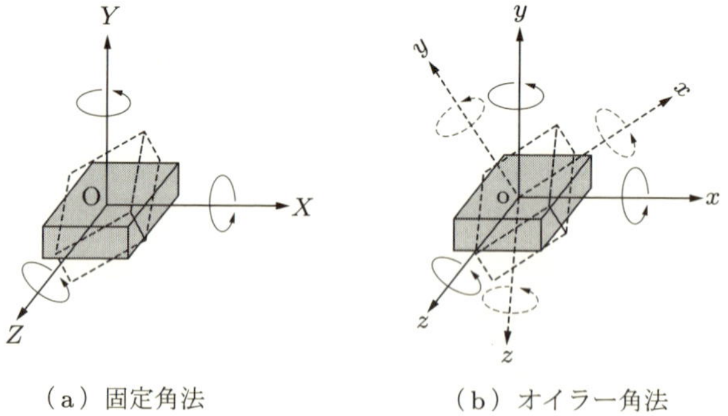

図 4.15　代表的な回転運動の表現法

もう一つは，図 4.15 (b) に示すように，剛体に設定した動座標系の各軸周りの角変位で姿勢を表す方法であり，**オイラー角法**（Euler angle method）とよばれる．よく用いられるオイラー角法は，剛体上に設定された o-xyz 動座標系の z 軸，y 軸，z 軸周りの順で角変位を表す方法である．オイラー角法では剛体の姿勢変化とともに回転軸も変化する．しかし，剛体上から観察すれば回転軸は常に一定となる．したがって，剛体上から姿勢変化を観測する場合（航空機など）に都合がよい．固定角法とオイラー角法の選択に関しては目的に適したものを選択すればよい．

固定角法，オイラー角法いずれにおいても，角変位を行う順番は，必ず直前に用いた回転軸と異なる軸周りの角変位を与えるように決定すればよい．たとえば，固定角法において，まず X 軸周りに回転し，次に Y 軸周りに回転し，さらに Z 軸周りに回転させれば空間での 3 自由度の運動を表現可能であるが，同様に X 軸周り，Y 軸周り，さらに X 軸周りに回転させても表現可能である．したがって，固定角法およびオイラー角法いずれの方法も，三つの回転軸の組合せで同じ軸を連続して用いない条件から，それぞれ $3 \times 2 \times 2$ の計 12 とおりの表現方法が存在することになる．

なお，X 軸，Y 軸，Z 軸周り，または x 軸，y 軸，z 軸周りの角をロール，ピッチ，ヨー角と称することが多い．たとえば，飛行機や船の姿勢は，それらの本体に固定された，x 軸，y 軸，z 軸周りの，ロール，ピッチ，ヨー角でよく表される．この場合，姿勢はオイラー角で表されていることになる．しかし，固定角法でも，X 軸，Y 軸，Z 軸周りの角変位をロール，ピッチ，ヨー角と称することがある．

姿勢の表現方法として，ロール，ピッチ，ヨー角法という言葉が用いられることがある．ただし，場合によって，固定角法であったり，オイラー角法であったりするので注意が必要である．

■4.5.3 固定角法およびオイラー角法による姿勢表現と両者の関係

パラレルメカニズムの姿勢表現に，以上で述べた固定角法およびオイラー角法のいずれを用いた場合でも，機構を制御するために出力リンクの位置・姿勢を最終的には絶対座標系上で表す必要がある．そのためには，4.3 節で説明した回転行列を用いる．以下，O-XYZ 絶対座標系を基準とし，X 軸，Y 軸，Z 軸周りの順で角変位を与える固定角法と，剛体に固定された o-xyz 動座標系において，z 軸，y 軸，x 軸の順に回転運動を表すオイラー角法による姿勢の表現を，具体的に回転行列を用いて示す．さらに，固定角法とオイラー角法の重要な関係について述べる．

固定角法

まず，固定角法で姿勢変化を行った場合の剛体の姿勢変化を，絶対座標系上で表してみる．すなわち，姿勢変化後のリンクの座標値を表す回転行列を求める．固定角法では，姿勢を表す角度変化そのものが絶対座標系基準で行われるため，以下のように回転行列を求めることができる．

図 4.16 (a) に示す 3 次元直交絶対座標系 Σ_A において固定角法を用い，X 軸，Y 軸，Z 軸周りの順に，リンクを α，β，γ の角変位で回転させた場合を検討する．なお，リンクの姿勢をリンク上に固定されたベクトル $\boldsymbol{r}$ で表す．回転後のリンクの姿勢を表すベクトルを $\boldsymbol{r}'$ とすれば，$\boldsymbol{r}'$ は 4.3.4 項で説明したように，回転行列を回転演算子として用いて表すことができる．すなわち，ベクトル $\boldsymbol{r}$ を X 軸周りに α，Y 軸周

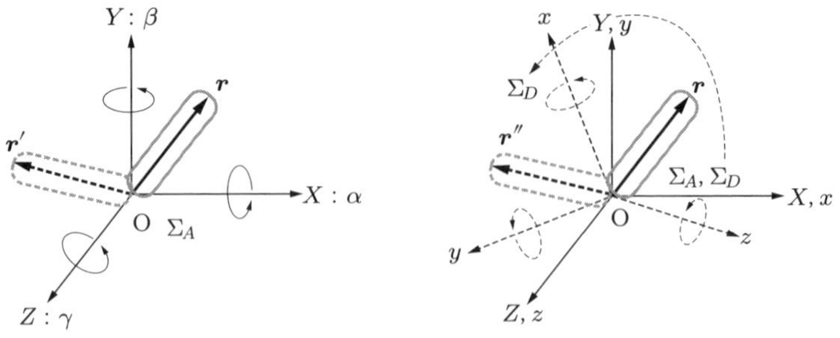

（a）固定角法による表現　　（b）オイラー角法による表現

図 4.16　姿勢表現方法の比較

りに β，さらに Z 軸周りに γ 回転させたベクトル $\boldsymbol{r}'$ は，式 (4.25)〜(4.27) を用いて次式で表される．

$$
{}^{A}\boldsymbol{r}' = \boldsymbol{E}^{k\gamma}\left[\boldsymbol{E}^{j\beta}\left(\boldsymbol{E}^{i\alpha}\,{}^{A}\boldsymbol{r}\right)\right] = \boldsymbol{E}^{k\gamma}\boldsymbol{E}^{j\beta}\boldsymbol{E}^{i\alpha}\,{}^{A}\boldsymbol{r} \tag{4.44}
$$

上付き添え字の A は，先述のように，座標系 Σ_A 上でベクトルの成分を表していることを示し，$\boldsymbol{i}$，$\boldsymbol{j}$，$\boldsymbol{k}$ は X 軸，Y 軸，Z 軸方向の単位ベクトルを示す．

式 (4.44) の $\boldsymbol{E}^{k\gamma}\boldsymbol{E}^{j\beta}\boldsymbol{E}^{i\alpha}$ をリンクの姿勢を表すベクトルに乗じれば，姿勢変化後のベクトルを求めることができる．また，$\boldsymbol{E}^{k\gamma}$，$\boldsymbol{E}^{j\beta}$，$\boldsymbol{E}^{i\alpha}$ の各項には，式 (4.25)〜(4.27) をそのまま用いればよい．

オイラー角法

次に，オイラー角法でリンクの姿勢の変化を表す場合について考える．オイラー角法で基準とする座標系はリンクと同時に回転するので，同座標系からはリンクの姿勢は常に一定である．必要となるのは，絶対座標系からみた回転後のリンクの姿勢の表現である．

オイラー角法では姿勢変化の角度は動座標系上で与えることから，図 4.16 (b) に示すように，リンクに x 軸，y 軸および z 軸からなる 3 次元直交動座標系 Σ_D を定義する．なお，上述の固定角法との関係を示すため，座標系 Σ_D は図 4.16 (b) に示すように初期状態において Σ_A と一致しているとし，対象とするリンクの姿勢も図 4.16 (a) と同一とする．リンクの姿勢は，先と同じくベクトル $\boldsymbol{r}$ で表す．同条件において，リンクの姿勢を，リンク上に設定された x 軸，y 軸および z 軸周りにそれぞれ α，β および γ 回転させる．ただし，回転の順序は z 軸，y 軸，x 軸の順とする．

オイラー角法によって変化させたリンクの姿勢について考える．初期姿勢におけるリンク上のベクトル $\boldsymbol{r}$ に対し，オイラー角法により回転を行った後のベクトルを $\boldsymbol{r}''$ で表す．ここで，$\boldsymbol{r}''$ の成分を動座標系 o-xyz で表せば，座標系 o-xyz は $\boldsymbol{r}$ とともに

回転するので成分は不変である．すなわち

$$^{D}\boldsymbol{r}'' = {}^{A}\boldsymbol{r} \tag{4.45}$$

である．ただし，$^{D}\boldsymbol{r}''$ はその成分を動座標系 Σ_D で表し，$^{A}\boldsymbol{r}$ はその成分を絶対座標系 Σ_A で表している．したがって，実際には両ベクトルは図 4.16 (b) に示すように一致していない．そこで，$^{D}\boldsymbol{r}''$ の成分を絶対座標系 Σ_A で表した $^{A}\boldsymbol{r}''$ を求める．

Σ_D 上で表した $^{D}\boldsymbol{r}''$ の成分を座標系 Σ_A で表すには，回転行列を座標変換行列として利用すればよい．ここで，図 4.16 (b) では初期位置において動座標系 Σ_D は絶対座標系 Σ_A に一致しており，まず，z 軸すなわち Z 軸周りに γ 回転する．この回転後の座標系を Σ_B とする．次に，Σ_B を y 軸周りに β 回転する．回転後の座標系を Σ_C とする．さらに，Σ_C を x 軸周りに α の角変位で回転した座標系が，オイラー角法で回転した後の座標系 Σ_D となる．

回転行列の表現を用いれば，絶対座標系 Σ_A に対する動座標系 Σ_B の関係は $^{A}\boldsymbol{R}_B$ で表され，同様に，座標系 Σ_B に対する座標系 Σ_C の関係は $^{B}\boldsymbol{R}_C$，座標系 Σ_C に対する回転後の座標系 Σ_D の関係は $^{C}\boldsymbol{R}_D$ で表される．したがって，回転変換後の剛体上のベクトル $^{D}\boldsymbol{r}''$ の成分を絶対座標系 Σ_A 上で表す回転行列は次式となる．

$$^{A}\boldsymbol{r}'' = {}^{A}\boldsymbol{R}_B\,{}^{B}\boldsymbol{R}_C\,{}^{C}\boldsymbol{R}_D\,{}^{D}\boldsymbol{r}'' \tag{4.46}$$

次に，各回転行列の具体的な操作，すなわち，回転演算子としてのはたらきを考察する．$^{A}\boldsymbol{R}_B$ は，座標系 Σ_A の各軸方向の単位ベクトルを Z 軸周りに γ の角変位で回転することに相当するので，次式が成り立つ．

$$^{A}\boldsymbol{R}_B = \boldsymbol{E}^{k\gamma} \tag{4.47}$$

同様に $^{B}\boldsymbol{R}_C$ は，座標系 Σ_B を y 軸周りに β の角変位で回転することから次式となる．

$$^{B}\boldsymbol{R}_C = \boldsymbol{E}^{j\beta} \tag{4.48}$$

さらに，$^{C}\boldsymbol{R}_D$ は座標系 Σ_C を x 軸周りに α の角変位で回転することに相当することから，次式で表される．

$$^{C}\boldsymbol{R}_D = \boldsymbol{E}^{i\alpha} \tag{4.49}$$

ここで，$\boldsymbol{i}$，$\boldsymbol{j}$，$\boldsymbol{k}$ は座標系 Σ_A の X，Y，Z 軸，さらに，Σ_B，Σ_C，Σ_D における，x，y，z 軸方向の単位ベクトルを示す．したがって，式 (4.46) は次式となる．

$$^{A}\boldsymbol{r}'' = \boldsymbol{E}^{k\gamma}\boldsymbol{E}^{j\beta}\boldsymbol{E}^{i\alpha}\,{}^{D}\boldsymbol{r}'' = \boldsymbol{E}^{k\gamma}\boldsymbol{E}^{j\beta}\boldsymbol{E}^{i\alpha}\,{}^{A}\boldsymbol{r} \tag{4.50}$$

上式を用いれば，初期状態の姿勢が ${}^{A}\boldsymbol{r}$ であるリンクに対して，オイラー角法で姿勢変化させた後の姿勢を絶対座標系上で表すことができる．

固定角法とオイラー角法の比較

ここで，固定角法とオイラー角法によって得られた結果を比較してみよう．まず，式 (4.45) に示すように ${}^{D}\boldsymbol{r}''$ と ${}^{A}\boldsymbol{r}$ の成分は等しい．また，式 (4.44) において，$\boldsymbol{E}^{i\alpha}$，$\boldsymbol{E}^{j\beta}$，$\boldsymbol{E}^{k\gamma}$ における $\boldsymbol{i}$，$\boldsymbol{j}$，$\boldsymbol{k}$ は絶対座標系の各軸方向を示しているのに対し，式 (4.50) では動座標系を含めた複数の座標系における各軸方向を示しているが，座標間の変換を順次行う場合，両式における $\boldsymbol{E}^{i\alpha}\sim\boldsymbol{E}^{k\gamma}$ の成分は式 (4.25)〜(4.27) に示すとおりである．したがって，式 (4.44) より得られる ${}^{A}\boldsymbol{r}'$ と，式 (4.50) より得られる ${}^{A}\boldsymbol{r}''$ は，成分が同一で参照する座標系が同じであることから，たがいに等しいことがわかる．

以上のように，固定角法およびオイラー角法において，基準となる姿勢で絶対座標系と動座標系の各軸が一致している場合，角変位の大きさを等しく，変位の順序を逆にすれば，両者の方法で表される姿勢は一致する．また，回転行列を求めるには，固定角法では回転の順にリンクの姿勢を表すベクトルの左側に回転行列を順次乗じ，オイラー角法では回転とは逆の順序で乗じていけばよい．

例題 4.2　図 4.17 に示す空間 6 自由度パラレルメカニズムの出力リンクの姿勢をオイラー角法によって表せ．なお，出力リンクに設定した動座標系 P-xyz の z 軸，y 軸，x 軸の順に γ，β，α の角変位を与えるとする．

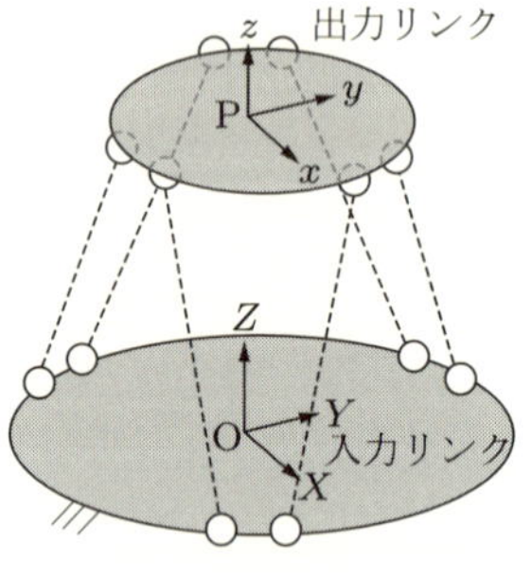

図 4.17　パラレルメカニズムの出力リンクの位置・姿勢の表現例

解答　図 4.17 のパラレルメカニズムでは，出力リンクとベースを連結する連鎖を破線および○で略記している．3.4.3 項で述べたように各連鎖に適当な自由度のジョイントを配置してリンクで連結することで，出力リンクに 6 自由度の運動，すなわち出力リンクを直交する 3 軸方向に対して並進および回転させることができる．パラレルメカニズムの姿勢を表すために，機構のベースに絶対座標系 O-XYZ を固定し，Σ_O と表記する．出力リンクには，その中心を原点とする動座標系 P-xyz を設定する．なお，初期状態において，O-XYZ と P-xyz の各軸方向は一致しており，原点 O と P は同軸上にあるとする．

オイラー角法を用い，図 4.18 に概略を示すように，動座標系の z 軸，y 軸，x 軸の順に γ，β，α の角変位で回転するとして，パラレルメカニズムの出力リンクの姿勢を，出力リンク上に固定された座標系 P-xyz の絶対座標系 O-XYZ に対する方向で表す．

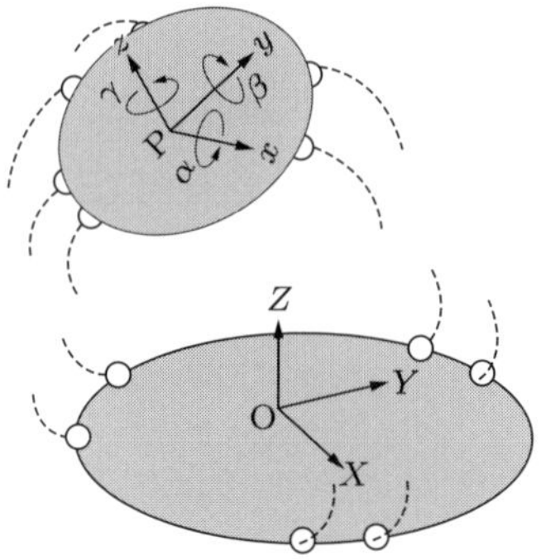

図 4.18 オイラー角法によるパラレルメカニズムの出力リンクの姿勢表現

動座標系 P-xyz の各軸方向が，絶対座標系 Σ_O の各軸方向と平行な状態から，出力リンクを z 軸周りに γ 回転させた後の動座標系 P-xyz を Σ_A と表記する．Σ_O に対する Σ_A の方向を表す回転行列 ${}^O\boldsymbol{R}_A$ は次式で表される．

$$ {}^O\boldsymbol{R}_A = \boldsymbol{E}^{k\gamma} \tag{4.51} $$

同様に，Σ_A を y 軸周りに β 回転した座標系を Σ_B，Σ_B を x 軸周りに α 回転した座標系を Σ_P とすれば，それぞれの操作において回転前後の座標系の関係を表す回転行列は次式で表される．

$$ {}^A\boldsymbol{R}_B = \boldsymbol{E}^{j\beta} \tag{4.52} $$

$$ {}^B\boldsymbol{R}_P = \boldsymbol{E}^{i\alpha} \tag{4.53} $$

姿勢変化後の出力リンクの姿勢を表すには，Σ_P の x，y，z 軸方向を表すベクトルの成分を，絶対座標系 O-XYZ に対して表せばよい．したがって，4.3.4 項で述べた回転行列の使用方法から，絶対座標系に対する出力リンクの姿勢は次式で表される．

$$ {}^O\boldsymbol{R}_P = {}^O\boldsymbol{R}_A\,{}^A\boldsymbol{R}_B\,{}^B\boldsymbol{R}_P\,(\boldsymbol{I}_3) = \boldsymbol{E}^{k\gamma}\boldsymbol{E}^{j\beta}\boldsymbol{E}^{i\alpha} \tag{4.54} $$

なお，上式に含まれる $\boldsymbol{I}_3$ は 3 元の単位行列であり，Σ_P における x，y，z 軸の方向を表しているが，通常は省略する． ■

例題 4.3　図 4.19 に示す空間 6 自由度パラレルメカニズムの出力リンクの姿勢を固定角法によって表せ．なお，ベースに設定した絶対座標系 O-XYZ の X 軸，Y 軸，Z 軸の順に α，β，γ の角変位を与えるとする．

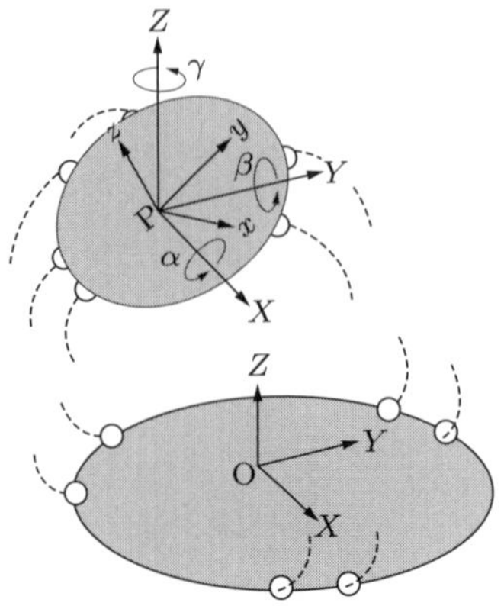

図 4.19　固定角法によるパラレルメカニズムの出力リンクの姿勢表現

解答　固定角法を用い，絶対座標系の X 軸，Y 軸，Z 軸の各軸方向の周りに，α，β，γ の順で回転させたときのパラレルメカニズムの出力リンクの姿勢を，出力リンク上の座標系 P-xyz の絶対座標系 O-XYZ に対する方向で表す．

ここで注意すべき点は，回転軸は図 4.19 に示すように絶対座標系 O-XYZ の原点を出力点 P に一致させた X，Y，Z 各軸方向とすることである．ただし，これらの回転軸の方向は，出力リンクの回転とは無関係に，常に一定である．

初期姿勢においては座標系 P-xyz の各軸方向は O-XYZ の各軸と平行であり，出力リンクの姿勢を表す行列 ${}^{O}\boldsymbol{R}_P$ は次式で表される．

$$
{}^{O}\boldsymbol{R}_P = (\boldsymbol{i}_P, \boldsymbol{j}_P, \boldsymbol{k}_P) = \boldsymbol{I}_3 \tag{4.55}
$$

$\boldsymbol{I}_3$ は 3 元の単位行列であり，${}^{O}\boldsymbol{R}_P$ の各列成分は x，y，z 各軸方向を示す列ベクトルである．X 軸，Y 軸，Z 軸周りの順で，角変位 α，β，γ を与えた場合の出力リンクの姿勢は，絶対座標系の各軸周りの回転行列を回転演算子として用いて次式で表される．

$$
{}^{O}\boldsymbol{R}_P = \boldsymbol{E}^{k\gamma}\boldsymbol{E}^{j\beta}\boldsymbol{E}^{i\alpha}\boldsymbol{I}_3 \tag{4.56}
$$

なお，上付き添え字の i，j，k は，それぞれ X，Y，Z 軸周りの回転であることを示している．式 (4.56) において，${}^{O}\boldsymbol{R}_P$ の各列成分が回転後の出力リンク上の座標系 P-xyz の各軸方向を示すことになる．■

■4.5.4　そのほかの姿勢表現法の例

以上で示したように，空間内で剛体である出力リンクの姿勢を表すには三つの回転角を用いればよく，その回転方向は，先述のように直交する3軸または2軸方向であればよかった．さらに，回転軸は，以上で用いたXYZ座標系のような直交する3軸方向である必要はない．パラレルメカニズムをはじめとするロボットでは，先端に何らかのツールを装着することが多いので，これらの姿勢を表したり，制御したりするために便利な表現方法を用いることも有効である．

例として，パラレルメカニズムの先端に加工工具などを取り付ける場合に便利な姿勢表現の例を示す．工具を取り付ける場合，出力リンクの姿勢より，工具そのものの方向がわかりやすい表現が有用である．

図4.20に示す6本の連鎖を有するパラレルメカニズムにおいて，出力リンク上にxおよびz軸を設定する．x軸は出力リンク内のある方向を，z軸は出力リンクの法線方向を向き，ともに出力リンクの中心である出力点で交差する．これらの軸に加えて，出力リンク内で回転するη軸を考える．η軸は初期状態においてx軸に一致しており，その方向はx軸からの傾き角θ_1で表す．

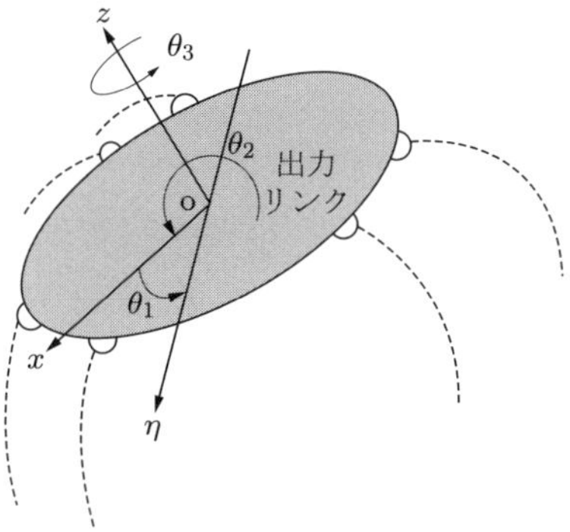

図4.20 姿勢のそのほかの表現方法

ここで，出力リンクの空間内の姿勢変化は，出力リンク内においてx軸からθ_1回転したη軸周りに同リンクをθ_2回転させ，さらに，z軸周りにθ_3回転させることで表現できる．なお，出力リンクに回転工具を取り付ける場合，θ_3は工具の回転に一致するため，指定する必要はない．この場合，θ_1およびθ_2によって工具軸の方向を直接指定できることから，以上の姿勢表現方法は，加工用パラレルメカニズムにとって便利である．

実際に，以上の回転を表す回転行列を求めてみよう．考え方としては，まず，x軸からz軸周りにθ_1回転させたη軸を表すベクトルを求め，同軸周りにθ_2の回転を行い，さらに，z軸周りにθ_3の回転を行う．x軸からz軸周りにθ_1回転させたη軸を表す単位ベクトル$\boldsymbol{\eta}$は，回転行列の式(4.25)を用いて次式で表される．

$$\boldsymbol{\eta} = \begin{bmatrix} C_1 & -S_1 & 0 \\ S_1 & C_1 & 0 \\ 0 & 0 & 1 \end{bmatrix} \begin{bmatrix} 1 \\ 0 \\ 0 \end{bmatrix} = \begin{bmatrix} C_1 \\ S_1 \\ 0 \end{bmatrix} \tag{4.57}$$

なお，以下では三角関数を $C_i = \cos\theta_i$，$S_i = \sin\theta_i$ $(i = 1, 2, 3)$ と略記する．η 軸周りの回転行列は任意軸周りの回転行列を表す式 (4.28) または式 (4.29) で表すことができる．すなわち次式で表される．

$$\boldsymbol{E}^{\eta\theta_2} = \begin{bmatrix} C_1^2 + C_2 - C_1^2 C_2 & C_1 S_1 - C_1 S_1 C_2 & S_1 S_2 \\ C_1 S_1 - C_1 S_1 C_2 & S_1^2 + C_2 - S_1^2 C_2 & -C_1 S_2 \\ -S_1 S_2 & C_1 S_2 & C_2 \end{bmatrix} \tag{4.58}$$

$\boldsymbol{E}^{\eta\theta}$ は，η 軸周りの θ の角度変化を表す回転行列とする．ここで，以上の姿勢変化は剛体上に設置された $x\eta z$ 動座標系において，η 軸周りに θ_2，次に z 軸周りに θ_3 の回転を行っており，オイラー角法と同じ考えで回転行列を導くことができる．すなわち，回転の順と逆にリンクの姿勢を表すベクトルの左側から回転行列を乗じればよいので，結果的に姿勢変化前後の関係を表す回転行列 $\boldsymbol{R}$ は次式で表される．

$$\boldsymbol{R} = \boldsymbol{E}^{\eta\theta_2} \boldsymbol{E}^{k\theta_3} \tag{4.59}$$

先述のとおり，上式を用いて姿勢変化後の出力リンクの姿勢を求めれば，目的とする方向に工具などを向ける位置決めが可能となる．

以上で述べた方法は，回転軸の方向も姿勢を表す変数として利用している．すなわち，姿勢を表すには，剛体の角変位そのものを表す変数のみならず，回転軸の方向を表す変数を用いることもできる．4.3.6 項で述べた任意軸周りの回転行列を用いる場合は，いわば剛体の姿勢変化を 1 軸周りの回転変位で表せる回転軸の方向を決定し，さらに，同軸周りの回転角を用いて空間での姿勢変化を表していることに相当する．

すなわち，空間内における 3 自由度の姿勢変化を表すには，回転角や回転軸の方向などを表す三つの変数を用いればよい．任意軸周りの回転を表す式 (4.29) では回転軸の方向を表すベクトル $\boldsymbol{\eta}$ の成分 $(\lambda,\ \mu,\ \nu)^T$ と，同軸周りの回転角 θ で空間での姿勢変化を表している．なお，ベクトル $\boldsymbol{\eta}$ は単位ベクトルであることから，三つの成分のいずれか二つの値が決まれば，残りの一つは大きさが 1 である条件から決定される．すなわち，変数の数は 3 である．

4.6　まとめ

本章では，ロボットの位置・姿勢の表現に用いる回転行列を取り扱った．回転行列は自由度とならび，パラレルメカニズムの解析，設計の重要な基礎である．とくに，回転行列の用途は複数あることを理解しておいてほしい．また，固定角法，オイラー角法による姿勢の表現方法は，次章以降のパラレルメカニズムの運動学解析の理解に必須である．

第5章

順運動学および逆運動学

5.1 はじめに

パラレルメカニズムをはじめとするロボットの機構の制御や設計では，機構の入力変位と出力される運動との関係，すなわち運動学解析が必要である．本章では，前章で学んだ機構の姿勢変化を表現する回転行列などを用いた，パラレルメカニズムの運動学について説明する．なお，パラレルメカニズムの運動学の前に，まず，シリアルメカニズムの運動学について学ぶ．シリアルメカニズムの運動学は，パラレルメカニズムの運動学の理解の重要な基礎になる．

5.2 運動学の種類

ロボットの能動ジョイントと出力リンクの関係を求める運動学は，**順運動学**（forward kinematics）と**逆運動学**（inverse kinematics）とに大別される．

順運動学は，各能動ジョイントの変位から，出力点の位置や，出力リンクの位置・姿勢を求めることを目的とする．例として，図 5.1 では，各能動ジョイントの変位 $\theta_1 \sim \theta_3$ の値を与えたときの出力リンクの位置・姿勢を求めることに相当する．順運動学は，主にロボットの各能動ジョイントに入力可能な変位の範囲に対し，出力点や出力リンクが到達できる位置や姿勢，すなわち可動領域を求める場合や，入力変位に対する出力リンクの理論的な位置・姿勢を求め，実際の出力リンクの位置・姿勢との差から，ロボットの位置決め精度を評価する場合など，ロボットの設計や評価時に用いられる．

逆運動学は，出力点の位置や，出力リンクの位置・姿勢から，各能動ジョイントの変位を求めることを目的とし，図 5.1 では，出力リンクの位置 (X, Y)，姿勢 φ から，各能動ジョイントの角変位 $\theta_1 \sim \theta_3$ の値を求めることに相当する．逆運動学は，ロボッ

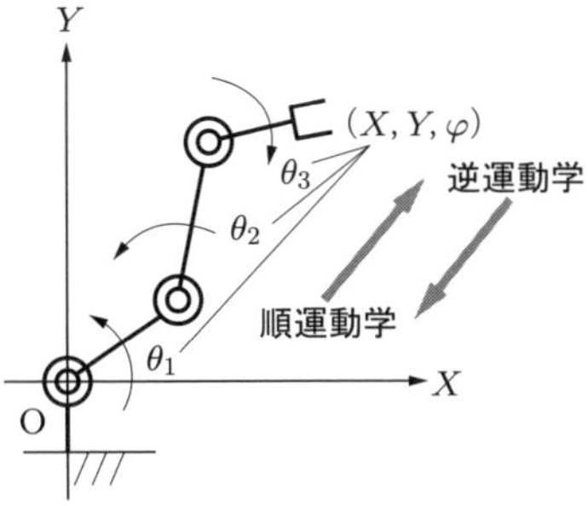

図 5.1 順運動学と逆運動学の説明

トを目的の位置・姿勢とするための能動ジョイントの入力変位の算出に用いられ，ロボットの制御では必須である．

通常の関節形ロボットの機構では順運動学の解析は容易であるが，逆運動学の解析は困難な場合が多い．これに対し，パラレルメカニズムでは，逆運動学のほうが順運動学より容易であり，これはパラレルメカニズムの大きな特長となっている．

以下では，まずシリアルメカニズムに関して順運動学，逆運動学を説明し，次に，パラレルメカニズムの順運動学，逆運動学について述べる．シリアルメカニズムの順運動学，逆運動学は機構解析の基本であり，また，パラレルメカニズムの逆運動学の解析にはシリアルメカニズムの逆運動学解析を利用することになる．

5.3 シリアルメカニズムの順運動学と逆運動学

各能動ジョイントの変位から，出力リンクの位置・姿勢を求めるシリアルメカニズムの順運動学について考えてみよう．シリアルメカニズムでは，各能動ジョイントの変位を与えれば，図 5.2 (a) に示すように，ベースから出力リンクに向かって連結している各リンクの位置・姿勢を順次決定できる．すなわち，シリアルメカニズムに相当する機構の順運動学は，リンクの数が多く，冗長な自由度を有する場合であっても容易である．たとえば，4.4 節において述べた同次変換行列によるシリアルメカニズムの出力リンクの位置・姿勢の決定は順運動学に相当する．

次に，シリアルメカニズムの逆運動学を考えてみよう．図 5.2 (b) に示すように，n 番目のリンクを出力リンクとし，その位置・姿勢が与えられたとして，n 番目のリンクと $n-1$ 番目のリンクを連結する能動ジョイントの変位をまず決定することになる．$n-1$ 番目のリンクは，図 5.2 (b) に示すように，他方のジョイントの位置が一点鎖線で示す円周上となる．しかし，その位置の決定は単独では行えず，$n-2$ 番目の

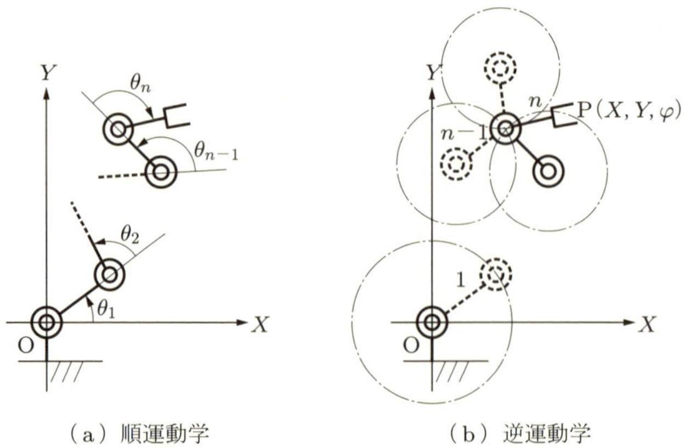

図 5.2　シリアルメカニズムの順運動学と逆運動学

リンクからベースまでのリンクもすべて連結可能となるように複雑な条件式を同時に満たす必要がある．また，このような条件を満足する解は複数存在する．

したがって，シリアルメカニズムに相当する機構の逆運動学では複雑な非線形方程式を解くことを要求され，さらに，複数の解から適切な結果を選択する必要がある．また，機構形式によっては逆運動学を解析的に解くことが不可能な場合も多く存在する．そのような場合は，作業者が実際にロボットの出力リンクや出力点を直接動作させ，そのときの能動ジョイントの変位を記録して動作させるティーチングプレイバックなどを用いる．また，次章で示すように，機構の微小な運動関係が線形になることを利用した，ヤコビ行列による方法も用いられる．

例題 5.1　図 5.3 に示すシリアルメカニズムの出力点位置 $P(X_P, Y_P)$ が与えられたとして，同位置を満たす各ジョイントの角変位 (θ_1, θ_2) を逆運動学解析により求めよ．

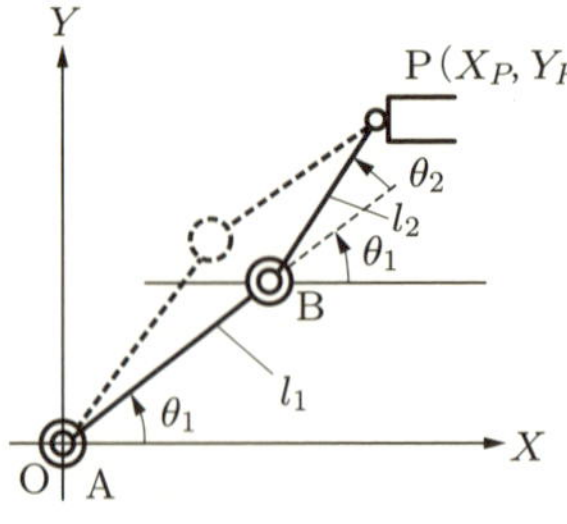

図 5.3　シリアルメカニズムの逆運動学解析

解答 4.2 節の結果より，出力点位置と各ジョイントの角変位との関係は次式で表される．

$$
\begin{aligned}
X_P &= l_1 \cos\theta_1 + l_2 \cos(\theta_1 + \theta_2) \\
Y_P &= l_1 \sin\theta_1 + l_2 \sin(\theta_1 + \theta_2)
\end{aligned}
\tag{5.1}
$$

上式を θ_1，θ_2 について整理すれば，出力点位置 $P(X_P, Y_P)$ を満たす角変位 (θ_1, θ_2) が得られる．しかし，三角関数の公式や逆関数を用いる必要があり複雑である．ここでは，比較的容易な幾何学的な解法を示す．

まず，図 5.4 に示すように l_C および ψ を定義する．l_C および ψ は次式で表される．

$$
l_C^2 = X_P^2 + Y_P^2 \tag{5.2}
$$

$$
\psi = \tan^{-1}\left(\frac{Y_P}{X_P}\right) \tag{5.3}
$$

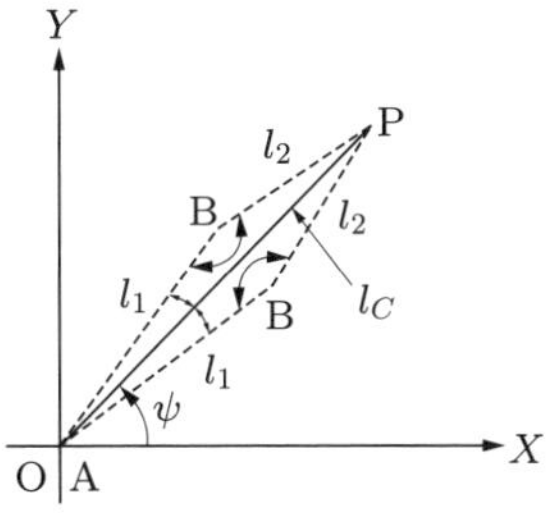

図 5.4 幾何学的関係

ここで，図 5.4 に示すように，辺の長さが l_1，l_2，l_C であり，XY 座標系において長さ l_C の辺の X 軸からの傾きが ψ である △ABP を考える．図 5.4 より，余弦定理を用いれば，∠PAB は次式で表される．

$$
\angle \mathrm{PAB} = \cos^{-1}\left(\frac{l_1^2 + l_C^2 - l_2^2}{2 l_1 l_C}\right) \tag{5.4}
$$

また，∠ABP は次式で表される．

$$
\angle \mathrm{ABP} = \cos^{-1}\left(\frac{l_1^2 + l_2^2 - l_C^2}{2 l_1 l_2}\right) \tag{5.5}
$$

したがって，図 5.3 との比較により，ジョイントの角変位 θ_1 は式 (5.4) より次式となる．

$$
\theta_1 = \psi \pm \cos^{-1}\left(\frac{l_1^2 + l_C^2 - l_2^2}{2 l_1 l_C}\right) \tag{5.6}
$$

ここで，図 5.4 では線分 AP の傾きは与えられているが，ほかの線分は任意である．したがって，式 (5.1) を満たす ∠PAB は線分 AP を中心に二つ存在することに注意しなければならない．同様に，ジョイントの角変位 θ_2 は式 (5.5) より次式となる．

$$\theta_2 = \pi \mp \cos^{-1}\left(\frac{l_1^2 + l_2^2 - l_C^2}{2l_1 l_2}\right) \tag{5.7}$$

なお，式 (5.6) と式 (5.7) は複合同順である．すなわち，与えられた出力点位置を満たす各能動回転ジョイントの角変位の組合せは二つ存在し，シリアルメカニズムは，それぞれ図 5.3 に実線および破線で示すように 2 とおりの姿勢をとる．■

ロボットの制御時には，出力点の位置を刻々と変化させ，それに対応する能動ジョイントの角変位を以上の式から求めて制御を行う．このように，逆運動学では複数の解が得られてしまうことから，姿勢が連続して変化するように解の選択を行う必要がある．なお，このほかに機構の微小な入出力変位関係を利用した，より簡便な解法も存在する．その方法に関しては第 6 章で示す．

以上の例題のように，少自由度であればシリアルメカニズムの逆運動学も比較的容易に解ける．しかし，自由度が増加するにつれ，幾何学的な条件が複雑となり，また，解の数も増加することから，その解析は指数的に困難となる．

なお，図 5.5 に示す平行クランク形機構は，1.2 節で述べたように，パラレルメカニズムと同様，機構内にアームすなわちリンクを並列に配置したループ部分を有する閉ループ機構である．ループ部分であるリンク AB，BC，CD，DE は平行クランクを構成している．第 1 章の図 1.6 (b) からわかるように，図 5.5 の点 A と点 E は独立したジョイントであり，それぞれリンク AB とリンク DE を駆動する．リンク DE は平行クランクを利用してリンク BP を駆動する．したがって，点 E に配置したアクチュエータは，シリアルメカニズムにおいて点 B に配置したアクチュエータに代わり，リンク BP を駆動する．

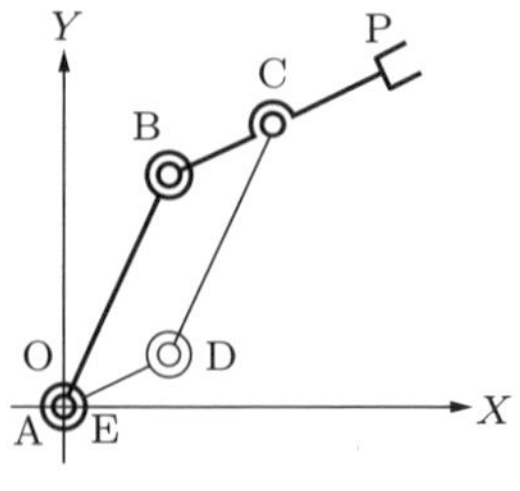

図 5.5　平行クランク形機構とシリアルメカニズムの関係

すなわち，平行クランク形機構は，シリアルメカニズムの可動部を軽量化するために，リンク BP 上のアクチュエータを平行クランクを利用してベースに配置した閉ループ機構である．リンク DE の回転はリンク BP の回転と等価であり，結果的に，平行クランク形機構の順運動学および逆運動学の解法は，図 5.5 に太線で示すシリアルメカニズムと同様となる．

5.4　パラレルメカニズムの順運動学と逆運動学

パラレルメカニズムの順運動学と逆運動学を，図 5.6 に示す 6 本の連鎖からなる空間 6 自由度パラレルメカニズムで考えてみよう．同機構は直動アクチュエータを能動ジョイントとしてベースに 2 自由度のジョイントで連結し，また，連鎖と出力リンクは 3 自由度のジョイントで連結している．なお，連鎖とベースを連結するジョイントをベース側ジョイント，連鎖と出力リンクを連結するジョイントを出力リンク側ジョイントとよぶことにする．

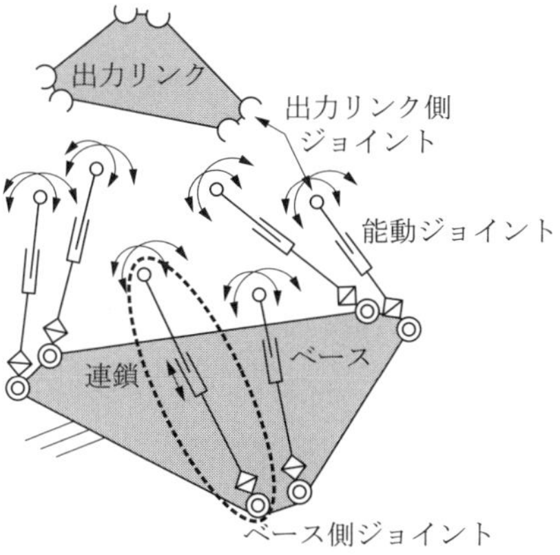

図 5.6　パラレルメカニズムの順運動学と逆運動学

パラレルメカニズムの順運動学では，たとえば図 5.6 に示すように，能動ジョイントが直動形である場合，直動ジョイントの変位により各連鎖の長さが決定され，それらに対して出力リンクの位置・姿勢を求める．そのためには，ベース側ジョイントを端点とした各連鎖の傾き（姿勢）を決定する必要がある．しかし，各連鎖の姿勢はそれぞれの長さからは一意に決定されず，出力リンクとベースが各連鎖で連結されるとする幾何学的条件から求める必要がある．そのためには，図 5.6 の例で示すように，連鎖は一般にベース側ジョイントを中心として多方向へ回転することができ，出力リンクと連鎖との連結箇所，すなわち出力リンク側ジョイントの位置として広範囲な条件を検討する必要がある．一般的には，5.5.2 項の例で示すように，これらの範囲から，出力リンク上で出力リンク側ジョイント上の相対的な位置関係を保つように同ジョイントと連鎖との連結位置を決定する．しかし，そのためには非線形な方程式を解く必要があり，また，解も複数存在することから，シリアルメカニズムの逆運動学と同様に解析的に求めることは困難である．

なお，以上の問題は，アクチュエータに回転形を用いるなどした，ほかの形式のパラレルメカニズムにおいても同様であり，順運動学では入力変位に対して出力リンクと連鎖との連結条件を表す式が非線形となり，その解を得ることは容易でない．

次に，パラレルメカニズムの逆運動学について考えみよう．パラレルメカニズムの逆運動学では，まず，出力リンクの位置・姿勢が与えられる．出力リンクの位置・姿勢が与えられれば，出力リンク側ジョイントの位置がすべて一意に決定される．また，ベース側ジョイントの位置は固定されていることから，出力リンク側ジョイントとベース側ジョイントを結ぶように各連鎖の姿勢や長さなどを決定することにより，逆運動学の解が得られる．

ここで，各連鎖の姿勢や長さの決定方法について考えてみよう．図5.6から想像できるように，各連鎖は，通常，複数のリンクを直列に接続したシリアルメカニズムに相当する．すなわち，各連鎖のベース側ジョイントと，出力リンク側ジョイントは，シリアルメカニズムのベースおよび出力点とみなせる．パラレルメカニズムの逆運動学では，上述のように，出力リンク側ジョイントの位置を与えることになるため，連鎖の姿勢や長さを決定することは，シリアルメカニズムの出力点位置を与えて，各リンクの状態を決定する逆運動学に相当することになる．シリアルメカニズムの逆運動学は一般には困難であるが，パラレルメカニズムの各連鎖の自由度は少数で，また，その構造も単純であることが多い．その解析は例題5.1で示した程度であり，比較的容易である．よって．パラレルメカニズムの逆運動学は，その順運動学に比べて容易に解くことができる．

以下，順にパラレルメカニズムの順運動学，逆運動学の具体的な解法について説明する．なお，シリアルメカニズムとの構成をそろえるために順運動学，逆運動学の順で解説するが，とくに順運動学が必要でなければ，逆運動学の節に進めばよい．

5.5　パラレルメカニズムの順運動学

■5.5.1　順運動学の解法

パラレルメカニズムの連鎖に連結されている能動ジョイントの変位を与え，出力リンクの位置・姿勢を求める順運動学の解法について述べる．代表的な解析手順は以下のとおりである．

1. 能動ジョイントの入力変位を与え，連鎖の長さや傾きなどを決定する．

2. 出力リンク上での出力リンク側ジョイントどうしの相対的な位置関係を拘束条件とし，手順 1 で与えられる連鎖の長さや傾きなどを用いて，ベース側ジョイントと出力リンク側ジョイントが連結されるように，出力側ジョイントの位置を決定する．
3. 出力リンク側ジョイントの位置から出力リンクの位置・姿勢を求める．

前節で述べたように，手順 2 を表す式は，通常，高次の項や三角関数などを含む非線形多項式となり，解析的に解くことは難しい．したがって，数値計算を利用することになる．その解法には多数の方法があるが，ここでは，基本的な**ニュートン・ラフソン法**（Newton–Raphson method）による方法を解説する．非線形方程式は，線形化して繰返し計算を用いて解くことが定石であるが，ニュートン・ラフソン法は，そのもっとも基本的な方法である．同手法を知っておくことは，順運動学のみならず，工学一般の非線形方程式を解くためにも役立つ．

以下，ニュートン・ラフソン法について簡単に解説しておく．同方法の概略は以下のとおりである．

A. まず，問題に応じて非線形方程式 $f(x)$ を次式のように定式化する．

$$f(\boldsymbol{x}) = 0 \tag{5.8}$$

ただし，$\boldsymbol{x}$ は次式で表すようにいくつかの変数である．

$$\boldsymbol{x} = (x_1, x_2, \ldots) \tag{5.9}$$

$f(\boldsymbol{x})$ は，たとえば 1 変数関数である場合，図 5.7 に太実線で示すように，横軸の変数 x に対して直線状に変化しない非線形な関数である．なお，ここでは説明を簡単にするため，式 (5.8) の右辺をゼロとおいたが，ゼロでない定数でもよい．

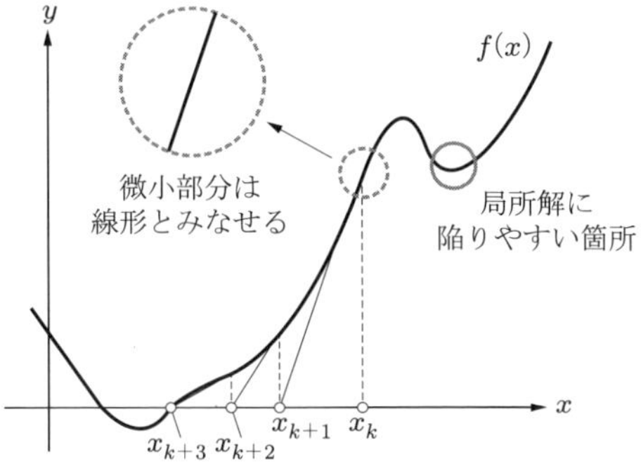

図 5.7　非線形関数

B. 次に，非線形方程式の微小変化に注目して線形化する．

工学において非線形問題を解く場合の常套手段は，微小な範囲に注目して線形化することである．たとえば，図 5.7 においても破線の円で囲んだ $\boldsymbol{x} = \boldsymbol{x}_k$ 付近の微小部分に注目すれば，$f(\boldsymbol{x})$ の $\boldsymbol{x}$ に対する変化は直線状，すなわち線形とみなせる．また，直線の傾きは $f(\boldsymbol{x})$ の微分より得られるので，注目した微小部分の $f(\boldsymbol{x})$ は次式で近似できる．

$$f(\boldsymbol{x}) \approx f(\boldsymbol{x}_k) + \left(\frac{\partial f(\boldsymbol{x})}{\partial \boldsymbol{x}} \right)_{\boldsymbol{x}=\boldsymbol{x}_k} \cdot (\boldsymbol{x} - \boldsymbol{x}_k) \tag{5.10}$$

なお，関数 $f(\boldsymbol{x})$ が多変数の場合も考慮して偏微分で表している．上式は，$f(\boldsymbol{x}_k)$ が定数項，$(\partial f(\boldsymbol{x})/\partial \boldsymbol{x})_{\boldsymbol{x}=\boldsymbol{x}_k}$ が比例定数となる線形式である．これは，いわゆる 1 次の項までのテイラー展開である．

このように非線形関数は，微小部分に着目すれば線形化することができる．工学では，このように非線形式を微小変化部分に注目して線形化し扱うことが多々ある．パラレルメカニズムを含むロボットの機構解析でも，以上のように微小変位に注目して機構の入出力関係を線形化するヤコビ行列を用いた解析は頻繁に用いられる．その詳細は第 6 章で示す．

C. 線形式をもとに反復解法で解を探索する．

式 (5.10) を用いて，式 (5.8) の解 $\boldsymbol{x}$ を求める．式 (5.10) において，$f(\boldsymbol{x}_k)$，$(\partial f(\boldsymbol{x})/\partial \boldsymbol{x})_{\boldsymbol{x}=\boldsymbol{x}_k}$ は，$\boldsymbol{x} = \boldsymbol{x}_k$ であるときの定数であり，式 (5.10) は $\boldsymbol{x}$ に対する 1 次式であるから容易に解くことができる．ここで，$\boldsymbol{x}_k$ はあらかじめ指定する必要がある．たとえば，図 5.7 のように $\boldsymbol{x}_k$ を指定すれば，式 (5.8) を満たす $\boldsymbol{x}_{k+1}$ を求めることができる．図 5.7 からわかるように，$\boldsymbol{x}_{k+1}$ は $f(\boldsymbol{x})$ を 0 とする解ではない．しかし，図に示すように，$\boldsymbol{x} = \boldsymbol{x}_{k+1}$ として同じく式 (5.8) を解き，得られた解を $\boldsymbol{x} = \boldsymbol{x}_{k+2}$ とする操作を繰り返すと，やがて $f(\boldsymbol{x})$ を 0 とする解に収束していく．

以上のように，ニュートン・ラフソン法では，非線形な方程式 $f(\boldsymbol{x})$ を線形化し，初期値とする $\boldsymbol{x}$ を与えて方程式の解を求め，得られた解を新たな解として繰り返し線形化された方程式を解くことで $f(\boldsymbol{x})$ を 0 とする解を求める．

ここで注意すべき点は，初期値の与え方によって解がなかなか収束しなかったり，意図していない解に収束したりすることである．

一般に，機構の運動学では，入力変位と出力変位が明らかな状態から，入力変位または出力変位を変化させたときの順運動学または逆運動学を解くことが多い．よって，入力変位や出力変位が変化する前の，入出力関係が明らかな状態での入力変位または出力変位を初期値とすれば，少ない繰返し計算で，求めるべき解（運動が連続的に行われる解）を得やすい．

しかし，問題によっては関数の変化が複雑で解が求められない場合もある．たとえば，図 5.7 に◯で示すような凹部が関数に存在する場合，初期値によっては解の候補が◯の範囲に収束してしまい，$f(\boldsymbol{x})$ を 0 とする解を求められない場合がある．このような場合を，「局所解に陥る」という．

■5.5.2 空間 3 自由度パラレルメカニズムの順運動学解析

パラレルメカニズムの順運動学解析例を示す．対象とするのは，図 5.8 に示す空間 3 自由度パラレルメカニズムである．

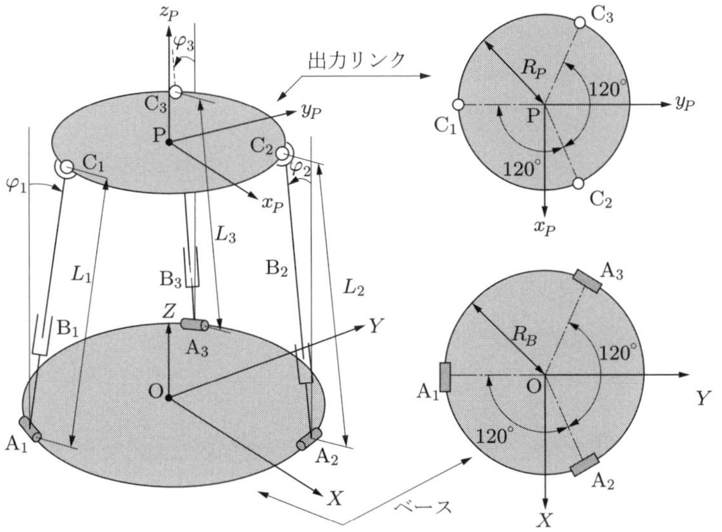

図 5.8 空間 3 自由度パラレルメカニズム

図 5.8 のパラレルメカニズムは 3 本の連鎖で構成されており，各連鎖はベース側から 1 自由度の回転ジョイント，1 自由度の直進ジョイント，3 自由度のボールジョイントで直列に連結され，回転ジョイントでベースが，ボールジョイントで出力リンクがそれぞれ連結されている．能動ジョイントは 1 自由度の直進ジョイントである．したがって，順運動学では，能動ジョイントの変位を与え，出力リンクの位置・姿勢を求める．なお，ここでは簡単のため，自由度の少ない図 5.8 のパラレルメカニズムを取り上げたが，よく用いられる空間 6 自由度パラレルメカニズムにも以下の方法は次項で示すとおり容易に適用できる．

実際に，先の順運動学の手順にのっとって図 5.8 のパラレルメカニズムの順運動学を解いてみよう．

1. 能動ジョイントの入力変位を与え，連鎖の長さや傾きなどを決定する

ここでは，能動ジョイントである直進ジョイントの入力変位を与える．これにより，図 5.8 の機構では各連鎖の長さのみが決定される．そこで，図 5.8 において，ベース側ジョイント A_i $(i = 1\sim3)$ と出力リンク側ジョイント C_i とを結ぶ連鎖 $\mathrm{A}_i\mathrm{C}_i$ の長さをそれぞれ L_i とする．

2. ベース側ジョイントと出力リンク側ジョイントが連結されるように，出力リンク側ジョイントの位置を決定する

上述のように，図 5.8 の機構では各連鎖の長さ L_i は入力変位に対して一意に決定される．順運動学では，ベース側ジョイント A_i $(i = 1\sim3)$ と出力リンク側ジョイント C_i とが各連鎖によって連結されるように，それらの傾きを求めることになる．ここで，各連鎖 $\mathrm{A}_i\mathrm{C}_i$ の傾きは，図 5.8 に示すように，鉛直方向からの 1 自由度回転ジョイント周りの回転角 φ_i で示す．

出力リンク側ジョイント C_i は出力リンク上に固定されているため，ジョイント間の相対的な位置関係は一定である．よって，同関係を満たすように，各連鎖の傾きを求めて出力リンク側ジョイントの位置を決定すればよい．

まず，L_i，φ_i に対する出力リンク側ジョイントの位置を表す式を求める．図 5.8 に示すように，ベース上に絶対座標系 O-XYZ を，出力リンク上に動座標系 P-$x_P y_P z_P$ を設定する．また，ベースおよび出力リンク上でのジョイントの位置は図 5.8 のとおりとし，それぞれ半径 R_B，R_P である円周上に等間隔に配置している．このとき，ジョイント C_i の位置 (C_{iX}, C_{iY}, C_{iZ}) は座標系 O-XYZ に対して次式で表される．

$$\begin{bmatrix} C_{1X} \\ C_{1Y} \\ C_{1Z} \end{bmatrix} = \begin{bmatrix} 0 \\ -(R_B - L_1 \sin\varphi_1) \\ L_1 \cos\varphi_1 \end{bmatrix} \tag{5.11}$$

$$\begin{bmatrix} C_{2X} \\ C_{2Y} \\ C_{2Z} \end{bmatrix} = \begin{bmatrix} (R_B - L_2 \sin\varphi_2)\cos 30^\circ \\ (R_B - L_2 \sin\varphi_2)\sin 30^\circ \\ L_2 \cos\varphi_2 \end{bmatrix} \tag{5.12}$$

$$\begin{bmatrix} C_{3X} \\ C_{3Y} \\ C_{3Z} \end{bmatrix} = \begin{bmatrix} -(R_B - L_3 \sin\varphi_3)\cos 30^\circ \\ (R_B - L_3 \sin\varphi_3)\sin 30^\circ \\ L_3 \cos\varphi_3 \end{bmatrix} \tag{5.13}$$

よって，出力リンク上で各ジョイント間の距離 $\mathrm{C}_1\mathrm{C}_2$，$\mathrm{C}_2\mathrm{C}_3$，$\mathrm{C}_3\mathrm{C}_1$ は，式 (5.11)〜(5.13) より，それぞれ次式で表される．

$$\begin{aligned}\mathrm{C_1C_2} &= \sqrt{(C_{1X}-C_{2X})^2+(C_{1Y}-C_{2Y})^2+(C_{1Z}-C_{2Z})^2}\\ &= \left\{\frac{3}{4}(L_2\sin\varphi_2-R_B)^2+\left(L_1\sin\varphi_1+\frac{1}{2}L_2\sin\varphi_2-\frac{3}{2}R_B\right)^2\right.\\ &\qquad \left.+(L_1\cos\varphi_1-L_2\cos\varphi_2)^2\right\}^{1/2} \end{aligned} \tag{5.14}$$

$$\begin{aligned}\mathrm{C_2C_3} &= \sqrt{(C_{2X}-C_{3X})^2+(C_{2Y}-C_{3Y})^2+(C_{2Z}-C_{3Z})^2}\\ &= \left\{\frac{3}{4}(2R_B-L_2\sin\varphi_2-L_3\sin\varphi_3)^2+\frac{1}{4}(-L_2\sin\varphi_2+L_3\sin\varphi_3)^2\right.\\ &\qquad \left.+(L_2\cos\varphi_2-L_3\cos\varphi_3)^2\right\}^{1/2} \end{aligned} \tag{5.15}$$

$$\begin{aligned}\mathrm{C_3C_1} &= \sqrt{(C_{3X}-C_{1X})^2+(C_{3Y}-C_{1Y})^2+(C_{3Z}-C_{1Z})^2}\\ &= \left\{\frac{3}{4}(R_B-L_3\sin\varphi_3)^2+\left(-\frac{1}{2}L_3\sin\varphi_3-L_1\sin\varphi_1+\frac{3}{2}R_B\right)^2\right.\\ &\qquad \left.+(L_3\cos\varphi_3-L_1\cos\varphi_1)^2\right\}^{1/2} \end{aligned} \tag{5.16}$$

さらに，出力リンク側ジョイント $\mathrm{C_1}$，$\mathrm{C_2}$，$\mathrm{C_3}$ は，出力リンク上で半径 R_P の円周上に等間隔で配置されており，$\mathrm{C_1}$，$\mathrm{C_2}$，$\mathrm{C_3}$ を結ぶ図形は正三角形となって，その1辺の長さは $\sqrt{3}R_P$ である．すなわち

$$\mathrm{C_1C_2} = \mathrm{C_2C_3} = \mathrm{C_3C_1} = \sqrt{3}R_P \tag{5.17}$$

が常に成り立つ．よって，式 (5.17) を満たすように式 (5.14)〜(5.16) の変数 φ_1，φ_2，φ_3 を求めればよい．ただし，式 (5.14)〜(5.16) は複雑な非線形関数である．そこで，前項で述べたニュートン・ラフソン法を用いて，与えられた L_i $(i=1\sim3)$ に対する φ_i を求める．

ニュートン・ラフソン法による解法に関して，手順 A の定式化は，以上の結果より式 (5.14)〜(5.16)，さらに式 (5.17) から，ジョイント間の距離 $\mathrm{C_1C_2}$，$\mathrm{C_2C_3}$，$\mathrm{C_3C_1}$ を，それぞれ φ_1，φ_2，φ_3 を変数とする関数としてみなすことでなされる．なお，各式に含まれる変数に注意すれば，それぞれ次式で表される．

$$\begin{cases} f_1(\varphi_1, \varphi_2) = \mathrm{C_1C_2} = \sqrt{3}R_P \\ f_2(\varphi_2, \varphi_3) = \mathrm{C_2C_3} = \sqrt{3}R_P \\ f_3(\varphi_3, \varphi_1) = \mathrm{C_3C_1} = \sqrt{3}R_P \end{cases} \tag{5.18}$$

次に，手順 B において非線形方程式の微小変化に注目して線形化を行う．すなわち，連鎖の傾きを表す $(\varphi_1, \varphi_2, \varphi_3)$ に関して，ある値 $(\varphi_{1,0}, \varphi_{2,0}, \varphi_{3,0})$ 近傍の微小変化に注目し，式 (5.18) の各式を 1 次の導関数までのテイラー展開を用いて線形化すれば次式となる．

$$f_1(\varphi_1, \varphi_2) \approx f_1(\varphi_{1,0}, \varphi_{2,0}) + \frac{\partial f_1(\varphi_{1,0}, \varphi_{2,0})}{\partial \varphi_1} \cdot (\varphi_1 - \varphi_{1,0}) + \frac{\partial f_1(\varphi_{1,0}, \varphi_{2,0})}{\partial \varphi_2} \cdot (\varphi_2 - \varphi_{2,0}) = \sqrt{3}R_P \tag{5.19}$$

$$f_2(\varphi_2, \varphi_3) \approx f_2(\varphi_{2,0}, \varphi_{3,0}) + \frac{\partial f_2(\varphi_{2,0}, \varphi_{3,0})}{\partial \varphi_2} \cdot (\varphi_2 - \varphi_{2,0}) + \frac{\partial f_2(\varphi_{2,0}, \varphi_{3,0})}{\partial \varphi_3} \cdot (\varphi_3 - \varphi_{3,0}) = \sqrt{3}R_P \tag{5.20}$$

$$f_3(\varphi_3, \varphi_1) \approx f_3(\varphi_{3,0}, \varphi_{1,0}) + \frac{\partial f_3(\varphi_{3,0}, \varphi_{1,0})}{\partial \varphi_3} \cdot (\varphi_3 - \varphi_{3,0}) + \frac{\partial f_3(\varphi_{3,0}, \varphi_{1,0})}{\partial \varphi_1} \cdot (\varphi_1 - \varphi_{1,0}) = \sqrt{3}R_P \tag{5.21}$$

式 (5.19)～(5.21) をマトリックス表示すれば次式となる．

$$\begin{bmatrix} f_1(\varphi_{1,0}, \varphi_{2,0}) \\ f_2(\varphi_{2,0}, \varphi_{3,0}) \\ f_3(\varphi_{3,0}, \varphi_{1,0}) \end{bmatrix} + \begin{bmatrix} \frac{\partial f_1(\varphi_{1,0}, \varphi_{2,0})}{\partial \varphi_1} & \frac{\partial f_1(\varphi_{1,0}, \varphi_{2,0})}{\partial \varphi_2} & 0 \\ 0 & \frac{\partial f_2(\varphi_{2,0}, \varphi_{3,0})}{\partial \varphi_2} & \frac{\partial f_2(\varphi_{2,0}, \varphi_{3,0})}{\partial \varphi_3} \\ \frac{\partial f_3(\varphi_{3,0}, \varphi_{1,0})}{\partial \varphi_1} & 0 & \frac{\partial f_3(\varphi_{3,0}, \varphi_{1,0})}{\partial \varphi_3} \end{bmatrix} \times \begin{bmatrix} \varphi_1 - \varphi_{1,0} \\ \varphi_2 - \varphi_{2,0} \\ \varphi_3 - \varphi_{3,0} \end{bmatrix} = \begin{bmatrix} \sqrt{3}R_P \\ \sqrt{3}R_P \\ \sqrt{3}R_P \end{bmatrix} \tag{5.22}$$

上式を，変数 $(\varphi_1, \varphi_2, \varphi_3)$ について整理する．

$$\begin{bmatrix} \varphi_1 \\ \varphi_2 \\ \varphi_3 \end{bmatrix} = \begin{bmatrix} \dfrac{\partial f_1(\varphi_{1,0}, \varphi_{2,0})}{\partial \varphi_1} & \dfrac{\partial f_1(\varphi_{1,0}, \varphi_{2,0})}{\partial \varphi_2} & 0 \\ 0 & \dfrac{\partial f_2(\varphi_{2,0}, \varphi_{3,0})}{\partial \varphi_2} & \dfrac{\partial f_2(\varphi_{2,0}, \varphi_{3,0})}{\partial \varphi_3} \\ \dfrac{\partial f_3(\varphi_{3,0}, \varphi_{1,0})}{\partial \varphi_1} & 0 & \dfrac{\partial f_3(\varphi_{3,0}, \varphi_{1,0})}{\partial \varphi_3} \end{bmatrix}^{-1} \times \begin{bmatrix} \sqrt{3}R_P - f_1(\varphi_{1,0}, \varphi_{2,0}) \\ \sqrt{3}R_P - f_2(\varphi_{2,0}, \varphi_{3,0}) \\ \sqrt{3}R_P - f_3(\varphi_{3,0}, \varphi_{1,0}) \end{bmatrix} + \begin{bmatrix} \varphi_{1,0} \\ \varphi_{2,0} \\ \varphi_{3,0} \end{bmatrix} \tag{5.23}$$

上式は微小変化部分に注目した式であり，得られる解は式 (5.18) を満たすとは限らない．すなわち，手順 C において線形式をもとに反復解法で解を探索することになる．よって，k 番目の繰返し後に得られる解の候補を $(\varphi_{1,k}, \varphi_{2,k}, \varphi_{3,k})$ とすれば次式となる．

$$\begin{bmatrix} \varphi_{1,k} \\ \varphi_{2,k} \\ \varphi_{3,k} \end{bmatrix} = \begin{bmatrix} \dfrac{\partial f_1(\varphi_{1,k-1}, \varphi_{2,k-1})}{\partial \varphi_1} & \dfrac{\partial f_1(\varphi_{1,k-1}, \varphi_{2,k-1})}{\partial \varphi_2} & 0 \\ 0 & \dfrac{\partial f_2(\varphi_{2,k-1}, \varphi_{3,k-1})}{\partial \varphi_2} & \dfrac{\partial f_2(\varphi_{2,k-1}, \varphi_{3,k-1})}{\partial \varphi_3} \\ \dfrac{\partial f_3(\varphi_{3,k-1}, \varphi_{1,k-1})}{\partial \varphi_1} & 0 & \dfrac{\partial f_3(\varphi_{3,k-1}, \varphi_{1,k-1})}{\partial \varphi_3} \end{bmatrix}^{-1} \times \begin{bmatrix} \sqrt{3}R_P - f_1(\varphi_{1,k-1}, \varphi_{2,k-1}) \\ \sqrt{3}R_P - f_2(\varphi_{2,k-1}, \varphi_{3,k-1}) \\ \sqrt{3}R_P - f_3(\varphi_{3,k-1}, \varphi_{1,k-1}) \end{bmatrix} + \begin{bmatrix} \varphi_{1,k-1} \\ \varphi_{2,k-1} \\ \varphi_{3,k-1} \end{bmatrix} \tag{5.24}$$

$k = 0$ における初期値として，パラレルメカニズムの初期姿勢など，入力変位と出力変位の関係，言い換えれば，ある入力に対して値が明らかになっている $(\varphi_1, \varphi_2, \varphi_3)$ を与え，その状態から微小に動いた状態での出力変位を順次求めれば，比較的短時間で容易に解を得ることができる．なお，式 (5.24) に含まれる偏微分には数値微分を用いればよい．また，数値計算であるから，式 (5.18) が厳密に満たされる解を見つけることは困難であり，通常は次式のような判定式を設定し，同式の条件が満たされるまで繰り返し計算を行う．

$$\left| \mathrm{C_1C_2} - \sqrt{3}R_P \right| + \left| \mathrm{C_2C_3} - \sqrt{3}R_P \right| + \left| \mathrm{C_3C_1} - \sqrt{3}R_P \right| < \varepsilon \tag{5.25}$$

ここで，ε は 10^{-7}〜10^{-8} 程度の判定値である．

以上によって，入力変位に対する各連鎖の傾き $(\varphi_1, \varphi_2, \varphi_3)$ が求められ，式 (5.11)

(5.21) より出力リンク側ジョイント C_1～C_3 の位置が決まる．

3. 出力リンク側ジョイントの位置から出力リンクの位置・姿勢を算出する

ジョイント C_1～C_3 の位置から，出力リンクの位置や姿勢が求められる．なお，出力リンクの姿勢の表現方法に関しては，4.5 節で述べたとおり種々の方法があるため，それらに応じて傾き角を求めればよい．

以上の手順の流れを図 5.9 に示しておく．

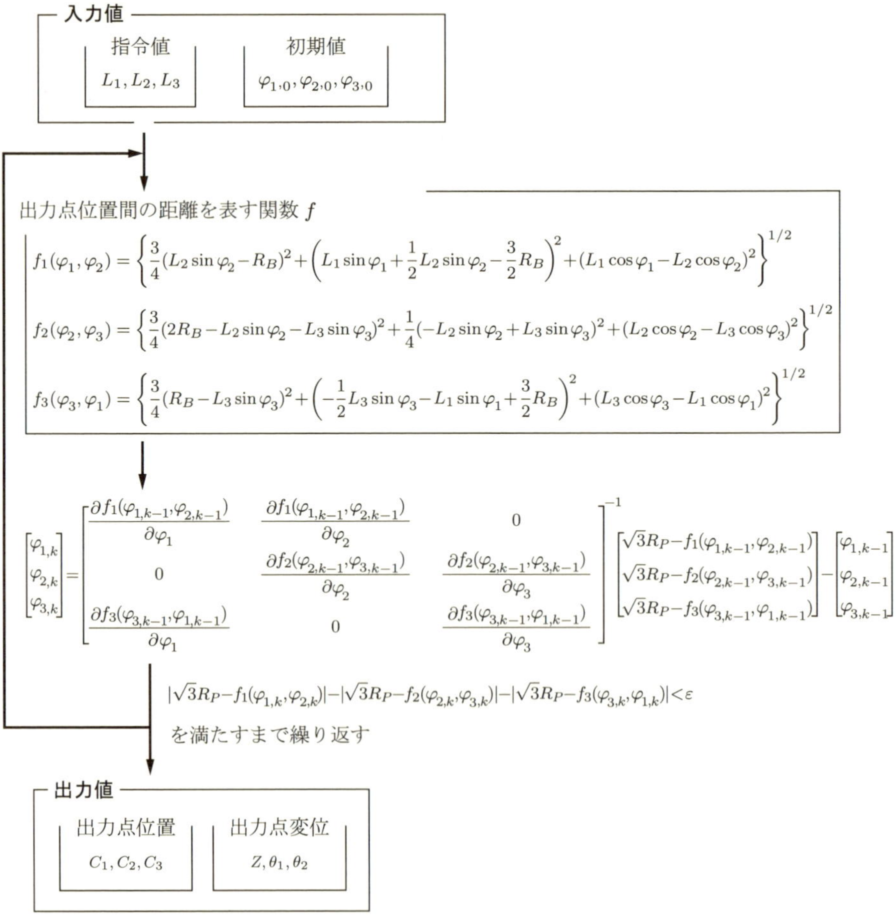

図 5.9　パラレルメカニズムの順運動学解析の例

■5.5.3 空間 6 自由度パラレルメカニズムの順運動学解析

パラレルメカニズムとして代表的な空間 6 自由度パラレルメカニズム（スチュワートプラットフォーム）の順運動学解析について示す．前項の空間 3 自由度パラレルメカニズムと同様に，スチュワートプラットフォームにおいても，各連鎖の入力変位から出力リンク側ジョイントの位置を求めることで，出力リンクの位置および姿勢を得ることができる．同機構の諸元を図 5.10 (a) に示す．ベース側および出力リンク側ジョイント A_i $(i = 1\sim6)$，C_i はそれぞれ 2 および 3 自由度の受動ジョイントであ

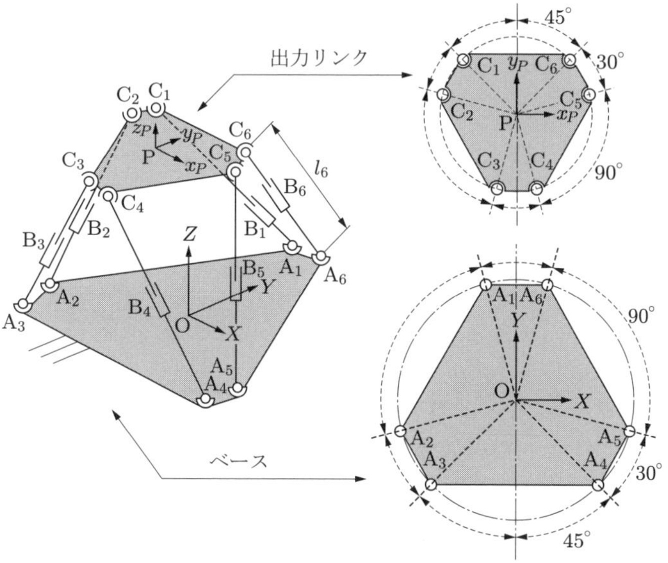

（a）機構の概略とジョイントの配置

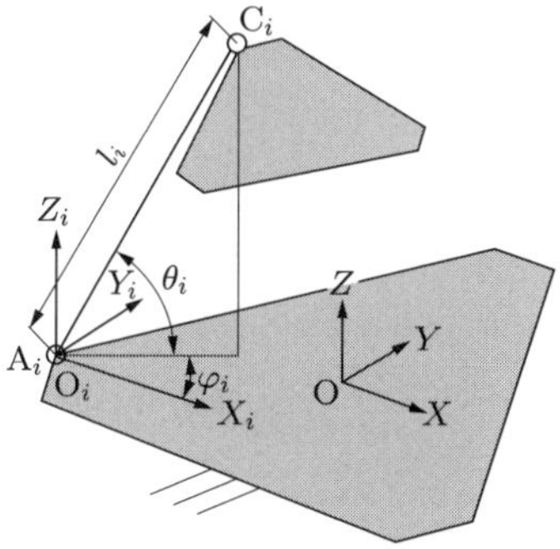

（b）出力側ジョイントの位置の表現方法

図 5.10　空間 6 自由度パラレルメカニズム（スチュワートプラットフォーム）

る．B_i は 1 自由度の能動ジョイントであり，ここでは直進ジョイントを想定している．A_i および C_i は，図 5.10 (a) のとおり，ベースおよび出力リンクにおいてそれぞれ対称に配置されている．なお，ベースの中心には絶対座標系 O-XYZ を図 5.10 (a) のとおり設定し，出力リンクの中心には初期状態において各軸方向が O-XYZ 座標系と一致する動座標系 P-$x_P y_P z_P$ を設定する．さらに以下では，図 5.10 (b) に例を示すとおり，各ベース側ジョイント A_i ($i = 1\sim 6$) を原点として，それぞれの軸方向が絶対座標系 O-XYZ に平行な固定座標系である O_i-$X_iY_iZ_i$ 座標系を利用する．

絶対座標系 O-XYZ に対する出力リンク側ジョイントの位置 $\mathrm{C}_i(C_{iX}, C_{iY}, C_{iZ})$ は，図 5.10 (b) に示すとおり，二つの角変位 (φ_i, θ_i) を用いて次式で表される．

$$\begin{bmatrix} C_{iX} \\ C_{iY} \\ C_{iZ} \end{bmatrix} = \begin{bmatrix} A_{iX} \\ A_{iY} \\ A_{iZ} \end{bmatrix} + \begin{bmatrix} l_i \cos\theta_i \cos\varphi_i \\ l_i \cos\theta_i \sin\varphi_i \\ l_i \sin\theta_i \end{bmatrix} \tag{5.26}$$

l_i ($i = 1\sim 6$) は，能動ジョイント B_i の入力変位に対して決定される各連鎖 $\mathrm{A}_i\mathrm{C}_i$ の長さ，θ_i は各連鎖と Z_i 軸との振角，φ_i は各連鎖の XY 平面への正射影と X_i 軸との振角である．(A_{iX}, A_{iY}, A_{iZ}) は，連鎖の起点となるベース側ジョイントの位置を絶対座標系 O-XYZ で表した値であり，各ジョイントに設定した座標系 O_i-$X_iY_iZ_i$ の原点の絶対座標系に対する位置でもある．

剛体の位置・姿勢は，空間において剛体上の 3 点の位置が決まれば決定できる．したがって，出力リンク側ジョイントは 6 個存在するが，そのうちの 3 個のジョイントの位置を明らかにすれば，剛体である出力リンクの位置および姿勢を決定できる．出力リンク側ジョイントの位置は，連鎖の長さ l_i と角度 θ_i，φ_i より算出されるため，出力リンクの位置および姿勢を得るためには，3 個の連鎖において，入力変位により指定される連鎖の長さ l_i と，出力リンク側ジョイント間の相対的な位置関係の拘束条件から，連鎖の角度 θ_i および φ_i を求めればよい．

ここでは，1，3 および 5 番目の連鎖の長さ l_1，l_3，l_5 を与え，各連鎖の角度 $(\theta_1, \varphi_1, \theta_3, \varphi_3, \theta_5, \varphi_5)$ を，図 5.10 (a) に示す $\mathrm{C}_1\mathrm{C}_3$，$\mathrm{C}_3\mathrm{C}_5$，$\mathrm{C}_5\mathrm{C}_1$ 間の相対距離を満たすように決定する．$\mathrm{C}_1\mathrm{C}_3$，$\mathrm{C}_3\mathrm{C}_5$，$\mathrm{C}_5\mathrm{C}_1$ 間の相対距離は以下の関数で表される．

$$\begin{cases} f_1 = \mathrm{C}_1\mathrm{C}_3 = \sqrt{(C_{1X} - C_{3X})^2 + (C_{1Y} - C_{3Y})^2 + (C_{1Z} - C_{3Z})^2} \\ f_2 = \mathrm{C}_3\mathrm{C}_5 = \sqrt{(C_{3X} - C_{5X})^2 + (C_{3Y} - C_{5Y})^2 + (C_{3Z} - C_{5Z})^2} \\ f_3 = \mathrm{C}_5\mathrm{C}_1 = \sqrt{(C_{5X} - C_{1X})^2 + (C_{5Y} - C_{1Y})^2 + (C_{5Z} - C_{1Z})^2} \end{cases} \tag{5.27}$$

関数 f_1, f_2, f_3 は, 式 (5.26), (5.27) より, それぞれ $(\theta_1, \varphi_1, \theta_3, \varphi_3)$, $(\theta_3, \varphi_3, \theta_5, \varphi_5)$, $(\theta_1, \varphi_1, \theta_5, \varphi_5)$ を変数として表される. なお, 決定すべき変数が 6 個であることから, これらの値を求めるには, 方程式が 6 本必要である. よって, 実際には, 式 (5.27) に示した, 1, 3 および 5 番目の連鎖の幾何学的条件から導いた式のみでは, これらの値を決定できない.

そこで, 入力変位によって決定される, 2, 4 および 6 番目の連鎖の長さ l_2, l_4 および l_6 に関する拘束条件を表す方程式も用いる. 2, 4 および 6 番目の連鎖の長さを表す式を式 (5.27) と関連づけるため, f_4, f_5, f_6 と記せば次式となる.

$$\begin{cases} f_4 = l_2 = \sqrt{(C_{2X} - A_{2X})^2 + (C_{2Y} - A_{2Y})^2 + (C_{2Z} - A_{2Z})^2} \\ f_5 = l_4 = \sqrt{(C_{4X} - A_{4X})^2 + (C_{4Y} - A_{4Y})^2 + (C_{4Z} - A_{4Z})^2} \\ f_6 = l_6 = \sqrt{(C_{6X} - A_{6X})^2 + (C_{6Y} - A_{6Y})^2 + (C_{6Z} - A_{6Z})^2} \end{cases} \tag{5.28}$$

図 5.10 (a) に示すように, ジョイント C_2, C_4 および C_6 の位置は, C_1, C_3 および C_5 の位置から後述のとおり相対的に決定できるため, 結果的に関数 f_4, f_5, f_6 は, $(\theta_1, \varphi_1, \theta_3, \varphi_3, \theta_5, \varphi_5)$ を変数として表される.

以上より, C_1C_3, C_3C_5, C_5C_1 間の相対距離を L_{13}, L_{35}, L_{51} (なお, 図 5.10 の機構では $L_{13} = L_{35} = L_{51}$), 2, 4 および 6 番目の連鎖の長さを l_2, l_4 および l_6 とし, 式 (5.27) および式 (5.28) を連立した次式を解くことによって, 変数 $(\theta_1, \varphi_1, \theta_3, \varphi_3, \theta_5, \varphi_5)$ を求め, さらに, 式 (5.26) から C_1, C_3 および C_5 の位置を得る.

$$\begin{bmatrix} f_1(\theta_1, \varphi_1, \theta_3, \varphi_3) \\ f_2(\theta_3, \varphi_3, \theta_5, \varphi_5) \\ f_3(\theta_1, \varphi_1, \theta_5, \varphi_5) \\ f_4(\theta_1, \varphi_1, \theta_3, \varphi_3, \theta_5, \varphi_5) \\ f_5(\theta_1, \varphi_1, \theta_3, \varphi_3, \theta_5, \varphi_5) \\ f_6(\theta_1, \varphi_1, \theta_3, \varphi_3, \theta_5, \varphi_5) \end{bmatrix} = \begin{bmatrix} L_{13} \\ L_{35} \\ L_{51} \\ l_2 \\ l_4 \\ l_6 \end{bmatrix} \tag{5.29}$$

ここで, 式 (5.29) は非線形方程式となるので, 前項と同じく, ニュートン・ラフソン法を用いた数値解析によって $(\theta_1, \varphi_1, \theta_3, \varphi_3, \theta_5, \varphi_5)$ を求める. すなわち, 変数の初期値を $(\theta_{1,0}, \varphi_{1,0}, \theta_{3,0}, \varphi_{3,0}, \theta_{5,0}, \varphi_{5,0})$ とし, 各式に含まれる変数の種類を考慮して, 式 (5.29) をテイラー展開で一次近似すれば次式となる.

$$
\begin{bmatrix}
f_1(\theta_1,\varphi_1,\theta_3,\varphi_3) \\
f_2(\theta_3,\varphi_3,\theta_5,\varphi_5) \\
f_3(\theta_1,\varphi_1,\theta_5,\varphi_5) \\
f_4(\theta_1,\varphi_1,\theta_3,\varphi_3,\theta_5,\varphi_5) \\
f_5(\theta_1,\varphi_1,\theta_3,\varphi_3,\theta_5,\varphi_5) \\
f_6(\theta_1,\varphi_1,\theta_3,\varphi_3,\theta_5,\varphi_5)
\end{bmatrix}
+
\begin{bmatrix}
\frac{\partial f_1}{\partial \theta_1} & \frac{\partial f_1}{\partial \varphi_1} & \frac{\partial f_1}{\partial \theta_3} & \frac{\partial f_1}{\partial \varphi_3} & 0 & 0 \\
0 & 0 & \frac{\partial f_2}{\partial \theta_3} & \frac{\partial f_2}{\partial \varphi_3} & \frac{\partial f_2}{\partial \theta_5} & \frac{\partial f_2}{\partial \varphi_5} \\
\frac{\partial f_3}{\partial \theta_1} & \frac{\partial f_3}{\partial \varphi_1} & 0 & 0 & \frac{\partial f_3}{\partial \theta_5} & \frac{\partial f_3}{\partial \varphi_5} \\
\frac{\partial f_4}{\partial \theta_1} & \frac{\partial f_4}{\partial \varphi_1} & \frac{\partial f_4}{\partial \theta_3} & \frac{\partial f_4}{\partial \varphi_3} & \frac{\partial f_4}{\partial \theta_5} & \frac{\partial f_4}{\partial \varphi_5} \\
\frac{\partial f_5}{\partial \theta_1} & \frac{\partial f_5}{\partial \varphi_1} & \frac{\partial f_5}{\partial \theta_3} & \frac{\partial f_5}{\partial \varphi_3} & \frac{\partial f_5}{\partial \theta_5} & \frac{\partial f_5}{\partial \varphi_5} \\
\frac{\partial f_6}{\partial \theta_1} & \frac{\partial f_6}{\partial \varphi_1} & \frac{\partial f_6}{\partial \theta_3} & \frac{\partial f_6}{\partial \varphi_3} & \frac{\partial f_6}{\partial \theta_5} & \frac{\partial f_6}{\partial \varphi_5}
\end{bmatrix}
$$

$$
\times
\begin{bmatrix}
\theta_1-\theta_{1,0} \\
\varphi_1-\varphi_{1,0} \\
\theta_3-\theta_{3,0} \\
\varphi_3-\varphi_{3,0} \\
\theta_5-\theta_{5,0} \\
\varphi_5-\varphi_{5,0}
\end{bmatrix}
=
\begin{bmatrix}
L_{13} \\ L_{35} \\ L_{51} \\ l_2 \\ l_4 \\ l_6
\end{bmatrix}
\tag{5.30}
$$

前項と同様に k 番目の繰返し計算の解を $(\theta_{1,k},\varphi_{1,k},\theta_{3,k},\varphi_{3,k},\theta_{5,k},\varphi_{5,k})$ として，上式を整理すれば次式となる．

$$
\begin{bmatrix}
\theta_{1,k} \\ \varphi_{1,k} \\ \theta_{3,k} \\ \varphi_{3,k} \\ \theta_{5,k} \\ \varphi_{5,k}
\end{bmatrix}
=
\begin{bmatrix}
\frac{\partial f_1}{\partial \theta_1} & \frac{\partial f_1}{\partial \varphi_1} & \frac{\partial f_1}{\partial \theta_3} & \frac{\partial f_1}{\partial \varphi_3} & 0 & 0 \\
0 & 0 & \frac{\partial f_2}{\partial \theta_3} & \frac{\partial f_2}{\partial \varphi_3} & \frac{\partial f_2}{\partial \theta_5} & \frac{\partial f_2}{\partial \varphi_5} \\
\frac{\partial f_3}{\partial \theta_1} & \frac{\partial f_3}{\partial \varphi_1} & 0 & 0 & \frac{\partial f_3}{\partial \theta_5} & \frac{\partial f_3}{\partial \varphi_5} \\
\frac{\partial f_4}{\partial \theta_1} & \frac{\partial f_4}{\partial \varphi_1} & \frac{\partial f_4}{\partial \theta_3} & \frac{\partial f_4}{\partial \varphi_3} & \frac{\partial f_4}{\partial \theta_5} & \frac{\partial f_4}{\partial \varphi_5} \\
\frac{\partial f_5}{\partial \theta_1} & \frac{\partial f_5}{\partial \varphi_1} & \frac{\partial f_5}{\partial \theta_3} & \frac{\partial f_5}{\partial \varphi_3} & \frac{\partial f_5}{\partial \theta_5} & \frac{\partial f_5}{\partial \varphi_5} \\
\frac{\partial f_6}{\partial \theta_1} & \frac{\partial f_6}{\partial \varphi_1} & \frac{\partial f_6}{\partial \theta_3} & \frac{\partial f_6}{\partial \varphi_3} & \frac{\partial f_6}{\partial \theta_5} & \frac{\partial f_6}{\partial \varphi_5}
\end{bmatrix}^{-1}
$$

$$
\times \begin{bmatrix} L_{13} - f_{1,k-1} \\ L_{35} - f_{2,k-1} \\ L_{51} - f_{3,k-1} \\ l_2 - f_{4,k-1} \\ l_4 - f_{5,k-1} \\ l_6 - f_{6,k-1} \end{bmatrix} + \begin{bmatrix} \theta_{1,k-1} \\ \varphi_{1,k-1} \\ \theta_{3,k-1} \\ \varphi_{3,k-1} \\ \theta_{5,k-1} \\ \varphi_{5,k-1} \end{bmatrix} \tag{5.31}
$$

なお，$k-1$ 番目の繰返し計算における解を式 $f_1 \sim f_6$ に代入した値を $f_{1,k-1} \sim f_{6,k-1}$ と記した．

以上の式をもとにして，先ほどと同様にニュートン・ラフソン法による収束計算を行えば，算出される連鎖の角度から出力リンク側ジョイントの位置が得られ，出力リンクの位置および姿勢が明らかとなる．

なお，ジョイント C_2，C_4 および C_6 の位置の求め方であるが，まず，仮定した $(\theta_{1,k}, \varphi_{1,k}, \theta_{3,k}, \varphi_{3,k}, \theta_{5,k}, \varphi_{5,k})$ に対して，C_1，C_3 および C_5 の位置を求め，これらがなす平面の式を求める．次に，同平面の法線ベクトルを求めて，同ベクトル周りに図 5.10 (a) に示す関係を満たすように，C_1，C_3 および C_5 の位置を回転させれば（図 5.10 (a) では法線ベクトル周りに 30°），C_2，C_4 および C_6 の位置を得る．なお，回転変換には 4.3.6 項で述べた任意軸周りの回転行列である式 (4.29) を用いればよい．

5.6 パラレルメカニズムの逆運動学

■5.6.1 逆運動学の解法

パラレルメカニズムの出力リンクの位置および姿勢を指定し，それらを実現するための入力変位を求めることがパラレルメカニズムの逆運動学である．逆運動学は，パラレルメカニズムの位置・姿勢の制御を行うために必須である．

先にも述べたように，シリアルメカニズムなどを用いた通常のロボットでは，機構の自由度が増加するにつれて逆運動学を解くことが容易でなくなる．しかし，パラレルメカニズムでは多自由度であっても，逆運動学の解析は比較的容易である．

パラレルメカニズムの逆運動学解析の手順の概略は以下のとおりである．

1. 出力リンクの位置・姿勢を表す変数を自由度に応じて指定する．
2. 出力リンクの位置・姿勢から出力リンク側ジョイントの位置を求める．
3. 出力リンク側ジョイントとベース側ジョイントを連結するように，各連鎖に含まれる能動ジョイントの変位を決定する．

手順1では，出力リンクの位置を通常は出力リンクの中心点の座標で，また，姿勢は先に述べた固定角法やオイラー角法，または指定軸周りの回転変位として与える．手順2では，パラレルメカニズムが目的とする位置・姿勢となったときの，出力リンク側ジョイントの位置を算出する．通常は，まず，姿勢変化によるジョイントの変位を回転行列によって求め，次に，並進変位による位置の変化を加えることで，出力リンク側ジョイントの座標を求める．手順3では，各連鎖それぞれにおいて，出力リンク側ジョイントの位置を満たすように，能動ジョイントの変位を求めることになる．これは，シリアルメカニズムの逆運動学に相当する．ただし，各連鎖は通常，少自由度であるため，その解析は容易である．

以下，スチュワートプラットフォームを対象に，その具体的な手法を示す．なお，ほかの空間6自由度パラレルメカニズムや，平面3自由度パラレルメカニズムも以下の方法で同様に逆運動学解析を行うことが可能である．

■5.6.2　空間6自由度パラレルメカニズムの逆運動学解析 —固定角法を用いる場合

先にも対象とした図5.10および図5.11に概略を示す空間6自由度パラレルメカニズム（スチュワートプラットフォーム）を対象に，逆運動学解析の手法を示す．なお，図5.10とは異なり，ベース上の各ジョイント A_i $(i = 1\sim6)$ とベースの中心である点Oとを結ぶ線分の X 軸からの角度を Θ_i で，出力リンク上の各ジョイント C_i と出力

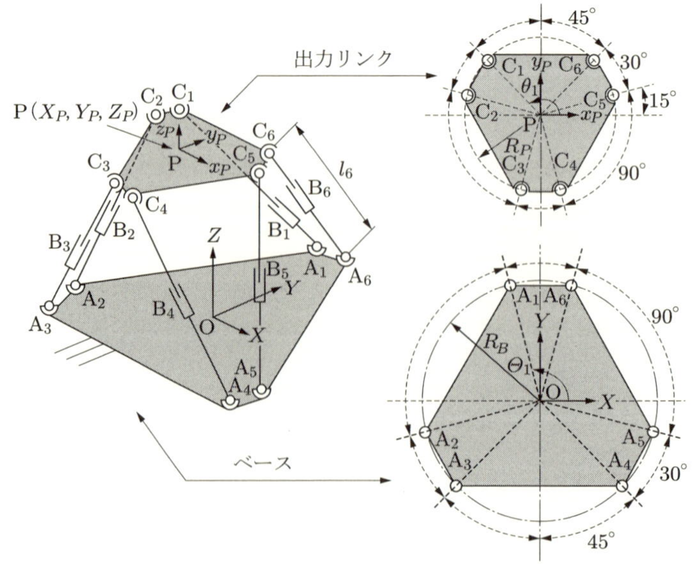

図5.11　空間6自由度パラレルメカニズムの概略

リンクの中心 P とを結ぶ線分の x_P 軸からの角度を θ_i で表す．これらの角度はジョイントの方向を表すことになる．図 5.11 には，ジョイント A_1 の方向を表す Θ_1 と，C_1 の方向を表す θ_1 を例に示している．

0. 逆運動学の準備段階として，パラレルメカニズムの初期位置および姿勢（初期状態）を定義する

本書では，パラレルメカニズムの位置・姿勢は，基本的に初期状態からの変化量として考える．一般に，ある位置・姿勢からの変位や回転角度の増分や減少分で表すより，初期状態からの変化量で表すほうが解析は容易である．よって，初期状態をあらかじめ明確に設定しておくことは重要である．

通常は図 5.11 に概略を示すように，ベース上に固定した絶対座標系 O-XYZ と，出力リンクに設置した動座標系 P-$x_Py_Pz_P$ の各軸が平行，すなわち出力リンクは水平状態で，かつ Z 軸と z_P 軸が同一直線上にあるとする．なお，出力点 P の Z 軸方向位置，すなわち出力リンクの初期状態における高さは，機構の寸法や能動ジョイントの仕様，作業内容などに基づき決定すればよい．

1. 出力リンクの位置・姿勢を表す変数を自由度に応じて指定する

パラレルメカニズムの位置は，出力リンクの中心である出力点 P を代表点として，その絶対座標系 O-XYZ での位置の座標 P(X_P, Y_P, Z_P) で表す．

姿勢は 4.5.2 項で述べた固定角法やオイラー角法で指定することが多い．ここでは，固定角法で指定した場合の逆運動学を示すこととし，角変位は，X 軸周り，Y 軸周り，Z 軸周りの順番で与え，それぞれの大きさを，α，β，γ として表す（これは 4.5.3 項で述べたように，出力リンクの姿勢を，出力リンク上に設定した動座標系 P-$x_Py_Pz_P$ の x_P，y_P，z_P 軸周りの角変位 α，β，γ として，固定角法とは逆の順序，すなわち z_P 軸周り，y_P 軸周り，x_P 軸周りの順で与えることと等価である）．

2. 出力リンクの位置・姿勢から出力リンク側ジョイントの位置を求める

通常は，姿勢変化による初期姿勢からのジョイントの変位を求め，次いで，位置による変位をそれらの結果に加える．

姿勢変化による出力リンク側ジョイントの位置の変化は回転行列で求める．ここでは固定角法を用いるが，固定角法では，姿勢を与える回転軸に関して注意が必要である．すなわち，出力リンクの姿勢変化を絶対座標系の X，Y，Z 軸周りの回転角として与えるが，回転軸はベースに設定した O-XYZ 軸でなく，前章の例題 4.3 でも示したとおり，原点を出力リンク上の点 P とし，X，Y，Z 軸に平行な軸周りとして考える．図 5.12 では X'，Y'，Z' 軸となる．X'，Y'，Z' 軸の方向は，出力リンクが回転

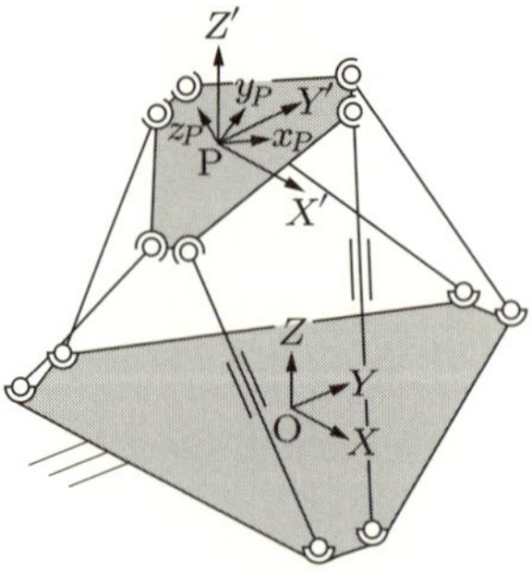

図 5.12　固定角法での回転軸

しても一定であり，常に X，Y，Z 軸と平行である．

出力リンクの姿勢変化を図 5.12 に示すようにベースに固定した X，Y，Z 軸周りで表すと，パラレルメカニズムの位置を表す出力点 P の位置も出力リンクの回転，すなわち姿勢とともに変化する．つまり，出力リンク側ジョイントの位置の変化は，出力点 P の位置の変化も考慮して求める必要がある．よって，出力リンクの回転は，同リンク上に設置した点 P を原点とする絶対座標系の各軸に平行な軸周りで表したほうが，点 P の位置が常に固定されるため運動学は解きやすい．

まず，図 5.11 のとおり，出力リンク側ジョイントが配置されている出力点を中心とした円の半径を R_P とすれば，初期状態における出力リンク側ジョイント C_1〜C_6 の座標 $\mathrm{C}_i^0(C_{iX}^0, C_{iY}^0, C_{iZ}^0)$ $(i = 1 \sim 6)$ は，O-XYZ 座標系において次式で表される．

$$\begin{pmatrix} C_{iX}^0 \\ C_{iY}^0 \\ C_{iZ}^0 \end{pmatrix} = \begin{pmatrix} R_P \cos\theta_i \\ R_P \sin\theta_i \\ Z_0 \end{pmatrix} = R_P \begin{pmatrix} \cos\theta_i \\ \sin\theta_i \\ 0 \end{pmatrix} + \begin{pmatrix} 0 \\ 0 \\ Z_0 \end{pmatrix} \tag{5.32}$$

ここで，式 (5.32) の右辺のようにジョイントの X，Y 座標と Z 座標を分離したのは，以上で述べたように，出力リンクの姿勢変化を，点 P を固定して X', Y', Z' 軸周りの回転で表すためである．

姿勢変化による回転行列 $\boldsymbol{D}$ は，固定角法を用い，X' 軸，Y' 軸，Z' 軸周りの順番で，出力リンクを α，β，γ 回転させることから，4.3.5 項より，3 次元空間における回転行列を用い，次式で表される．

$$\boldsymbol{D} = \boldsymbol{E}^{k\gamma}\boldsymbol{E}^{j\beta}\boldsymbol{E}^{i\alpha} \tag{5.33}$$

以上の関係式より，姿勢変化後の出力リンク側ジョイントの O-XYZ 座標系での位置 C_i (C_{iX}, C_{iY}, C_{iZ}) $(i = 1 \sim 6)$ は次式より得られる．

$$\begin{pmatrix} C_{iX} \\ C_{iY} \\ C_{iZ} \end{pmatrix} = \boldsymbol{D} \begin{pmatrix} C_{iX}^0 \\ C_{iY}^0 \\ 0 \end{pmatrix} + \begin{pmatrix} 0 \\ 0 \\ Z_0 \end{pmatrix} \tag{5.34}$$

上式において，右辺第 1 項は，パラレルメカニズムの姿勢変化による出力リンク側ジョイントの位置の変位を示している．パラレルメカニズムの並進変位による出力リンク側ジョイントの位置の変化は，上式に並進変位として加えればよいことから次式となる．

$$\begin{aligned} \begin{pmatrix} C_{iX} \\ C_{iY} \\ C_{iZ} \end{pmatrix} &= \boldsymbol{D} \begin{pmatrix} C_{iX}^0 \\ C_{iY}^0 \\ 0 \end{pmatrix} + \begin{pmatrix} 0 \\ 0 \\ Z_0 \end{pmatrix} + \begin{pmatrix} X_P \\ Y_P \\ Z_P \end{pmatrix} \\ &= \boldsymbol{D} \begin{pmatrix} C_{iX}^0 \\ C_{iY}^0 \\ 0 \end{pmatrix} + \begin{pmatrix} X_P \\ Y_P \\ Z_0 + Z_P \end{pmatrix} \end{aligned} \tag{5.35}$$

まとめれば，出力リンク側ジョイントの位置に関して，上式の中辺第 1 項で姿勢変化による位置の変化を求め，第 2 項を加えることで絶対座標系 O-XYZ に対する成分に変換し，さらに，第 3 項によりパラレルメカニズムの並進変位による位置の変化を加えている．

このように式 (5.35) の各項の意味を理解して把握することは，ほかの姿勢表現方法を用いた場合を含め，パラレルメカニズムの逆運動学を理解するうえで重要である．

3. 出力リンク側ジョイントとベース側ジョイントを連結するように，各連鎖に含まれる能動ジョイントの変位を決定する

式 (5.35) で求めた出力リンク側ジョイントの位置 C_i ($i = 1$〜6) を満たすように，各連鎖に含まれる能動ジョイントの入力変位を求める．図 5.11 のパラレルメカニズムの各連鎖の能動ジョイントは，直進変位を入力とする．したがって，各連鎖の長さの変化が，それぞれの能動ジョイントの入力変位 $\mathit{\Delta} l_i$ ($i = 1$〜6) となる．したがって，ベース側に固定されているジョイント A_i の座標を $\mathrm{A}_i(A_{iX}, A_{iY}, A_{iZ})$ と表し，姿勢変化前後の各連鎖の長さの差を求めればよい．図 5.11 のパラレルメカニズムにおいて，ベース側ジョイントを配置する原点 O を中心とした円の半径を R_B とすれば，A_i は次式で表される．

$$\begin{pmatrix} A_{iX} \\ A_{iY} \\ A_{iZ} \end{pmatrix} = R_B \begin{pmatrix} \cos\Theta_i \\ \sin\Theta_i \\ 0 \end{pmatrix} \tag{5.36}$$

以上より，パラレルメカニズムの出力リンクの位置および姿勢が (X_P, Y_P, Z_P) および (α, β, γ) であるときの，各連鎖の長さ $l_i(= \mathrm{A}_i\mathrm{C}_i)$ $(i = 1\sim6)$ は次式で表される．

$$l_i = \sqrt{(C_{iX} - A_{iX})^2 + (C_{iY} - A_{iY})^2 + (C_{iZ} - A_{iZ})^2} \tag{5.37}$$

さらに，初期状態での各連鎖の長さ $l_{i,0}$ $(= \mathrm{A}_i\mathrm{C}_{i,0})$ $(i = 1\sim6)$ は次式で表される．

$$l_{i,0} = \sqrt{(C_{iX,0} - A_{iX})^2 + (C_{iY,0} - A_{iY})^2 + (C_{iZ,0} - A_{iZ})^2} \tag{5.38}$$

よって，各連鎖の入力変位 Δl_i $(i = 1\sim6)$ は姿勢変化前の各連鎖の長さ $l_{i,0}$ と姿勢変化後の長さ l_i との差として，次式から求められる．

$$\Delta l_i = l_i - l_{i,0} \tag{5.39}$$

なお，第 3 章の図 3.10 で示したように，空間 6 自由度パラレルメカニズムには，能動ジョイントが回転ジョイントである場合も存在する．その場合も，各連鎖を図 5.3 に示した少自由度のシリアルメカニズムとみなせば，出力リンク側ジョイントの位置から同ジョイントの角変位をたとえば式 (5.6) で示したように得ることができる．

■ 5.6.3　空間 6 自由度パラレルメカニズムの逆運動学解析 —オイラー角法を用いる場合

パラレルメカニズムの姿勢をオイラー角法で表している場合の逆運動学解析に関して述べておく．前項の固定角法を用いた場合と異なる点は，5.6.2 項の「**1. 出力リンクの位置・姿勢を表す変数を自由度に応じて指定する**」で，まず，出力リンクの姿勢を，出力リンク上に設定した動座標系 P-$x_P y_P z_P$ の各軸周りの角変位として与えることである．次に，「**2. 出力リンクの位置・姿勢から出力リンク側ジョイントの位置を求める**」において，姿勢変化に対する出力側ジョイントの位置を求めるが，オイラー角法を用いた場合，基準となる座標系は姿勢とともに変化していくので，姿勢変化後の座標系 P-$x_P y_P z_P$ における出力リンク側ジョイントの位置を絶対座標系での位置に変換する必要がある．ただし，先と同様に，姿勢によるジョイントの位置の変化は，出力リンク上の点 P を原点とする固定座標系 P-XYZ で求めたほうがよい．すなわち，姿勢変化後の動座標系 P-$x_P y_P z_P$ 上での出力リンク側ジョイントの位置を，回転行列を利用して固定座標系 P-XYZ で表す．

ここで，動座標系 P-$x_Py_Pz_P$ 上での出力リンク側ジョイントの位置は，常に初期状態での位置と同じ $\mathrm{C}_i^0(C_{iX}^0, C_{iY}^0, C_{iZ}^0)$ ($i = 1$〜6) である．よって，オイラー角法による逆運動学解析では，5.6.2 項の固定角法を用いた逆運動学解析における式 (5.35) で，オイラー角法に対応した回転行列を用いればよい．

オイラー角法による回転行列は，4.5.3 項で述べたように，固定角法とは逆の順序で対象とする座標を表すベクトルに乗じることで求められる．よって，先述のとおり，オイラー角法と固定角法の関係は，各軸周りの角変位の順序を逆とすれば，結果として同じ姿勢変化を表すことになる．なお，オイラー角法を利用した例を次節に示す．

5.7 少自由度パラレルメカニズムの逆運動学

以上で示したように，空間 6 自由度パラレルメカニズムの逆運動学は比較的容易である．しかし，空間における 5 自由度以下のパラレルメカニズムの逆運動学は必ずしも容易ではない．

第 2 章で述べたように，剛体の位置・姿勢を示すために空間では 6 個の変数が必要である．空間パラレルメカニズムにおいて，その自由度 n が 6 未満の場合，2.5 節でも述べたとおり，位置・姿勢を表す空間での $(6-n)$ 個の変数は，何らかの拘束条件により従属的に決定することになる．

通常，これら拘束条件の数式化は難しく，また，数式化された場合も非線形式となることが多い．したがって，少自由度の空間パラレルメカニズムの逆運動学は，5.5 節で示した順運動学と同様に，ニュートン・ラフソン法などを利用した非線形解析が必要となる[1]．

一方，空間での作業において 6 個の位置・姿勢の調整を必要としない場合は，パラレルメカニズムの自由度を減らすことで機構の構造を単純化し，アクチュエータを少なくしてコストの抑制などが行えることから，少自由度の機構が便利なことがある．そこで，以下に逆運動学が解析的に求められる空間 3 自由度パラレルメカニズムの機構と逆運動学の例を示しておく．同機構は剛性が高く，加工機に用いる機構として有用である[2]．

図 5.13 の空間 3 自由度パラレルメカニズムは図 5.8 でも示した機構であり，3 本の連鎖で構成されている．各連鎖は，ベース側ジョイントが 1 自由度の回転ジョイント，出力リンク側ジョイントが 3 自由度のボールジョイントであり，これらを 1 自由度の直進ジョイントで連結している．能動ジョイントは，1 自由度の直進ジョイントである．

5.5.3 項などで述べたスチュワートプラットフォームの連鎖には，直接，外力が作用

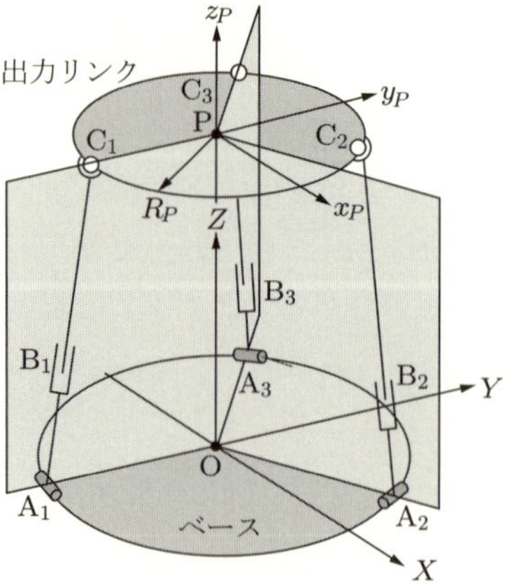

図 5.13　空間 3 自由度パラレルメカニズム

しない限り，1.6 節で述べたように曲げモーメントが作用しないが，図 5.13 のパラレルメカニズムの各連鎖には，曲げモーメントが作用する．しかし，1 自由度回転ジョイントであるベース側ジョイントの回転軸周りには主に特定方向の曲げが作用することから，連鎖の断面形状を工夫すれば，曲げ変形を抑制することができる[2]．

図 5.13 に示した空間 3 自由度パラレルメカニズムの位置・姿勢を表すために，ベース上に静止節座標系 O-XYZ (Σ_O) を，出力リンク上に動座標系 P-$x_P y_P z_P$ (Σ_P) を設定する．空間 3 自由度パラレルメカニズムの位置は，Σ_O に対する出力リンク上の出力点の座標 P(x_P, y_P, z_P) で表す．姿勢の表現にはオイラー角法を用いることとし，動座標系 P-$x_P y_P z_P$ の各軸周りの角変位で表す．なお，姿勢角は x_P 軸，y_P 軸，z_P 軸周りの順で与えることとし，基準となる初期姿勢での出力点 P の X，Y 座標をともに 0，O-XYZ と P-$x_P y_P z_P$ の各軸は平行とする．点 P の Z 座標は機構の寸法，能動ジョイントの初期変位から決定される．

同機構は 3 自由度であるため，位置・姿勢決め時に指定可能な変数は 3 個である．ここでは，x_P 軸，y_P 軸周りの角変位 α，β と，Z 軸方向の並進変位 Z を指定する．この結果，z_P 軸周りの角変位，X および Y 軸方向の並進変位は従属的に決定される．これらを γ_u，X_u，Y_u と記す．

まず，出力リンクの姿勢変化による出力リンク側ジョイントの位置変化を絶対座標系に対して表す回転行列 $\boldsymbol{D}$ を求める．角変位は上述のとおり x_P 軸，y_P 軸周りの順で指定し，その結果，従属変位が z_P 軸周りに発生するとみなす．このとき，初期状態に対する回転変位後の座標系の関係を表す回転行列 $\boldsymbol{D}$ は，オイラー角法を用いることから，4.5.3 項より，位置を表すベクトルの左側に回転の逆順で各軸周りの回転を表す行列を乗じていくことで表せる．言い換えれば，次式のように回転の順にしたがって，右側に各軸周りの回転行列を順次乗じれば回転行列 $\boldsymbol{D}$ が得られる．

$$\begin{aligned}\boldsymbol{D} &= \boldsymbol{E}^{i\alpha}\boldsymbol{E}^{j\beta}\boldsymbol{E}^{k\gamma_u} \\ &= \begin{bmatrix} 1 & 0 & 0 \\ 0 & \cos\alpha & -\sin\alpha \\ 0 & \sin\alpha & \cos\alpha \end{bmatrix}\begin{bmatrix} \cos\beta & 0 & \sin\beta \\ 0 & 1 & 0 \\ -\sin\beta & 0 & \cos\beta \end{bmatrix}\begin{bmatrix} \cos\gamma_u & -\sin\gamma_u & 0 \\ \sin\gamma_u & \cos\gamma_u & 0 \\ 0 & 0 & 1 \end{bmatrix} \\ &= \begin{bmatrix} C_\beta C_{\gamma_u} & -C_\beta S_{\gamma_u} & S_\beta \\ C_\alpha S_{\gamma_u} + S_\alpha S_\beta C_{\gamma_u} & C_\alpha C_{\gamma_u} - S_\alpha S_\beta S_{\gamma_u} & -S_\alpha C_\beta \\ S_\alpha S_{\gamma_u} - C_\alpha S_\beta C_{\gamma_u} & S_\alpha C_{\gamma_u} + C_\alpha S_\beta S_{\gamma_u} & C_\alpha C_\beta \end{bmatrix} \end{aligned} \tag{5.40}$$

パラレルメカニズムの姿勢変化に対する出力リンク側ジョイントの位置の変化量は，動座標系上での出力リンク側ジョイントの位置を表す座標 $(C_{ix}, C_{iy}, 0)^T$ $(i = 1$ $\sim 3)$ に回転行列 $\boldsymbol{D}$ を乗じれば求められる．ただし，5.6.2 項で示したように，初期状態における動座標系は，その各軸方向を絶対座標系と一致させている．よって，出力リンク側ジョイントの初期状態での座標に回転行列 $\boldsymbol{D}$ を乗じて得られる結果は，姿勢変化によって生じる出力リンク側ジョイントの初期状態からの変位量を絶対座標系上で表した値（ΔC_{iX}，ΔC_{iY}，ΔC_{iZ}）となる．すなわち，次式となる．

$$\begin{aligned}\begin{bmatrix} \Delta C_{iX} \\ \Delta C_{iY} \\ \Delta C_{iZ} \end{bmatrix} &= \boldsymbol{D}\begin{bmatrix} C_{ix} \\ C_{iy} \\ 0 \end{bmatrix} \\ &= \begin{bmatrix} C_{ix}\cdot C_\beta C_{\gamma_u} - C_{iy}\cdot C_\beta S_{\gamma_u} \\ C_{ix}(C_\alpha S_{\gamma_u} + S_\alpha S_\beta C_{\gamma_u}) + C_{iy}(C_\alpha C_{\gamma_u} - S_\alpha S_\beta S_{\gamma_u}) \\ C_{ix}(S_\alpha S_{\gamma_u} - C_\alpha S_\beta C_{\gamma_u}) + C_{iy}(S_\alpha C_{\gamma_u} + C_\alpha S_\beta S_{\gamma_u}) \end{bmatrix}\end{aligned} \tag{5.41}$$

出力リンク側ジョイント C_i $(i = 1\sim 3)$ は，図 5.13 に示すように，原点 P を中心として半径 R_P の円上に 120° おきに等間隔で配置することから，それらの動座標系 P-$x_P y_P z_P$ での位置は次式で表される．

$$\begin{bmatrix} C_{1x} \\ C_{1y} \\ C_{1z} \end{bmatrix} = R_P\begin{bmatrix} 0 \\ -1 \\ 0 \end{bmatrix}, \quad \begin{bmatrix} C_{2x} \\ C_{2y} \\ C_{2z} \end{bmatrix} = \frac{R_P}{2}\begin{bmatrix} \sqrt{3} \\ 1 \\ 0 \end{bmatrix}, \quad \begin{bmatrix} C_{3x} \\ C_{3y} \\ C_{3z} \end{bmatrix} = \frac{R_P}{2}\begin{bmatrix} -\sqrt{3} \\ 1 \\ 0 \end{bmatrix} \tag{5.42}$$

上式を式 (5.41) に代入すれば，姿勢の変化による出力リンク側ジョイントの位置の変化量を，絶対座標系に対して以下のとおり求めることができる．

$$\begin{bmatrix} \Delta C_{1X} \\ \Delta C_{1Y} \\ \Delta C_{1Z} \end{bmatrix} = R_P \begin{bmatrix} C_\beta S_{\gamma_u} \\ -C_\alpha C_{\gamma_u} + S_\alpha S_\beta S_{\gamma_u} \\ -S_\alpha C_{\gamma_u} - C_\alpha S_\beta S_{\gamma_u} \end{bmatrix} \tag{5.43}$$

$$\begin{bmatrix} \Delta C_{2X} \\ \Delta C_{2Y} \\ \Delta C_{2Z} \end{bmatrix} = \frac{R_P}{2} \begin{bmatrix} \sqrt{3} C_\beta C_{\gamma_u} - C_\beta S_{\gamma_u} \\ \sqrt{3}(C_\alpha S_{\gamma_u} + S_\alpha S_\beta C_{\gamma_u}) + C_\alpha C_{\gamma_u} - S_\alpha S_\beta S_{\gamma_u} \\ \sqrt{3}(S_\alpha S_{\gamma_u} - C_\alpha S_\beta C_{\gamma_u}) + S_\alpha C_{\gamma_u} + C_\alpha S_\beta S_{\gamma_u} \end{bmatrix} \tag{5.44}$$

$$\begin{bmatrix} \Delta C_{3X} \\ \Delta C_{3Y} \\ \Delta C_{3Z} \end{bmatrix} = \frac{R_P}{2} \begin{bmatrix} -\sqrt{3} C_\beta C_{\gamma_u} - C_\beta S_{\gamma_u} \\ -\sqrt{3}(C_\alpha S_{\gamma_u} + S_\alpha S_\beta C_{\gamma_u}) + C_\alpha C_{\gamma_u} - S_\alpha S_\beta S_{\gamma_u} \\ -\sqrt{3}(S_\alpha S_{\gamma_u} - C_\alpha S_\beta C_{\gamma_u}) + S_\alpha C_{\gamma_u} + C_\alpha S_\beta S_{\gamma_u} \end{bmatrix} \tag{5.45}$$

5.6 節で示した空間 6 自由度パラレルメカニズムの逆運動学では，以上の結果に出力リンクの位置の指定値（X, Y, Z）を加えて最終的な出力リンク側ジョイントの位置を求めた．本節で対象としている機構では，Z 座標は指定するが，X および Y 方向の座標は従属的な変位によって決定される．よって，従属的な変位 X_u，Y_u，さらに γ_u を幾何学的な条件から求めなければならない．また，式 (5.43)〜(5.45) からわかるとおり，γ_u が決定しないと各ジョイントの変位は明らかにならない．

図 5.13 に示した機構では，各連鎖はベースに固定した 1 軸の回転ジョイント周りに回転する．よって，各連鎖の運動は図 5.13 に灰色で示した平面内に拘束される．したがって，出力リンク側ジョイント C_i $(i = 1〜3)$ の位置も，同平面内に拘束されることになる．

よって，式 (5.43)〜(5.45) で求めた回転による出力リンク側ジョイントの変位に従属変位 X_u，Y_u を加えた値は各連鎖が存在する平面内に存在し，それぞれ各連鎖が存在する以下の平面の方程式を満たす．

$$\left.\begin{aligned} 0 &= \Delta C_{1X} + X_u \\ \Delta C_{2Y} + Y_u &= \frac{1}{\sqrt{3}}(\Delta C_{2X} + X_u) \\ \Delta C_{3Y} + Y_u &= -\frac{1}{\sqrt{3}}(\Delta C_{3X} + X_u) \end{aligned}\right\} \tag{5.46}$$

上式の第 1 式および式 (5.43) より，従属変位 X_u は次式のように求められる．

$$X_u = -\Delta C_{1X} = -R_P C_\beta S_{\gamma_u} \tag{5.47}$$

式 (5.46) の第 2 式と第 3 式を連立して X_u を消去し，式 (5.44)，(5.45) の結果を用いれば，従属変位 Y_u は次式となる．

$$Y_u = \frac{R_P}{2}\left(C_\beta C_{\gamma_u} - C_\alpha C_{\gamma_u} + S_\alpha S_\beta S_{\gamma_u}\right) \tag{5.48}$$

式 (5.46) において X_u，Y_u を消去すれば，3 個の出力リンク側ジョイントの位置の関係は次式のように表される．

$$\Delta C_{2Y} - \Delta C_{3Y} = \frac{1}{\sqrt{3}}\left(\Delta C_{2X} + \Delta C_{3X} - 2\Delta C_{1X}\right) \tag{5.49}$$

式 (5.49) に式 (5.43)〜(5.45) に示す各ジョイントの変位量を代入すれば，次式が導かれる．

$$C_\beta S_{\gamma_u} = -S_\alpha S_\beta C_{\gamma_u} - C_\alpha S_{\gamma_u} \tag{5.50}$$

式 (5.50) より，z_P 軸周りの従属的な角変位は，出力リンクの姿勢の指定値 α，β に対して次式のように決定される．

$$\gamma_u = \tan^{-1}\left(\frac{-\sin\alpha\sin\beta}{\cos\alpha + \cos\beta}\right) \tag{5.51}$$

この結果を式 (5.43)〜(5.45) に代入すれば，パラレルメカニズムの姿勢変化による出力リンク側ジョイントの位置の変位量が求められる．さらに，Z 軸方向の指定位置を Z_P，初期位置を Z_0 とすれば，静止座標に対する出力リンク側ジョイントの位置は，前節の式 (5.35) の場合と同様に次式で表される．

$$\begin{aligned}
\begin{pmatrix} C_{iX} \\ C_{iY} \\ C_{iZ} \end{pmatrix} &= \left[\boldsymbol{D}\begin{pmatrix} C_{ix} \\ C_{iy} \\ 0 \end{pmatrix} + \begin{pmatrix} 0 \\ 0 \\ Z_0 \end{pmatrix}\right] + \begin{pmatrix} 0 \\ 0 \\ Z_P - Z_0 \end{pmatrix} \\
&= \begin{bmatrix} \Delta C_{1X} \\ \Delta C_{1Y} \\ \Delta C_{1Z} \end{bmatrix} + \begin{pmatrix} 0 \\ 0 \\ Z_P \end{pmatrix}
\end{aligned} \tag{5.52}$$

上式中辺において，[ ] 内は姿勢変化後の出力リンク側ジョイントの位置を絶対座標系で表しており，さらに，Z_0 から Z_P への変化量を加えている．なお，図 5.13 の機構は，Z 軸方向変位に関しては従属変位をともなわず，指定値どおりに運動することができる．

本機構を多軸加工機に応用した例を図 5.14 に示す．同図の加工機は，以上で示した空間 3 自由度パラレルメカニズムの下部に 2 自由度の平面案内テーブルを配置し，パラレルメカニズムで工具の位置・姿勢決めを行い，平面案内テーブルにワークを配置し，その平面内の位置決めを行う．パラレルメカニズムは工具の傾きと Z 軸方向の高さを制御する．このとき，先に述べたように，工具軸周り（z_P 軸周り）に従属変位を生じるが，工具の回転変位と一致するので問題とならない．また，X，Y 軸方向の従属変位に関しては，平面案内テーブルの位置決め時に考慮することで補償が可能である．

同加工機は，通常のパラレルメカニズムを用いた加工機に比べて，構造が単純で広い作業領域をもつ特徴を有している[3]．

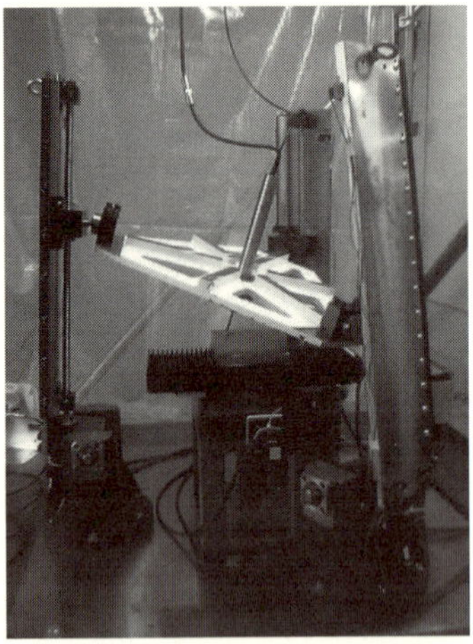

図 5.14　パラレルメカニズム式 5 自由度加工機

5.8　まとめ

本章では，パラレルメカニズムの入力変位から出力リンクの位置および姿勢を解析する順運動学，出力リンクの位置および姿勢から入力変位を解析する逆運動学について学んだ．これらは，パラレルメカニズムの運動解析，制御を行うために必要である．また，制御で必要となる逆運動学は，シリアルメカニズムと異なり，比較的容易であることを示した．パラレルメカニズムの構造は複雑であるが，このように逆運動学解析が容易なことは優れた特徴の一つである．一方，順運動学が容易でなく，パラレルメカニズムの設計時などにおける解析を困難とすることがある．ただし，次章以降で述べるヤコビ行列を用いた入出力関係の表現を用いれば，いずれも容易に行うことが可能となる．

■参考文献

[1] 3 自由度空間パラレルマニピュレータの運動解析，岩附信行・林 巌・森川広一・島田洋一，日本機械学会 機素潤滑設計部門講演会講演論文集，pp.139–142 (2002).

[2] 任意方向の負荷に対する多自由度機構の出力変位誤差評価 —評価法の提案と 3 自由度空間パラレルメカニズムの高剛性化—，立矢 宏・山本康夫・橋本直親・金子義幸，日本機械学会論文集 C 編，71 (701), pp.214–220 (2005).

[3] 応答曲面法によるパラレルメカニズム型加工機のキャリブレーション，立矢 宏・青木泰穂・谷内宏史・武田昌士，日本機械学会論文集 C 編，76 (767), pp.1870–1877 (2010).

第6章

入出力関係に基づく運動学および静力学

6.1 はじめに

前章までに，パラレルメカニズムの位置および姿勢と入力変位との関係の表現および解析方法を述べた．それらの対象は，出力リンクの位置や姿勢と，静止状態での能動ジョイントの角度や長さとの関係であった．実際のロボットの設計，制御などでは，能動ジョイントに与える力や変位，速度に対し，出力リンクで発生する力，変位，速度などとの関係を明らかにすることが必要となる．本章ではこれらを総称して入出力関係とよび，その運動学，力学関係を学ぶ．運動学では，第 5 章などで示したように機構の幾何学的な関係を，力学では力の関係を扱う．なお，本書では慣性力の影響を考慮しない静力学の範囲を対象とする．

パラレルメカニズムをはじめとするロボットの機構の入出力関係は，前章までに求めた機構の入力変位と位置・姿勢との関係からわかるように，三角関数などを用いて表される非線形関係であることが多く，複雑である．

工学では，このような非線形関係を線形化して解析することが常套手段の一つであるが，ロボット工学においても，機構の微小な入出力関係に注目することによって線形化を行い，解析を行う手法がよく用いられ，パラレルメカニズムをはじめとするロボットの運動学，力学解析の基礎となっている．

本章では，ロボットの微小な入出力関係を表す代表的な手法である**ヤコビ行列**（Jacobian matrix）を用いた運動学，静力学の解析方法を中心に解説する．なお，これまでと同様，理解を容易にするため，まず，単純なシリアルメカニズムを対象とし，その後，パラレルメカニズムを扱っていく．

6.2 入出力速度関係の解析

4.2 節で示したように，図 6.1 に示すシリアルメカニズムの入出力関係は次式で表される．

$$\begin{pmatrix} X_P \\ Y_P \end{pmatrix} = \begin{pmatrix} l_1 \cos\theta_1 \\ l_1 \sin\theta_1 \end{pmatrix} + \begin{pmatrix} l_2 \cos(\theta_1+\theta_2) \\ l_2 \sin(\theta_1+\theta_2) \end{pmatrix} = \begin{pmatrix} l_1 \cos\theta_1 + l_2 \cos(\theta_1+\theta_2) \\ l_1 \sin\theta_1 + l_2 \sin(\theta_1+\theta_2) \end{pmatrix} \tag{6.1}$$

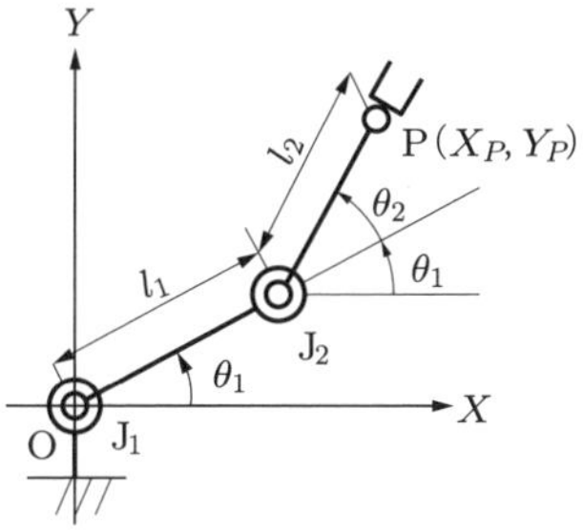

図 6.1 シリアルメカニズムの入出力関係

式 (6.1) のとおり，シリアルメカニズムの出力点の位置・姿勢と，能動ジョイントの変位との関係，すなわち入出力関係を求めるには，非線形な関数である三角関数の演算などが必要となり複雑である．とくに，機構の自由度が増加するにつれ，入出力関係の解析は困難となる．しかし，機構の微小な運動に注目すれば，その入出力関係を線形関係で表すことができる．

微小な運動の関係は，入出力関係を表す式を微分することにより求められる．J_1，J_2 で示すジョイントの入力角の微小変位を $\Delta\theta_1$，$\Delta\theta_2$，出力点 P の微小変位を ΔX_P，ΔY_P とすれば，式 (6.1) の両辺を微分して微係数を求めることにより次式が導かれる．

$$\left.\begin{aligned} \Delta X_P &= -l_1 \sin\theta_1 \cdot \Delta\theta_1 - l_2 \sin(\theta_1+\theta_2) \cdot (\Delta\theta_1 + \Delta\theta_2) \\ \Delta Y_P &= l_1 \cos\theta_1 \cdot \Delta\theta_1 + l_2 \cos(\theta_1+\theta_2) \cdot (\Delta\theta_1 + \Delta\theta_2) \end{aligned}\right\} \tag{6.2}$$

上式を行列形式で整理する．

$$\begin{bmatrix} \Delta X_P \\ \Delta Y_P \end{bmatrix} = \begin{bmatrix} -l_1 \sin\theta_1 - l_2 \sin(\theta_1+\theta_2) & -l_2 \sin(\theta_1+\theta_2) \\ l_1 \cos\theta_1 + l_2 \cos(\theta_1+\theta_2) & l_2 \cos(\theta_1+\theta_2) \end{bmatrix} \begin{bmatrix} \Delta\theta_1 \\ \Delta\theta_2 \end{bmatrix} \tag{6.3}$$

さらに，式 (6.3) において，出力点の微小変位を表すベクトルを $\boldsymbol{\Delta P}$，各ジョイントの角度の微小変位を表すベクトルを $\boldsymbol{\Delta\theta}$ と表記すると，次式のように表される．

$$\boldsymbol{\Delta P} = \boldsymbol{J}\boldsymbol{\Delta\theta} \tag{6.4}$$

なお，

$$\boldsymbol{J} = \begin{bmatrix} -l_1\sin\theta_1 - l_2\sin(\theta_1+\theta_2) & -l_2\sin(\theta_1+\theta_2) \\ l_1\cos\theta_1 + l_2\cos(\theta_1+\theta_2) & l_2\cos(\theta_1+\theta_2) \end{bmatrix} \tag{6.5}$$

であり，$\boldsymbol{J}$ は式 (6.3) の右辺の行列部分に相当し，ヤコビ行列とよばれる．ヤコビ行列は，図 6.1 に示す平面機構だけでなく，空間で動作するパラレルメカニズムなどの機構に関しても同じように導くことが可能であり，独立して出力可能な変位および姿勢の種類の数が m，入力変位の数が n である場合，次式のように表される．

$$\boldsymbol{J} = \begin{bmatrix} \dfrac{\partial X_1}{\partial\theta_1} & \dfrac{\partial X_1}{\partial\theta_2} & \cdots & \dfrac{\partial X_1}{\partial\theta_n} \\ \dfrac{\partial X_2}{\partial\theta_1} & \dfrac{\partial X_2}{\partial\theta_2} & \cdots & \dfrac{\partial X_2}{\partial\theta_n} \\ \vdots & \vdots & \ddots & \vdots \\ \dfrac{\partial X_m}{\partial\theta_1} & \dfrac{\partial X_m}{\partial\theta_2} & \cdots & \dfrac{\partial X_m}{\partial\theta_n} \end{bmatrix} \tag{6.6}$$

X_i は出力リンクの並進または回転変位を表している．

式 (6.4) は，図 6.1 に示したシリアルメカニズムの能動ジョイントの角変位が θ_1，θ_2 になっている瞬間において，出力点の微小変位 $\boldsymbol{\Delta P}$ と入力角の微小変位 $\boldsymbol{\Delta\theta}$ の関係を，ヤコビ行列 $\boldsymbol{J}$ の要素を比例定数とし，線形式として表していることがわかる．したがって，ロボットの機構の微小な運動は線形関係として扱うことができる．

さらに $\boldsymbol{\Delta P}$ および $\boldsymbol{\Delta\theta}$ が時間 Δt の間での変化量である場合，式 (6.4) の両辺を Δt で除すと，

$$\frac{\boldsymbol{\Delta P}}{\Delta t} = \boldsymbol{J}\frac{\boldsymbol{\Delta\theta}}{\Delta t} \tag{6.7}$$

となる．Δt が十分小さいとすれば，上式は速度の関係式となる．すなわち

$$\dot{\boldsymbol{P}} = \boldsymbol{J}\dot{\boldsymbol{\theta}} \tag{6.8}$$

となる．ここで，“ ˙ ” は時間による微分を表し，$\dot{\boldsymbol{P}}$ および $\dot{\boldsymbol{\theta}}$ は，それぞれ出力点の速度および能動ジョイントの角速度である．すなわち，式 (6.8) を用いれば，ロボットのある瞬間における能動ジョイントの角速度と出力点の速度との関係を，ヤコビ行

列を比例定数として容易に求めることができる.

これらのロボットの微小な入出力関係を，ロボットの入出力の微分関係とよぶことがある．同関係を利用すれば，目標とする出力点の変位 $\boldsymbol{P}$ に到達するための，各時間の出力点の速度 $\dot{\boldsymbol{P}}$ を与えることにより，能動ジョイントの速度 $\dot{\boldsymbol{\theta}}$ を決定でき，以下の例題に示すようにロボットの制御も行える．ただし，注意しなければいけないのは，ヤコビ行列は，ある瞬間での入出力関係を表しており，機構の姿勢が変化すれば，式 (6.5) からも明らかなように，その要素の値は刻々と変化することである．したがって，姿勢の変化とともにヤコビ行列の更新が必要である.

しかし，ある瞬間における速度の関係などに関して，ヤコビ行列はロボットの機構の非線形な入出力関係を線形関係で表す有力な手法であり，運動学のみならず，力学の解析においてもしばしば利用される.

ヤコビ行列を用いた運動学解析の例として，逆運動学への応用を示す．逆運動学では，第 5 章で示したように，出力リンクの位置・姿勢から能動ジョイントの変位を求める．ロボットの制御時には，目標とする軌跡に沿って出力リンクを連続的に運動させるため，各位置・姿勢において逆運動学を刻々と解かねばならない．逆運動学を表す関係式を 5.3 節や 5.6 節で示したように導くことができる場合は，出力リンクの位置を微小に変化させながら次々と能動ジョイントの変位を求めればよい．しかし，逆運動学の解を求めることは必ずしも容易ではなく，定式化できない場合もある.

そこで，ある状態でのロボットの出力リンクの位置・姿勢と，能動ジョイントの値が明らかであるとして，その状態から微小に変化した出力リンクの位置・姿勢に対する入力変位の値を，ヤコビ行列を用いて解析する．これにより，容易に逆運動学解析が行える．具体例を以下の例題で示す.

例題 6.1　図 6.2 に示すような，シリアルメカニズムを用いたロボットの出力点位置が $\mathrm{P}(X_P, Y_P)$，能動ジョイントの変位が (θ_1, θ_2) である状態から，点 P を X 軸から角度 Φ 傾いた方向に移動させる．このときの，能動ジョイントの角変位を求めよ.

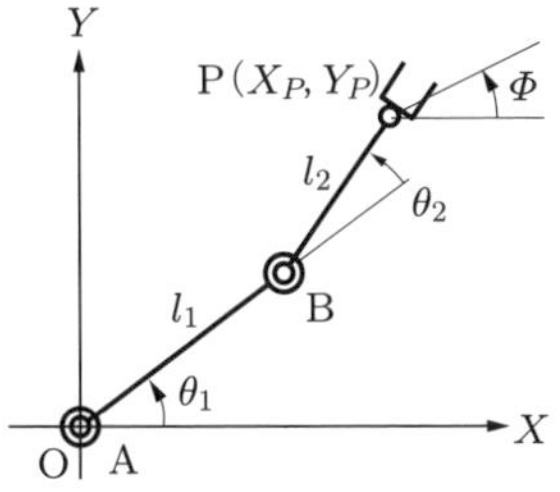

図 6.2　シリアルメカニズムのヤコビ行列による逆運動学解析

解答　通常であれば，入出力変位関係を表す式 (6.1) や，5.3 節で示したように幾何学的な関係から，出力点位置に対して (θ_1, θ_2) の値を表す式を求め，出力点 P の位置 (X_P, Y_P) を刻々と与え，能動ジョイントの変位 (θ_1, θ_2) を算出する．これに対し，ヤコビ行列を用いた逆運動学解析は以下のとおりである．

図 6.2 に示すシリアルメカニズムの微小時間における能動ジョイントの角変位の変化量と出力点の位置の変化量，すなわち入力角速度と出力点速度との関係は，順運動学の式 (6.1) を微分した式 (6.9) で表される．

$$\begin{bmatrix} \dot{X}_P \\ \dot{Y}_P \end{bmatrix} = \begin{bmatrix} -l_1 \sin\theta_1 - l_2 \sin(\theta_1 + \theta_2) & -l_2 \sin(\theta_1 + \theta_2) \\ l_1 \cos\theta_1 + l_2 \cos(\theta_1 + \theta_2) & l_2 \cos(\theta_1 + \theta_2) \end{bmatrix} \begin{bmatrix} \dot{\theta}_1 \\ \dot{\theta}_2 \end{bmatrix} \tag{6.9}$$

上式は，能動ジョイントの角度が θ_1，θ_2 であるときの，出力点 P の X 軸および Y 軸方向の速度 $\dot{X}_P$ および $\dot{Y}_P$ と，能動ジョイントの角速度 $\dot{\theta}_1$，$\dot{\theta}_2$ との関係を，ヤコビ行列で表している．上式を解けば，出力点を $(\dot{X}_P, \dot{Y}_P)$ で動作させるための入力角速度 $(\dot{\theta}_1, \dot{\theta}_2)$ を求めることができる．出力点を X 軸から $\varPhi$ の方向へ動作させる場合に，各能動ジョイントに与えるべき角速度を考えてみよう．このとき，

$$\varPhi = \tan^{-1}\frac{\dot{Y}_P}{\dot{X}_P} \quad \rightarrow \quad \dot{Y}_P = \dot{X}_P \tan\varPhi \tag{6.10}$$

となることから，各能動ジョイントの速度は次式より得られる．

$$\begin{bmatrix} \dot{\theta}_1 \\ \dot{\theta}_2 \end{bmatrix} = \begin{bmatrix} -l_1 \sin\theta_1 - l_2 \sin(\theta_1 + \theta_2) & -l_2 \sin(\theta_1 + \theta_2) \\ l_1 \cos\theta_1 + l_2 \cos(\theta_1 + \theta_2) & l_2 \cos(\theta_1 + \theta_2) \end{bmatrix}^{-1} \begin{bmatrix} \dot{X}_P \\ \dot{X}_P \tan\varPhi \end{bmatrix} \tag{6.11}$$

たとえば，X 軸に対して平行に動作させる場合は，$\dot{X}_P \tan\varPhi$ をゼロとして，$(\dot{\theta}_1, \dot{\theta}_2)$ を求めればよい．

なお，先述のようにヤコビ行列に含まれる θ_1，θ_2 は，ロボットの動作とともに変化していく．したがって，能動ジョイントの角速度も逐次，ヤコビ行列を変化させて求め，更新していく必要がある．すなわち，角速度の大きさを変化させる間隔を $\varDelta t$ とすれば，$\varDelta t$ 後の各能動ジョイントの角変位 $\theta_1|_{t=\varDelta t}$，$\theta_2|_{t=\varDelta t}$ はそれぞれ次式で求められる．

$$\left.\begin{aligned} \theta_1|_{t=\varDelta t} &= \theta_1 + \dot{\theta}_1 \cdot \varDelta t \\ \theta_2|_{t=\varDelta t} &= \theta_2 + \dot{\theta}_2 \cdot \varDelta t \end{aligned}\right\} \tag{6.12}$$

よって，$\varDelta t$ 後に能動ジョイントに与える角速度は，式 (6.12) より得られる $\varDelta t$ 後の (θ_1, θ_2) を式 (6.11) に代入して算出すればよい．

以上の演算を繰り返し行い，ロボットの能動ジョイントの角速度を変化させることで，出力点を目標の経路に沿って移動できる．なお，$\varDelta t$ の間隔を小さくすれば，より正確な位置・姿勢決めが行える．■

ロボットの機構のヤコビ行列を求めることは逆運動学の関係を表す式を求めることに比べれば容易なことから，以上の方法は複雑な構造を有するロボットなどの制御に有用である．ただし，Δt 秒間のヤコビ行列の変化は無視することから，精度などに問題が生じる場合がある．

6.3 静力学関係の解析

前節では，ヤコビ行列を用いた機構の入出力速度の解析法などを示した．ヤコビ行列を用いれば，入出力の速度だけでなく，機構の入力と出力との関係や，外力により発生する変形の解析も可能である．本節では，静力学に関する入出力関係について学ぶ．

図 6.3 に示すような，冗長自由度を有さない n 自由度のシリアルメカニズムが力 $\boldsymbol{F}$ を出力するときに，各能動ジョイントに要するトルク T_i $(i = 1 \sim n)$ を求めてみよう．機構の出力点 P が力 $\boldsymbol{F}$ を発生しながら，$\boldsymbol{\Delta P}$ だけ微小変位する場合を考える．$\boldsymbol{\Delta P}$ の微小変位に対して，n 個の能動ジョイントに生じた微小角変位量 $\Delta\theta_i$ $(i = 1 \sim n)$ を要素とする列ベクトルを $\boldsymbol{\Delta\theta}$ とする．リンクやジョイント部分で，摩擦などにより消費されるエネルギーが無視できるとすれば，機構の出力による仕事と，すべての能動ジョイントによってなされる仕事の和は等しいことから，次式が成り立つ．

$$\boldsymbol{F}^T \boldsymbol{\Delta P} = \boldsymbol{T}^T \boldsymbol{\Delta\theta} \tag{6.13}$$

ただし

$$\boldsymbol{F} = (F_1, F_2, \ldots, F_n)^T, \quad \boldsymbol{\Delta P} = (\Delta P_1, \Delta P_2, \ldots, \Delta P_n)^T$$

$$\boldsymbol{T} = (T_1, T_2, \ldots, T_n)^T, \quad \boldsymbol{\Delta\theta} = (\Delta\theta_1, \Delta\theta_2, \ldots, \Delta\theta_n)^T$$

であり，$F_1 \sim F_n$ および $\Delta P_1 \sim \Delta P_n$ は方向 $1 \sim n$ への発生力および微小変位を，$T_1 \sim T_n$ および $\Delta\theta_1 \sim \Delta\theta_n$ は能動ジョイント $1 \sim n$ のトルクおよび微小角変位を表す．

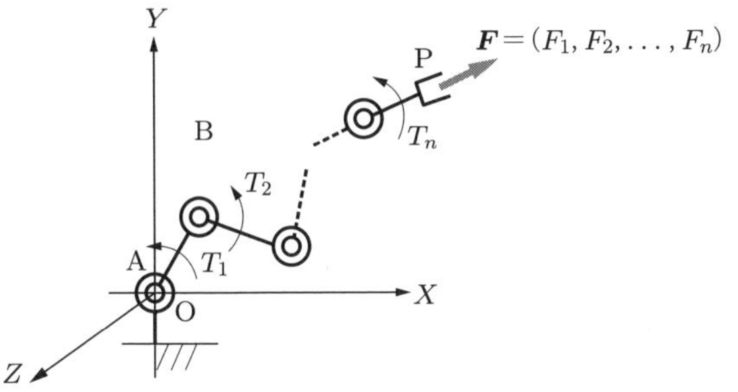

図 6.3 機構の入力と出力の関係

ここで，$\Delta\boldsymbol{P}$ および $\Delta\boldsymbol{\theta}$ が微小であるとして微分形式で表す．

$$\boldsymbol{F}^T d\boldsymbol{P} = \boldsymbol{T}^T d\boldsymbol{\theta} \tag{6.14}$$

$d\boldsymbol{P}$ と $d\boldsymbol{\theta}$ の関係は，前節で示したようにヤコビ行列 $\boldsymbol{J}$ を用いて表される．

$$d\boldsymbol{P} = \boldsymbol{J} d\boldsymbol{\theta} \tag{6.15}$$

上式を式 (6.14) の左辺に代入して，微小変位を表す列ベクトル $d\boldsymbol{P}$ を消去する．

$$\boldsymbol{F}^T \boldsymbol{J} d\boldsymbol{\theta} = \boldsymbol{T}^T d\boldsymbol{\theta} \tag{6.16}$$

上式を，トルクを表す列ベクトル $\boldsymbol{T}$ に関して整理すれば次式となる．

$$\boldsymbol{T} = \boldsymbol{J}^T \boldsymbol{F} \tag{6.17}$$

すなわち，出力点で発生する力 $\boldsymbol{F}$ にヤコビ行列の転置行列を乗じれば，各能動ジョイントに必要とするトルク $\boldsymbol{T}$ を求めることができる．

なお，以上では能動ジョイントが回転ジョイントであり，トルクを発生する場合を例に示したが，能動ジョイントが直進ジョイントであり，入力が並進力である場合は，トルク T_i を並進力に置き換えれば，その値を求めることができる．また，$\boldsymbol{F}$ には回転力を含めることも可能であり，パラレルメカニズムの出力リンクで発生する回転力の解析も，後述のように容易に行える．

例題 6.2　図 6.4（図 6.1 の再掲）に示すシリアルメカニズムの出力点に作用する負荷 $\boldsymbol{F}$ に対して，能動ジョイント J_1 および J_2 に必要なトルク T_1 および T_2 を求めよ．

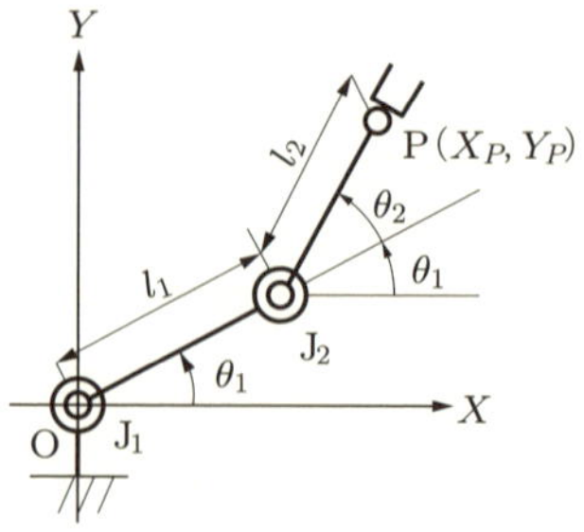

図 6.4　シリアルメカニズム

解答　能動ジョイント J_1 および J_2 の微小角変位と出力点の X および Y 方向微小変位との関係を表すヤコビ行列は，式 (6.18) で表される．

$$\boldsymbol{J} = \begin{bmatrix} -l_1 \sin\theta_1 - l_2 \sin(\theta_1+\theta_2) & -l_2 \sin(\theta_1+\theta_2) \\ l_1 \cos\theta_1 + l_2 \cos(\theta_1+\theta_2) & l_2 \cos(\theta_1+\theta_2) \end{bmatrix} \tag{6.18}$$

出力点に作用する力 $\boldsymbol{F}$ の X および Y 方向の成分を F_X, F_Y とすれば，式 (6.17) より次式が得られる．

$$\begin{bmatrix} T_1 \\ T_2 \end{bmatrix} = \begin{bmatrix} -l_1 \sin\theta_1 - l_2 \sin(\theta_1+\theta_2) & l_1 \cos\theta_1 + l_2 \cos(\theta_1+\theta_2) \\ -l_2 \sin(\theta_1+\theta_2) & l_2 \cos(\theta_1+\theta_2) \end{bmatrix} \begin{bmatrix} F_X \\ F_Y \end{bmatrix} \tag{6.19}$$

上式を確認してみよう．ロボットの出力点の Y 方向に力 F_Y が作用している場合を考える．このとき，能動ジョイント J_1 および J_2 から点 P までの X 方向の距離 S_1 および S_2 は，それぞれ次式で表される．

$$\left.\begin{aligned} S_1 &= l_1 \cos\theta_1 + l_2 \cos(\theta_1+\theta_2) \\ S_2 &= l_2 \cos(\theta_1+\theta_2) \end{aligned}\right\} \tag{6.20}$$

したがって，F_Y によるトルク T_1 および T_2 はそれぞれ

$$\left.\begin{aligned} T_1 &= S_1 \cdot F_Y = [l_1 \cos\theta_1 + l_2 \cos(\theta_1+\theta_2)]\, F_Y \\ T_2 &= S_2 \cdot F_Y = [l_2 \cos(\theta_1+\theta_2)]\, F_Y \end{aligned}\right\} \tag{6.21}$$

となり，これは式 (6.19) において，F_X の成分をゼロとして F_Y のみを考えた場合の結果に一致する． ■

単純な機構であれば，以上のような幾何学的な解析で力を求めることは難しくはないが，複雑な機構では決して容易でない．そのような場合は，ヤコビ行列を用いた力の解析が大変有用である．

6.4 出力変位誤差の解析

パラレルメカニズムをはじめとするロボットに用いる機構は，出力リンクを先端とする片持ちばり構造ともみなせ，出力リンクに作用する力による変形の影響は大きい．変形はリンク，ジョイントの各部分で生じるが，とくに能動ジョイントに連結する減速機，減速機とアクチュエータとの連結部分などの剛性は低く，弾性変形を生じやすい．すなわち，ロボットの出力リンクに作用する力に対して各能動ジョイントに力が作用して弾性変形が生じ，結果的に各能動ジョイントに予想外の入力変位が発生することになり，出力リンクの変位誤差となって表れる．このようにして生じる出力

変位誤差も，各能動ジョイントのバネ定数が明らかであれば，ヤコビ行列を利用して求めることができる．

n 自由度であるロボットの $1 \sim n$ 番目の各能動ジョイントのバネ定数を k_{Ti} $(i = 1 \sim n)$ として，次の対角行列を定義する．

$$\boldsymbol{k}_T = \begin{pmatrix} k_{T1} & 0 & \cdots & 0 \\ 0 & k_{T2} & \cdots & 0 \\ \vdots & \vdots & \ddots & 0 \\ 0 & 0 & \cdots & k_{Tn} \end{pmatrix} \tag{6.22}$$

i 番目の能動ジョイントに発生するトルク T_i と，T_i により生じる同能動ジョイントの弾性変形 $\varDelta\theta_i$ との関係は，次式で表される．

$$T_i = k_{Ti} \cdot \varDelta\theta_i \tag{6.23}$$

よって，前節と同様に行列表示すれば，トルク $\boldsymbol{T}$ と生じる変形 $\boldsymbol{\varDelta\theta}$ との関係は次式で表される．

$$\boldsymbol{T} = \boldsymbol{k}_T \boldsymbol{\varDelta\theta} \tag{6.24}$$

ただし，$\boldsymbol{\varDelta\theta}$ はアクチュエータによる入力変位ではなく，能動ジョイントにおける弾性変形に起因していることに注意する．ここで $\boldsymbol{T}$ は，前節で示したように，出力リンクの発生力 $\boldsymbol{F}$ からヤコビ行列 $\boldsymbol{J}$ を用いて式 (6.17) より求められる．そこで，式 (6.24) において $\boldsymbol{\varDelta\theta}$ が微小であるとして $d\boldsymbol{\theta}$ とし，式 (6.17) を代入すれば次式となる．

$$\boldsymbol{J}^T \boldsymbol{F} = \boldsymbol{k}_T d\boldsymbol{\theta} \tag{6.25}$$

さらに，各能動ジョイントの微小変位を要素とする $d\boldsymbol{\theta}$ は，機構の入出力の微分関係よりヤコビ行列を用いて $\boldsymbol{J}^{-1} d\boldsymbol{P}$ で求められることから，上式は次式のように表される．

$$\boldsymbol{J}^T \boldsymbol{F} = \boldsymbol{k}_T \boldsymbol{J}^{-1} d\boldsymbol{P} \tag{6.26}$$

ここで

$$\boldsymbol{C} = \boldsymbol{J} \boldsymbol{k}_T^{-1} \boldsymbol{J}^T \tag{6.27}$$

として式 (6.26) を $d\boldsymbol{P}$ に関して整理すれば次式となる．

$$d\boldsymbol{P} = \boldsymbol{C}\boldsymbol{F} \tag{6.28}$$

$\boldsymbol{C}$ はコンプライアンス行列（compliance matrix）とよばれる．上式を用いれば，出力リンクに作用する力 $\boldsymbol{F}$ に対して，すべての能動ジョイントにおいて生じる弾性変形により発生する出力変位誤差 $d\boldsymbol{P}$ を求めることができる．

6.5 パラレルメカニズムのヤコビ行列

■6.5.1 変位の入出力関係からのヤコビ行列の決定

パラレルメカニズムにおいてヤコビ行列を求めることができれば，以上のように運動学，力学解析が容易に行える．ヤコビ行列の求め方としては，6.2 節と同様に，入出力変位の微分関係から求める方法があるが，ここでは同方法に加えて，力の釣り合い関係から求める方法を示す．パラレルメカニズムにおいては，後者の方法のほうが容易にヤコビ行列を導けることが多い．本節では，まず，従来どおりの手法として入出力変位関係から求める方法を述べる．

第 5 章でも取りあげた空間 6 自由度パラレルメカニズムを例に，ヤコビ行列の求め方を示す．ヤコビ行列は，機構の入出力変位関係式を微分することで求められる．そこで，図 6.5 の機構に関して，まず入出力変位関係を求める．

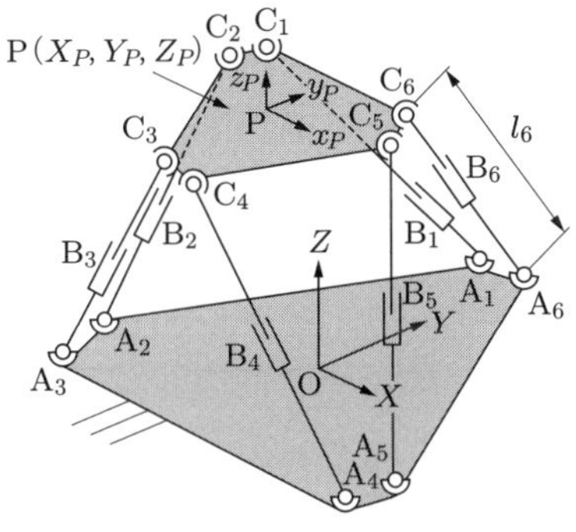

図 6.5 空間 6 自由度パラレルメカニズム

図 6.5 の機構の入力変位は，第 5 章の式 (5.37) で示したように，能動ジョイント B_i $(i = 1 \sim 6)$ による $\mathrm{A}_i\mathrm{C}_i$ の長さ l_i の変化であり，次式で表される．

$$l_i = \sqrt{(C_{iX} - A_{iX})^2 + (C_{iY} - A_{iY})^2 + (C_{iZ} - A_{iZ})^2} \tag{6.29}$$

ここで，(A_{iX}, A_{iY}, A_{iZ}) $(i = 1 \sim 6)$ および (C_{iX}, C_{iY}, C_{iZ}) は，ベース側および出力リンク側ジョイントの位置を表す絶対座標系 O-XYZ での座標である．(C_{iX}, C_{iY}, C_{iZ}) は，出力リンクの位置 (X_P, Y_P, Z_P) および姿勢 (α, β, γ) を変数として決定され，そ

の値は式 (5.33)，(5.35) より次式で表される．

$$\begin{pmatrix} C_{iX} \\ C_{iY} \\ C_{iZ} \end{pmatrix} = \boldsymbol{E}^{k\gamma}\boldsymbol{E}^{j\beta}\boldsymbol{E}^{i\alpha}\begin{pmatrix} C_{iX}^0 \\ C_{iY}^0 \\ 0 \end{pmatrix} + \begin{pmatrix} X_P \\ Y_P \\ Z_0 + Z_P \end{pmatrix} \tag{6.30}$$

ヤコビ行列を求めるには，入力変位の微小変化量である $\dot{l}_i$ $(i = 1\sim6)$ と，出力リンクの位置・姿勢の微小変化量 $(\dot{X}_i, \dot{Y}_i, \dot{Z}_i, \dot{\alpha}_i, \dot{\beta}_i, \dot{\gamma}_i)$ との関係を求めればよい．すなわち，式 (6.30) を代入した式 (6.29) の両辺を全微分し，結果を行列表示する．

$$\begin{bmatrix} \dot{l}_1 \\ \dot{l}_2 \\ \dot{l}_3 \\ \dot{l}_4 \\ \dot{l}_5 \\ \dot{l}_6 \end{bmatrix} = \boldsymbol{J}\begin{bmatrix} \dot{X}_P \\ \dot{Y}_P \\ \dot{Z}_P \\ \dot{\alpha} \\ \dot{\beta} \\ \dot{\gamma} \end{bmatrix} \tag{6.31}$$

$$\boldsymbol{J} = \begin{bmatrix} \dfrac{\partial l_1}{\partial X_P} & \dfrac{\partial l_1}{\partial Y_P} & \cdots & \dfrac{\partial l_1}{\partial \beta} & \dfrac{\partial l_1}{\partial \gamma} \\ \dfrac{\partial l_2}{\partial X_P} & \dfrac{\partial l_2}{\partial Y_P} & \cdots & \dfrac{\partial l_2}{\partial \beta} & \dfrac{\partial l_2}{\partial \gamma} \\ \vdots & \vdots & \ddots & \vdots & \vdots \\ \dfrac{\partial l_5}{\partial X_P} & \dfrac{\partial l_5}{\partial Y_P} & \cdots & \dfrac{\partial l_5}{\partial \beta} & \dfrac{\partial l_5}{\partial \gamma} \\ \dfrac{\partial l_6}{\partial X_P} & \dfrac{\partial l_6}{\partial Y_P} & \cdots & \dfrac{\partial l_6}{\partial \beta} & \dfrac{\partial l_6}{\partial \gamma} \end{bmatrix} \tag{6.32}$$

なお，以上の結果は，実際の入力変位を表す式 (5.39) を微分することでも得られるが，同式の右辺第2項は定数であるから，結果的に式 (6.29) を微分することと同じである．

以上のように，逆運動学によって出力リンクの位置・姿勢と能動ジョイントを含む連鎖の入力変位との関係式を求め，微分することにより微小入出力関係を求めれば，ヤコビ行列が得られる．

■6.5.2　力の入出力関係からのヤコビ行列の決定

ヤコビ行列は，機構の微小な入出力関係を表す式 (6.8) のほかに，式 (6.17) にも示したとおり，次のように入力 $\boldsymbol{T}$ と出力 $\boldsymbol{F}$ の関係も表す．

$$\boldsymbol{T} = \boldsymbol{J}^T \boldsymbol{F} \tag{6.17 再掲}$$

すなわち，入力と出力の力の釣り合い式を導けば，ヤコビ行列を決定することができる．上式は式 (6.8) と異なり，微分が必要ない．よって，前項の方法よりも容易にヤコビ行列を決定することも可能である．

先ほどと同様に，図 6.5 に示す空間 6 自由度パラレルメカニズムを対象に具体的な手順を示す．

パラレルメカニズムの出力リンクにおける力の作用状態を図 6.6 に示す．直交座標系を参照すれば，空間機構の出力リンクには 3 軸方向の並進力 $\boldsymbol{F}_P = (F_{PX}, F_{PY}, F_{PZ})$ と，3 軸周りのモーメント $\boldsymbol{M}_P = (M_{PX}, M_{PY}, M_{PZ})$ が作用する．添え字の X，Y，Z は，それぞれ X，Y，Z 軸方向の並進力およびそれらの軸周りのモーメントに関する成分であることを示す．これらの作用力と，出力リンク上のジョイントに作用する力 T_1〜T_6 が釣り合う．

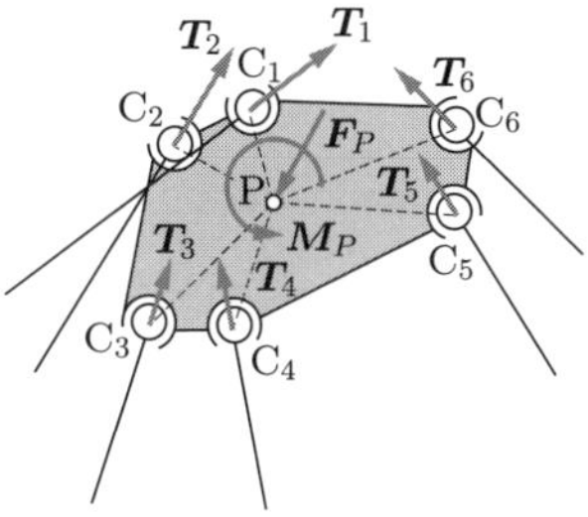

図 6.6 出力リンクでの力の釣り合い

T_1〜T_6 は能動ジョイントが出力リンク上のジョイント C_1〜C_6 に及ぼす力の大きさで，パラレルメカニズムの入力 $\boldsymbol{T}$ の要素であり，式 (6.17) より次式が成り立つ．

$$\begin{bmatrix} T_1 \\ T_2 \\ T_3 \\ T_4 \\ T_5 \\ T_6 \end{bmatrix} = \boldsymbol{J}^T \begin{bmatrix} F_{PX} \\ F_{PY} \\ F_{PZ} \\ M_{PX} \\ M_{PY} \\ M_{PZ} \end{bmatrix} \tag{6.33}$$

よって，$\boldsymbol{F}_P$，$\boldsymbol{M}_P$ と T_1〜T_6 との釣り合い式を導けば，上式の関係を利用してヤコビ行列を導くことができる．具体的な手順を以下に示す．

出力リンクは剛体と見なせ，空間における剛体の力の釣り合いは，3 軸方向の並進力および 3 軸周りの回転力の釣り合い式で表される．ここで，出力リンク側ジョイン

ト C_1～C_6 に作用する力の方向を表す単位ベクトルを $\boldsymbol{G}_1$～$\boldsymbol{G}_6$ とする．図 6.5 のパラレルメカニズムでは，$\boldsymbol{G}_1$～$\boldsymbol{G}_6$ は出力リンク側ジョイントに連結する各連鎖のリンクの長手方向に一致する．$\boldsymbol{G}_i$ $(i = 1$～$6)$ の成分を (X_{Gi}, Y_{Gi}, Z_{Gi}) と表せば，各出力リンク側ジョイントに作用する X，Y，Z 軸方向の力の成分は次式で表される．

$$\boldsymbol{T}_i = (X_{Gi}, Y_{Gi}, Z_{Gi}) \cdot T_i \tag{6.34}$$

よって，X，Y，Z 軸の各軸方向の並進力の釣り合いは次式で表される．

$$\begin{aligned} F_{PX} &= X_{G1} \cdot T_1 + X_{G2} \cdot T_2 + X_{G3} \cdot T_3 + X_{G4} \cdot T_4 + X_{G5} \cdot T_5 + X_{G6} \cdot T_6 \\ &= \sum_{i=1}^{6} X_{Gi} \cdot T_i \\ F_{PY} &= \sum_{i=1}^{6} Y_{Gi} \cdot T_i \\ F_{PZ} &= \sum_{i=1}^{6} Z_{Gi} \cdot T_i \end{aligned} \tag{6.35}$$

次に，回転力の釣り合い式を求める．回転力の釣り合い式は，外積を利用すれば容易に求められる．すなわち，図 6.7 に示すように，長さと姿勢（方向）をベクトル $\boldsymbol{d} = (d_X, d_Y, d_Z)$ で表したリンクの先端に力 $\boldsymbol{F} = (F_X, F_Y, F_Z)$ が作用したとする．

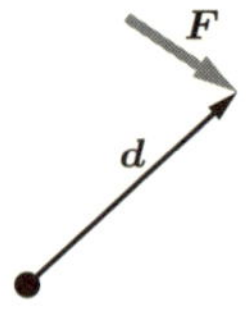

図 6.7　外積による回転力の表示

このとき，ベクトル $\boldsymbol{d}$ で表されたリンクの始点周りのモーメント $\boldsymbol{M}$ は，外積を用いて次式で表される．

$$\boldsymbol{M} = \boldsymbol{d} \times \boldsymbol{F} = \begin{vmatrix} \boldsymbol{i} & \boldsymbol{j} & \boldsymbol{k} \\ d_X & d_Y & d_Z \\ F_X & F_Y & F_Z \end{vmatrix} \tag{6.36}$$

ここで，$\boldsymbol{i}$，$\boldsymbol{j}$，$\boldsymbol{k}$ は，X，Y，Z 軸方向の単位ベクトルを表す．外積の公式を用いて上式を展開すれば次式となる．

$$\boldsymbol{M} = (d_Y F_Z - d_Z F_Y) \cdot \boldsymbol{i} + (d_Z F_X - d_X F_Z) \cdot \boldsymbol{j} + (d_X F_Y - d_Y F_X) \cdot \boldsymbol{k} \quad (6.37)$$

上式より X，Y，Z 軸周りの回転力を M_X，M_Y，M_Z としてまとめれば次式となる．

$$\boldsymbol{M} = \begin{bmatrix} M_X \\ M_Y \\ M_Z \end{bmatrix} = \begin{bmatrix} d_Y F_Z - d_Z F_Y \\ d_Z F_X - d_X F_Z \\ d_X F_Y - d_Y F_X \end{bmatrix} \quad (6.38)$$

以上を利用して，パラレルメカニズムの出力リンクに作用する回転力の釣り合い式を導く．ベースに設定した絶対座標系 O-XYZ に対して，出力点 P の座標を (X_P, Y_P, Z_P)，各出力リンク側ジョイント C_i の位置の座標を (C_{iX}, C_{iY}, C_{iZ}) とし，点 P を始点として点 C_i とを結ぶベクトルを $\boldsymbol{C}_i$ とすれば，式 (6.36) を参照し，各ジョイントに作用する力 $\boldsymbol{T}_i$ による回転力 $\boldsymbol{R}_i$ ($i = 1 \sim 6$) は次式で求められる．

$$\boldsymbol{R}_i = \boldsymbol{C}_i \times \boldsymbol{T}_i = \begin{vmatrix} \boldsymbol{i} & \boldsymbol{j} & \boldsymbol{k} \\ C_{iX} & C_{iY} & C_{iZ} \\ T_i \cdot X_{Gi} & T_i \cdot Y_{Gi} & T_i \cdot Z_{Gi} \end{vmatrix} \quad (6.39)$$

$T_i \cdot X_{Gi}$，$T_i \cdot Y_{Gi}$，$T_i \cdot Z_{Gi}$ は，式 (6.34) で示したように，能動ジョイントの駆動力に等しい各ジョイントの作用力の X，Y，Z 方向成分である．よって，各ジョイントの作用力 $\boldsymbol{T}_i$ による X，Y，Z 軸周りの回転力 R_{iX}, R_{iY}, R_{iZ} ($i = 1 \sim 6$) は次式で表される．

$$\begin{aligned} R_{iX} &= (C_{iY} \cdot Z_{Gi} - C_{iZ} \cdot Y_{Gi}) \cdot T_i \\ R_{iY} &= (C_{iZ} \cdot X_{Gi} - C_{iX} \cdot Z_{Gi}) \cdot T_i \\ R_{iZ} &= (C_{iX} \cdot Y_{Gi} - C_{iY} \cdot X_{Gi}) \cdot T_i \end{aligned} \quad (6.40)$$

これらと出力リンクに作用する回転力 $\boldsymbol{M}_P = (M_{PX}, M_{PY}, M_{PZ})$ が釣り合う．すなわち次式が成り立つ．

$$\begin{aligned} M_{PX} &= \sum_{i=1}^{6} R_{iX} = \sum_{i=1}^{6} (C_{iY} \cdot Z_{Gi} - C_{iZ} \cdot Y_{Gi}) \cdot T_i \\ M_{PY} &= \sum_{i=1}^{6} R_{iY} = \sum_{i=1}^{6} (C_{iZ} \cdot X_{Gi} - C_{iX} \cdot Z_{Gi}) \cdot T_i \\ M_{PZ} &= \sum_{i-1}^{6} R_{iZ} = \sum_{i-1}^{6} (C_{iX} \cdot Y_{Gi} - C_{iY} \cdot X_{Gi}) \cdot T_i \end{aligned} \quad (6.41)$$

式 (6.35) と式 (6.41) をまとめれば次式となる．

$$\begin{bmatrix} F_{PX} \\ F_{PY} \\ F_{PZ} \\ M_{PX} \\ M_{PY} \\ M_{PZ} \end{bmatrix} = \boldsymbol{H} \begin{bmatrix} T_1 \\ T_2 \\ T_3 \\ T_4 \\ T_5 \\ T_6 \end{bmatrix} \tag{6.42}$$

$$\boldsymbol{H} = \begin{bmatrix} X_{G1} & X_{G2} & X_{G3} & X_{G4} & X_{G5} & X_{G6} \\ Y_{G1} & Y_{G2} & Y_{G3} & Y_{G4} & Y_{G5} & Y_{G6} \\ Z_{G1} & Z_{G2} & Z_{G3} & Z_{G4} & Z_{G5} & Z_{G6} \\ C_{1Y}Z_{G1}-C_{1Z}Y_{G1} & C_{2Y}Z_{G2}-C_{2Z}Y_{G2} & C_{3Y}Z_{G3}-C_{3Z}Y_{G3} & C_{4Y}Z_{G4}-C_{4Z}Y_{G4} & C_{5Y}Z_{G5}-C_{5Z}Y_{G5} & C_{6Y}Z_{G6}-C_{6Z}Y_{G6} \\ C_{1Z}X_{G1}-C_{1X}Z_{G1} & C_{2Z}X_{G2}-C_{2X}Z_{G2} & C_{3Z}X_{G3}-C_{3X}Z_{G3} & C_{4Z}X_{G4}-C_{4X}Z_{G4} & C_{5Z}X_{G5}-C_{5X}Z_{G5} & C_{6Z}X_{G6}-C_{6X}Z_{G6} \\ C_{1X}Y_{G1}-C_{1Y}X_{G1} & C_{2X}Y_{G2}-C_{2Y}X_{G2} & C_{3X}Y_{G3}-C_{3Y}X_{G3} & C_{4X}Y_{G4}-C_{4Y}X_{G4} & C_{5X}Y_{G5}-C_{5Y}X_{G5} & C_{6X}Y_{G6}-C_{6Y}X_{G6} \end{bmatrix} \tag{6.43}$$

なお，図 6.5 より，以上の式における (X_{Gi}, Y_{Gi}, Z_{Gi}) は，式 (6.29) でも示した l_i を用いて次式で求められる．

$$\begin{aligned} X_{Gi} &= (C_{iX} - A_{iX})/l_i \\ Y_{Gi} &= (C_{iY} - A_{iY})/l_i \\ Z_{Gi} &= (C_{iZ} - A_{iZ})/l_i \\ l_i &= \sqrt{(C_{iX} - A_{iX})^2 + (C_{iY} - A_{iY})^2 + (C_{iZ} - A_{iZ})^2} \end{aligned} \tag{6.44}$$

ここで，式 (6.33) と式 (6.42) の関係より次式が成り立つ．

$$\boldsymbol{J} = \left(\boldsymbol{H}^{-1}\right)^T \tag{6.45}$$

すなわち，パラレルメカニズムの出力リンクに関する力の釣り合い式から，式 (6.43) で示される行列を導き，その逆行列の転置を求めればヤコビ行列を得ることができる．

パラレルメカニズムの各ジョイントの座標が既知であれば，以上の手順に沿ってヤコビ行列を主に四則演算で機械的に導くことができ，これはプログラムなどで求めるには適した方法である．これに対して，前項の方法は微分を必要とするため，ヤコビ行列をあらかじめ定式化する場合などに適する．

6.6 まとめ

本章では，パラレルメカニズムをはじめとするロボットの入出力変位関係を線形化して解析を行うためのヤコビ行列に関して，その意味，利用方法，パラレルメカニズムにおける求め方を解説した．パラレルメカニズムのヤコビ行列の利用方法は，本章の前半の解説のとおりであるが，通常のロボットの機構と比較すれば，パラレルメカニズムは多数の入力をもち，多方向への出力が可能となることから，解析は複雑となる．しかし，ヤコビ行列を用いれば，入出力関係が容易に解析できる．さらに，運動の行いやすさの評価なども可能であり，その具体的な利用方法については次章において学ぶ．

第7章

運動特性の解析と評価

7.1　はじめに

パラレルメカニズムをはじめとするロボットの機構では，特定の位置・姿勢において，その自由度，すなわち運動可能な方向が減少または増加し，本来の動作が行えなくなる場合がある．このような位置を機構の**特異点**（singularity），また，特異点となるときの機構の姿勢を**特異姿勢**（singular configuration）とよぶ．本章では，まず，特異姿勢とその解析方法に関して解説する．

また，特異姿勢でなくても，機構は，その位置・姿勢によって動作させにくい，または動作させやすい状態となる．このような動きやすさに関する解析や評価については多数の研究がなされている．ここでは機構の動きやすさを表す指標を運動特性とよび，その一般的な解析および評価方法を示す．

なお，運動特性は，無次元量などを用いて定性的に表すことが多い．しかし，機構の設計または制御時には，能動ジョイントへの入力値の実際の変化など，定量的な評価も必要となる．そこで，本書ではパラレルメカニズムをはじめとする機構への入力値の変化を駆動特性とよび，機構の位置・姿勢に対する駆動特性の変化を解析する方法，さらに特性値からの具体的な入力値の求め方を解説する．

7.2　特異姿勢

■7.2.1　一般的な特異姿勢

機構の特異姿勢は，設計，制御時に把握して避けなければいけない状態であり，その理解はパラレルメカニズムの設計，制御においても重要である．また，特異姿勢には，シリアルメカニズムをはじめとして，閉ループ機構，パラレルメカニズムなどすべての機構に共通してみられる状態と，パラレルメカニズム特有の状態がある．ここでは，これまでと同様に，理解が容易なシリアルメカニズムを対象に一般的な特異姿勢を説明し，次いでパラレルメカニズム特有の特異姿勢について述べる．

シリアルメカニズムをはじめとして，パラレルメカニズムなどにも共通する一般的な特異姿勢は，異なる能動ジョイントの入力に対して発生する出力点や出力リンクの運動が同一となってしまい，結果的に特定方向の運動が不可能となる場合である．具体例を図 7.1 に示す．図 7.1 (a) では，ジョイント A および B の角速度 $\dot{\theta}_A$ および $\dot{\theta}_B$ によってロボットの出力点 P に生じる速度 $\dot{P}$ の方向は，いずれの場合も Y 軸方向となる．すなわち，能動ジョイント A および B をどのように回転させても，ロボットの出力点の運動は Y 軸方向のみとなり，それ以外の方向への運動は不可能な状態である．すなわち，図 7.1 (a) に示すシリアルメカニズムは，本来，2 自由度であるが，この瞬間は 1 自由度となっており，自由度が減少している．

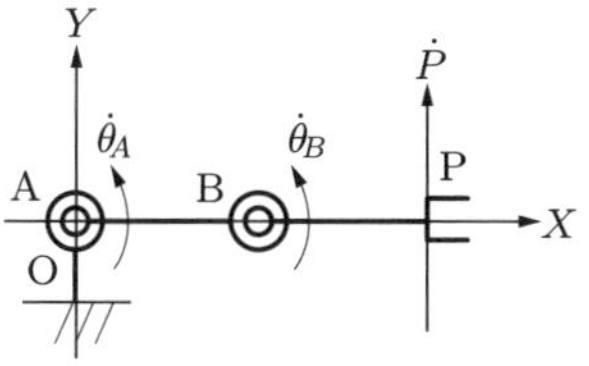

（a）リンクが一直線上となった特異姿勢

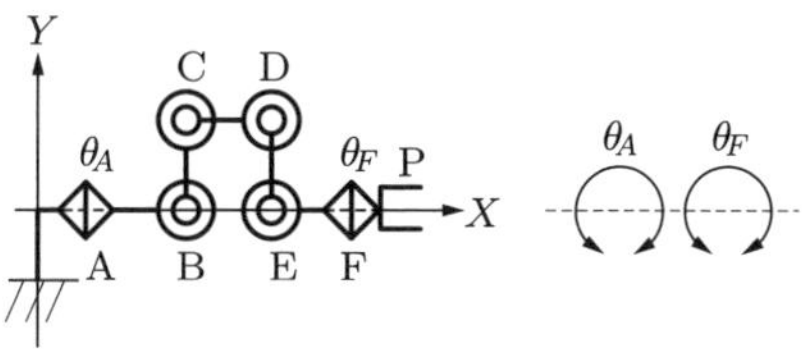

（b）回転軸が同軸となった特異姿勢

図 7.1 一般的な特異姿勢

この状態からは，ロボットは X 軸の正方向に出力点 P を移動させることはもちろん，X 軸の負方向に移動させることもできないことに注意してほしい．X 軸の負方向に移動させるには，いったん，能動ジョイント A または B を回転させて，出力点 P を Y 軸方向に沿って変位させ，リンク AB とリンク BC が X 軸方向に一直線とならない姿勢とした後に動作させる必要がある．特異姿勢では，このように，ロボットで想定している運動を制御できなくなる．多くの 2 足歩行ロボットが常に膝を曲げた状態で運動する理由は，このような特異姿勢を避けるためである．

図 7.1 (a) に示すような特異姿勢は，ロボットのリンクが伸びきるまたは重なるときなど，出力点が移動可能な領域の境界となることが多く，その判別は比較的容易である．これに対して図 7.1 (b) に示す例では，能動ジョイントであるジョイント A とジョイント F の回転軸が同軸上となり，いずれのジョイントの回転変位も同一軸周りの姿勢変化となってしまう．このように複数の能動ジョイントの回転軸が一致する場合も，ある軸周りの回転運動による姿勢変化が不可能となり，結果的に自由度が減少する特異姿勢である．図 7.1 (b) のような特異姿勢は，多自由度のロボットで生じやすく，また，その位置は図 7.1 (a) の特異姿勢と異なり，作業領域内で発生すること

もあるため，把握しにくく注意が必要である．

■7.2.2　パラレルメカニズムの特異姿勢

シリアルメカニズムだけでなく，平行クランク形機構などの閉ループ機構，さらにパラレルメカニズムのいずれにおいても，以上で述べた，複数の能動ジョイントの入力変位に対する出力変位が同一となり，ある方向への変位が不可能となる特異姿勢が存在する．たとえば，図 7.2 に示すように，能動ジョイント A_1～A_3 の回転変位によって，出力リンク P の平面内での 3 自由度の位置・姿勢決めが行える平面 3 自由度パラレルメカニズムでは，図 7.2 (a) に示すように，リンク A_3B_3 と B_3C_3 が一直線となり，連鎖 A_3C_3 が伸びきった場合，図 7.1 (a) の場合と同様に，出力リンクは A_3C_3 の方向への変位を出力できない．この状態は，シリアルメカニズムなどと同じ，作業領域の境界に達した場合に生じる特異姿勢である．

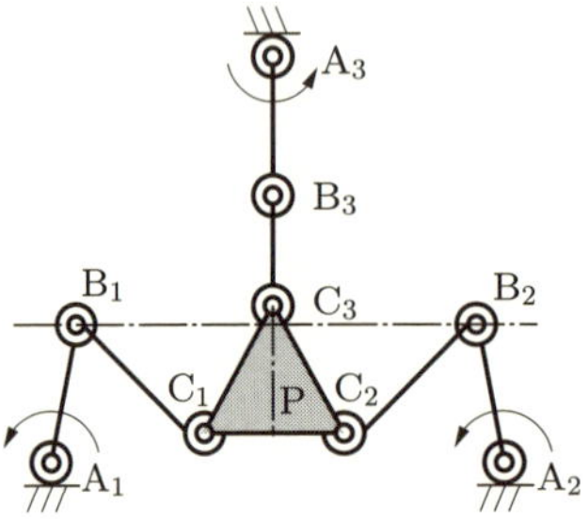

（a）ある方向への変位が不可能となる場合

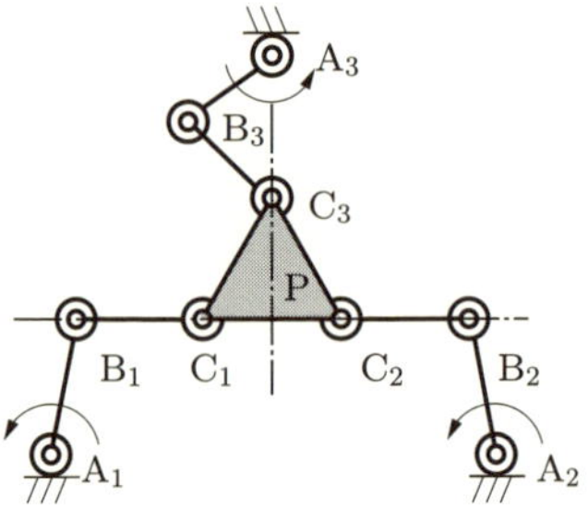

（b）ある方向への力の発生が不可能となる場合

図 7.2　平面パラレルメカニズムの特異姿勢

パラレルメカニズムでは，これに加えて同機構特有の注意すべき特異姿勢が存在する．パラレルメカニズム特有の特異姿勢は，複数の連鎖によってそれぞれ出力リンクに伝えられる力の方向が同一となる状態であり，このとき，出力リンクがある方向に力が発生できなくなる．たとえば，図 7.2 (b) に示すように，リンク B_1C_1 と B_2C_2 が一点鎖線で示す同一線上となる場合，これらのリンクを含む連鎖は，点 A_1 および A_2 に配置したアクチュエータからの入力をいずれも一点鎖線上である B_1B_2 の方向にのみ伝えることになる．その結果，出力リンク P は B_1B_2 に対して垂直方向の負荷を支持できない．さらに，点 A_1 と A_2 に配置したアクチュエータからの入力によって，リンク B_1C_1 と B_2C_2 が押し合う，または引っ張り合う状態となる．すなわち，各能動ジョイントの運動が独立でなくなって自由度が減少し，アクチュエータどうしが干渉する状態となる．

図 7.1 (a) や図 7.2 (a) に示す特異姿勢は，機構の制御可能な運動が限定されてしま

うという観点からは避けなければならない姿勢ではある．しかし，2 足歩行ロボットなどが，人間のように足を伸ばして図 7.1 (a) のような状態で静止すれば，小さな力でロボットの重量を支えることができる．すなわち，図 7.1 (a)，7.2 (a) に示す特異姿勢は，ある方向に変位を出力できない一方，ある方向の負荷に対して，入力を必要とせず機構の位置・姿勢を保つことができる姿勢でもある．したがって，大きな外力を支えるときなどに，このような特異姿勢を利用することも考えられる．

しかし，図 7.2 (b) に示す特異姿勢は，機構の姿勢が不安定になるとともに，アクチュエータに過大な負荷が生じて破損につながる可能性があり，絶対に避けなければならない．このようなパラレルメカニズム特有の特異姿勢は，出力リンクの到達可能な領域の内部に存在し，パラレルメカニズムの作業領域を小さくする原因の一つとなっている．

■7.2.3 ヤコビ行列による特異姿勢の判定

以上で述べたように，ロボットの機構が特異姿勢になると制御が不可能となったり，とくにパラレルメカニズムでは姿勢が不安定になったり，さらに，駆動部に大きな負荷が作用したりする場合もある．したがって，パラレルメカニズムの設計，制御時にはあらかじめ特異姿勢となる状態を明らかにして避ける必要がある．しかし，実際には，パラレルメカニズムの特異姿勢を簡単に見出すことは難しく，数々の研究がなされている．

特異姿勢を見出す代表的な方法は，ヤコビ行列を利用することである．以下，特異姿勢とその近傍におけるヤコビ行列の状態について解説する．

6.2 節で述べたように，機構の出力点の速度と能動ジョイントの速度との関係はヤコビ行列を用いて表せ，式 (6.8) より次式が導かれる．

$$\dot{\boldsymbol{\theta}} = \boldsymbol{J}^{-1}\dot{\boldsymbol{P}} \tag{7.1}$$

上式によれば，出力 $\dot{\boldsymbol{P}}$ を得るための機構の入力 $\dot{\boldsymbol{\theta}}$ をヤコビ行列の逆行列 $\boldsymbol{J}^{-1}$ より求めることができる．しかし，行列の逆行列は必ずしも存在しない．すなわち，機構のヤコビ行列 $\boldsymbol{J}$ が導かれていても，$\boldsymbol{J}$ の要素の値によっては逆行列 $\boldsymbol{J}^{-1}$ が存在しない場合がある．$\boldsymbol{J}^{-1}$ が存在しなくなる要素の値，すなわち機構の位置・姿勢では，$\dot{\boldsymbol{P}}$ に対する $\dot{\boldsymbol{\theta}}$ が式 (7.1) のように定式化できない．すなわち，同状態は，ある出力 $\dot{\boldsymbol{P}}$ を実現するための入力 $\dot{\boldsymbol{\theta}}$ が求められない状態であり，特異姿勢である．

ヤコビ行列 $\boldsymbol{J}$ の逆行列が求められない場合とは，具体的には，$\boldsymbol{J}$ を構成する行ベクトルにたがいに従属なベクトルが存在する場合，または，ある行または列ベクトルが零ベクトルとなる場合である．これは，機構的に考えれば本来独立であるべき各能動ジョイントの入力変位による出力変位の方向が同じとなる，または出力変位がゼロとなる状態であり，自由度が減少することを示している．

以上のことから，パラレルメカニズムをはじめ，機構が特異姿勢となる条件は，自由度が n である場合に，そのヤコビ行列の階数が n より小さくなる場合，すなわち

$$\mathrm{rank}\,(\boldsymbol{J}) < n \tag{7.2}$$

となるときであり，具体的には行列式を用いて次式で判定される．

$$\det \boldsymbol{J} = 0 \tag{7.3}$$

次に，入力速度に対する出力速度の関係を示す次式において，同様な考察を行ってみよう．

$$\dot{\boldsymbol{P}} = \boldsymbol{J}\dot{\boldsymbol{\theta}} \tag{7.4}$$

上式におけるヤコビ行列 $\boldsymbol{J}$ が存在しない場合，すなわち，$\boldsymbol{J}^{-1}$ が存在するが，その逆行列が存在しない場合がパラレルメカニズム特有の特異姿勢であり，その条件は次式で表される．

$$\mathrm{rank}\left(\boldsymbol{J}^{-1}\right) < n \tag{7.5}$$

すなわち，次式で判定される．

$$\det \boldsymbol{J}^{-1} = 0 \tag{7.6}$$

行列式を用いた上式が成り立つ位置・姿勢では，その機構に関して式 (7.4) を導くことができない．すなわち，機構の入力変位 $\dot{\boldsymbol{\theta}}$ に対して，出力変位 $\dot{\boldsymbol{P}}$ が定まらない状態を示す．先述のように，式 (7.6) が成り立つ場合は，行列 $\boldsymbol{J}^{-1}$ を構成する行や列ベクトルが零ベクトルまたは従属である場合であり，機構の状態として入力を固定しても出力リンクの運動が固定されない，または，本来独立である能動ジョイントどうしの入力変位が従属状態となって干渉し，ある方向への力の発生が不可能となり，図 7.2 (b) に示したように，出力リンクが $\mathrm{A_3C_3}$ の方向に自由に運動可能，またはリンク $\mathrm{A_2B_2}$ の運動に対してリンク $\mathrm{A_1B_1}$ に従属的な運動が生じてしまう特異姿勢となる．

このことは，6.3 節で示した機構の能動ジョイントの入力 $\boldsymbol{T}$ と，出力リンクの出力 $\boldsymbol{F}$ との関係を，ヤコビ行列を用いて表す次式からも考察される．

$$\boldsymbol{T} = \boldsymbol{J}^{T}\boldsymbol{F} \tag{7.7}$$

ヤコビ行列 $\boldsymbol{J}$ が存在しない場合は，上式において出力 $\boldsymbol{F}$ を発生させるための入力 $\boldsymbol{T}$

が定まらず，特異姿勢の状態となる．

以上より，式 (7.3) または式 (7.6) を満たす機構の位置・姿勢の条件を求めれば，特異姿勢となる状態を知ることができる．しかし，前章の説明から予想されるように，パラレルメカニズムのヤコビ行列は多次元となって複雑であり，同条件を満たす位置・姿勢を求めることは容易でない．特異姿勢の解析方法としては，作業領域全般にわたって機構の位置および姿勢を変化させ，式 (7.3) または式 (7.6) を満たすかどうかを判定するか，また，後述の運動のしやすさを評価する方法があげられる．

なお，比較的単純な少自由度のシリアルメカニズムなどにおいては，以下の例題に示すように，式 (7.3) から特異姿勢を容易に把握できる．

例題 7.1 図 7.3 のロボットが特異姿勢となる条件を，ヤコビ行列を利用して求めよ．

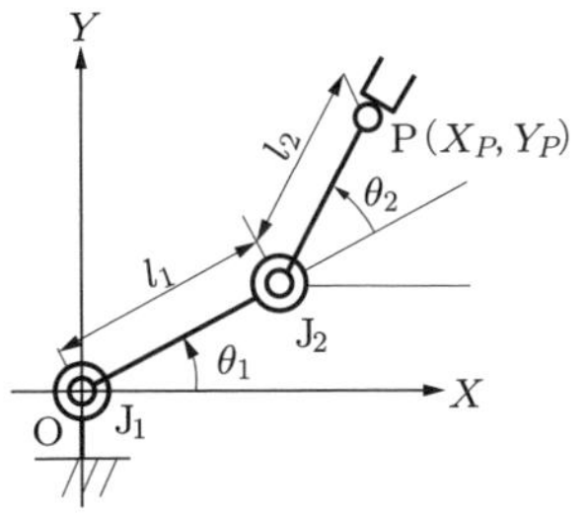

図 7.3 シリアルメカニズム

解答 図 7.3 の機構は図 6.1 と同じである．したがって，ヤコビ行列は式 (6.5) で示したように，次式となる．

$$\boldsymbol{J} = \begin{bmatrix} -l_1 \sin\theta_1 - l_2 \sin(\theta_1 + \theta_2) & -l_2 \sin(\theta_1 + \theta_2) \\ l_1 \cos\theta_1 + l_2 \cos(\theta_1 + \theta_2) & l_2 \cos(\theta_1 + \theta_2) \end{bmatrix} \tag{7.8}$$

したがって

$$\begin{aligned} \det \boldsymbol{J} &= l_1 l_2 [\sin(\theta_1 + \theta_2)\cos\theta_1 - \cos(\theta_1 + \theta_2)\sin\theta_1] \\ &= l_1 l_2 \sin\theta_2 \end{aligned} \tag{7.9}$$

$\det \boldsymbol{J} = 0$ となる条件は次式で与えられる．

$$\theta_2 = n\pi \tag{7.10}$$

n は整数であり，これは図 7.3 の機構の二つのリンクが伸びきった状態，または重なった状態であり，先に述べた出力点が到達可能な境界に達した状態となる特異姿勢を表している．このように，比較的単純な機構であれば，ヤコビ行列の行列式によって，特異姿勢となる条件をあらかじめ把握することも可能である．ただし，上記の例は，容易に $\det \boldsymbol{J} = 0$ となる条件が求められる場合であるが，通常は，複雑な非線形方程式を解く必要があり，解も多数となることから容易でない．■

ヤコビ行列は，式 (7.4) で示すように，各能動ジョイントの入力速度に対する出力リンクの速度の比を表している．これは，一般の機械装置での減速比に相当する．通常の減速比と異なるのは，その大きさが機構の位置・姿勢の変化にともない複雑に変化することと，出力リンクが多方向に変位すること，さらに，独立した複数の入力が存在することである．

変位の出力が不可能な方向が生じる特異姿勢は，入出力速度比および入出力変位比がゼロとなる場合である．このことは，能動ジョイントに入力として与えた力と変位を乗じた値が，出力リンクでの力と変位を乗じた値に等しくなる入出力一定の関係を考えれば，入出力比が無限大となることに相当する．すなわち，減速比が無限大となった場合である．このとき，機構は外部に対して変位を出力できないが，逆に，外部からの大きな負荷に対しても機構の位置・姿勢が一定となり，停止を保つことができる．すなわち，先述のとおり，特定方向の負荷に対しては，機構の静止状態を保つことが可能となる．

これに対し，パラレルメカニズム特有の特異姿勢は入出力速度比および入出力変位比が無限大となり，入出力比がゼロとなる場合である．すなわち，減速比が無限小となった場合である．よって，わずかな外力で機構の位置・姿勢が変化してしまう．この状態では，先述のように，パラレルメカニズムは出力リンクの運動が不定となり，どの方向へ出力リンクが動作するかわからず，また，能動ジョイントに大きな負荷が生じる可能性がある．

なお，本節ではパラレルメカニズム特有の特異姿勢として，代表的な状態を取りあげた．パラレルメカニズムの特異姿勢は，さらに詳細に分類，定義することができ[1]，2.5.5 項で述べた出力リンクの剛体としての自由度より少ない自由度をもつ機構で生じやすい特異姿勢も存在する．パラレルメカニズムの特異姿勢に関して詳細に学ぶ場合は，文献 [1] などの参照を勧める．

7.3　運動特性の評価

■7.3.1　機構の動きやすさ

前節までに述べたように，パラレルメカニズムをはじめとする機構は，特異姿勢において入出力関係の自由度が不足または過大な状態となり，制御や動作が困難となる．しかし，特異姿勢においてのみ急激に入出力変位関係が悪化するのではなく，機構の位置・姿勢に応じて機構の入出力関係は非線形に変化し，制御や動作のしやすさも複雑に変化する．これは前節で述べたように，機構の入出力関係に関する減速比が刻々と変化し，同じ運動をする場合でも，必要な力や変位の入力値が変化することに起因する．このような変化を，ロボットや機構の設計・制御時には動きやすさ，または動かしやすさとして評価することが多い．

歯車機構など，機械に用いられる多くの機構は，常に減速比は一定であり，力や変位の伝達といった観点からの動きやすさは変化しない．しかし，パラレルメカニズムなど，構造が運動とともに変化する機構では，動きやすさが一定でなく時々刻々と変化するため，その評価法が重要である．本節では，パラレルメカニズムをはじめとする，ロボットの機構の動きやすさの評価について説明する．

■7.3.2 圧力角による評価

機構のみならず，機械の動きやすさの評価として**圧力角**（pressure angle）の概念が重要である．圧力角は，ある物体を動かそうとする力と，実際に動く方向との間の角度で表される．例として図 7.4 に示すように，物体を動かすために作用させる力を $\boldsymbol{F}$ とし，物体に発生する速度を $\boldsymbol{V}$ とすれば，圧力角は $\boldsymbol{F}$ と $\boldsymbol{V}$ の方向のなす角 α で表される．図からわかるとおり，$\boldsymbol{F}$ と $\boldsymbol{V}$ の方向が一致するとき，もっとも効率的に物体を動かすことができ，圧力角 α が増加するにつれ，図 7.4 の例では物体を動かすための力の成分が，$F \cdot \cos\alpha$ と表されるように減少し，α が 90° のときは，$\boldsymbol{F}$ をいくら大きくしても物体を押さえつけるだけで動かせなくなる．

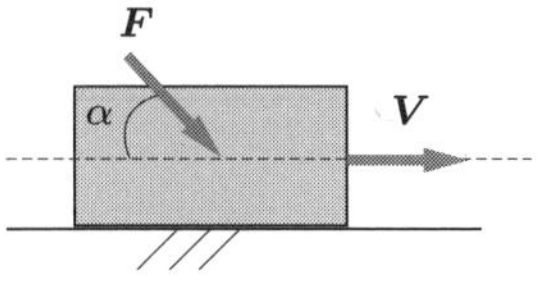

図 7.4 圧力角

圧力角は，歯車，カム機構などにおいても，それらの設計，使用時などに重要となるが，ここでは，ロボットの機構と同様に複数のリンクで構成されるリンク機構[2]について考えてみる．

図 7.5 (a) は平面 4 節リンク機構であり，リンク AB をベース（静止節）として固定し，点 A にアクチュエータを配置してリンク AD を回転させる．なお，アクチュエータで回転させるリンクを入力リンクとよぶ．入力リンクの運動は，中間リンクとよぶリンク CD を介して，出力リンクであるリンク BC に伝わり，回転運動を生じさ

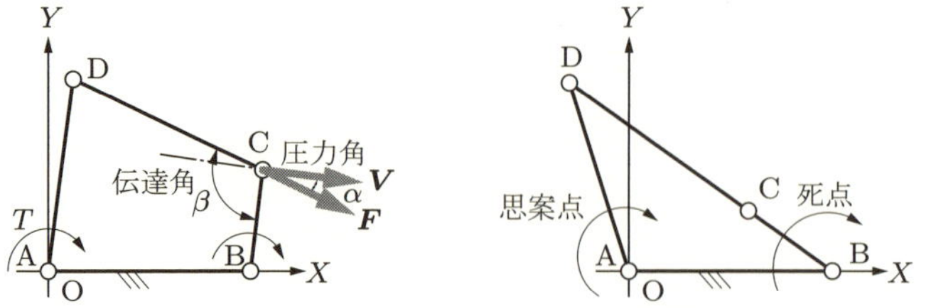

（a）リンク機構の圧力角　（b）リンク機構の特異姿勢

図 7.5　リンク機構の圧力角と特異姿勢

せる．なお，点 B にアクチュエータを設置して，リンク BC および AD をそれぞれ入力リンクおよび出力リンクとすることもある．ここでは，点 A にアクチュエータを配置し，リンク AD を入力リンクとして回転させる場合を考える．

1.3 節で述べたように，リンク CD は両端が回転自由な受動ジョイントであり，外力が作用しなければ，リンク AD から BC へ伝達する力 $\boldsymbol{F}$ の方向はリンク CD の長手方向のみとなる．これに対して，出力リンク BC は点 B 周りに回転することから，力 $\boldsymbol{F}$ が作用する点 C の瞬間的な運動方向は，リンク BC に対して垂直方向となり，図 7.5 (a) に示す速度 $\boldsymbol{V}$ の方向となる．

よって，平面 4 節リンク機構の圧力角は，中間リンクの長手方向が，出力リンクの直角方向となす角であり，図 7.5 (a) では α となる．リンク CD とリンク BC が直交するとき圧力角は 0° となり，もっとも効率よく出力リンクに力が伝わる．すなわち，圧力角は 0° がもっともよい状態であり，リンク機構においては，高速高負荷で運動する場合は ±30°，そうでない場合は ±45° を許容値とすることが多い．

また，圧力角に相当する角として，図 7.5 (a) に β で示す**伝達角**（transmission angle）が用いられることがある．平面 4 節リンク機構の伝達角 β は，図 7.5 (a) からもわかるように，速度 $\boldsymbol{V}$ がリンク BC と常に直交することから，圧力角 α と以下の関係がある．

$$\beta = \alpha \pm 90^\circ \tag{7.11}$$

よって，伝達角は 90° がもっとも良好な値であり，通常は，90° ± 30° または ±45° が推奨される．図 7.5 (a) に示すように，伝達角は中間リンクと出力リンクがなす角であり，視覚的にわかりやすい．

以上で示したように，リンク CD と BC が直交する場合がもっとも効率よく運動が伝えられる状態であるが，これに対して，図 7.5 (b) に示すように，リンク CD と BC が一直線となるとき，リンク CD から BC に伝わる力は，リンク BC を圧縮させる方向のみであって，同リンクを回転させることができない．この状態で，リンク AD を強制的に回転させた場合，リンク BC は，何らかの変形後，右回り，または左回りのいずれにも回転することがある．この状態をリンク機構の**思案点**（change point）とよぶ．思案点は機構の動きが予測できなくなる特異な状態であり，避けなければいけない．一方，同じ姿勢の状態で，アクチュエータを点 B に設置し，リンク BC を入力リンク，リンク AD を出力リンクとする場合，リンク AD に大きな力が作用しても，リンク BC には引張または圧縮力のみが加わり，トルクは発生しない．すなわち，アクチュエータは，小さな力で出力リンク AD に作用する大きな負荷を支持できる．このような状態を**死点**（dead point）とよぶ．

思案点および死点は，ロボットの機構の特異姿勢に対応するリンク機構の特異姿勢である．思案点は，出力運動が不定となるパラレルメカニズム特有の特異姿勢に相当し，死点は入力に対して出力の自由度が減る，ロボットの機構の一般的な特異姿勢に相当する．ロボットの機構では死点に相当する特異姿勢も制御不能になるとみなし避けることが多いが，リンク機構では，以上のように，小さな力で大きな負荷を支えることができるため，利用されることもある．

7.4 運動伝達性

前節で述べた圧力角または伝達角による平面 4 節リンク機構の運動特性の評価では，1 本の中間リンクから出力リンクに伝達される力の効率を考えればよいが，パラレルメカニズムのように入力が複数の連鎖を介して出力リンクに伝わる場合は，どの部分を圧力角としてとらえるかが容易でない．このような機構における力や運動の伝達を表す指標は，以上の伝達角も含めて**運動伝達性**（motion transmissibility）とよばれ，さまざまな研究がなされている．ここでは，パラレルメカニズムの運動伝達性を示す評価法として実用的な，武田ら[3]が提案した**運動伝達指数**（transmission index）について述べる．

図 7.6 に示すように，出力リンク上のすべてのジョイントにおいて，連鎖から伝わる力の方向と，ジョイントの瞬間的な運動方向，すなわち速度の方向とがなす余弦をそれぞれ求め，次式で表すように，その最小値を運動伝達指数 TI としてパラレルメカニズムの動きやすさの評価に用いる．

$$
\begin{aligned}
TI &= \min\left(\left|\frac{\boldsymbol{f}_1\cdot\boldsymbol{v}_1}{f_1\cdot v_1}\right|,\left|\frac{\boldsymbol{f}_2\cdot\boldsymbol{v}_2}{f_2\cdot v_2}\right|,\ldots,\left|\frac{\boldsymbol{f}_n\cdot\boldsymbol{v}_n}{f_n\cdot v_n}\right|\right)\\
&= \min\left(\left|\cos\alpha_1\right|,\left|\cos\alpha_2\right|,\ldots,\left|\cos\alpha_n\right|\right)
\end{aligned}
\tag{7.12}
$$

α_i $(i=1\sim n)$ は各ジョイントに作用する力 $\boldsymbol{f}_i$ と速度 $\boldsymbol{v}_i$ $(i=1\sim n)$ がなす角であり，

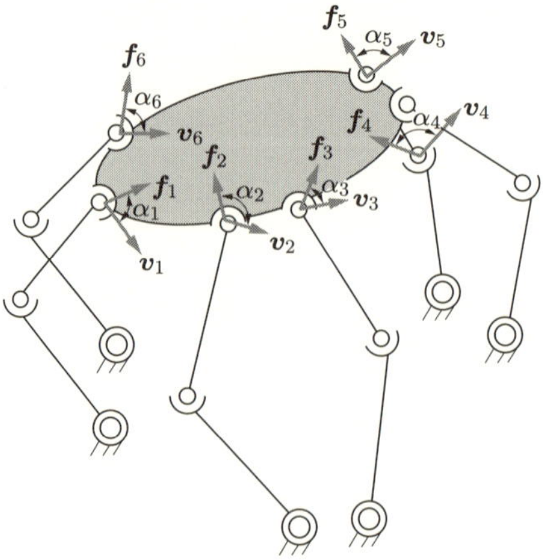

図 7.6　運動伝達指数

その値が $0°$ のときに式 (7.12) 中の余弦 $\cos\alpha_i$ は最大値 1 となり，$90°$ のときに最小値 0 となる．よって，TI は機構の動きやすさを 0〜1 の範囲の無次元量で表し，数値が大きいほど良好となる．

TI の意味を考えてみよう．それぞれのジョイントに注目すれば，力 $\boldsymbol{f}_i$ $(i = 1〜n)$ は出力リンクを動かそうとする力であり，その力によってジョイントには速度 $\boldsymbol{v}_i$ が発生する．ただし，幾何学的条件によって $\boldsymbol{f}_i$ と $\boldsymbol{v}_i$ の方向は必ずしも一致しない．$\boldsymbol{f}_i$ と $\boldsymbol{v}_i$ の方向が同じであるとき，もっとも効率よく入力から力が出力リンクに伝わり，$\boldsymbol{f}_i$ と $\boldsymbol{v}_i$ の方向が直交，すなわち両者のなす角の余弦が 0 となるとき，その連鎖からの入力では出力リンクが動かないことになる．

図 7.6 に示す α_i $(i = 1〜n)$ は，各連鎖から出力リンク側ジョイントに伝わる力 $\boldsymbol{f}_i$ と各ジョイントの出力速度 $\boldsymbol{v}_i$ の方向とがなす角であり，前節で述べた圧力角に相当する．運動伝達指数では，各ジョイントの圧力角を余弦で求め，その最小値によって機構の動きやすさを評価している．別の観点からは，$\boldsymbol{f}_i$ と $\boldsymbol{v}_i$ $(i = 1〜n)$ の内積は各ジョイントから出力リンクへ伝わる動力を示しており，その効率を評価しているとも考えられる．

また，機構の動きやすさが悪化するとき，入力が運動の出力に効率よく用いられず，各ジョイントに負荷として，すなわち対偶作用力となって作用することが多い．よって，ある運動を行う場合に，各ジョイントに無理な負荷が作用するかどうかによっても運動伝達性を評価できる．これは，図 7.4 においても，圧力角が $90°$ の場合，物体は動かず $\boldsymbol{F}$ は圧縮力として作用することからもわかる．武田らは，運動伝達指数 TI が小さい場合，ジョイントに作用する力，すなわち対偶作用力が増加することを示し，また，$TI \geq 0.5$ の領域でパラレルメカニズムを使用すべきことを示している[3]．

運動伝達指数の解析例を，図 7.7 (a) の平面 3 自由度パラレルメカニズムを対象に示す．同パラレルメカニズムは，ベースと出力リンクを連結する三つの連鎖が，それぞれ平面に垂直な軸周りに回転する三つの 1 自由度回転ジョイントで構成されている．各連鎖の構造は同一であり，ベースと連鎖を連結するジョイント $\mathrm{J}_{i,1}$ および出力リンクと連鎖を連結するジョイント $\mathrm{J}_{i,3}$ $(i = 1 \sim 3)$ は，それぞれ半径 R_{IN} および R_{OUT} である円周上に等間隔に配置されている．

パラレルメカニズムの位置・姿勢を表すために，図 7.7 (a) のようにベース上および出力リンク上に座標系 O-XY および P-$x_P y_P$ をそれぞれ設定する．点 O はベース側ジョイントを結ぶ円の中心で，$\mathrm{J}_{1,1}$ は Y 軸上にあり，$\mathrm{J}_{2,1}$ と $\mathrm{J}_{3,1}$ の位置は Y 軸に対して対称とする．点 P は出力リンク側ジョイントを結ぶ円の中心で，$\mathrm{J}_{1,3}$ は y_P 軸上にあり，$\mathrm{J}_{2,3}$ と $\mathrm{J}_{3,3}$ の位置は y_P 軸に対して対称とする．

パラレルメカニズムの位置は，出力リンク側ジョイントを結ぶ円の中心点 P の位置で表す．また，出力リンクの姿勢は，O-XY に対する P-$x_P y_P$ の傾き角 γ で表す．

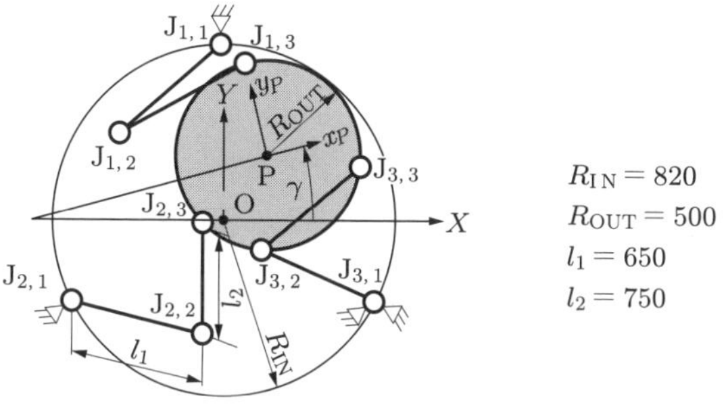

（a）平面 3 自由度パラレルメカニズム

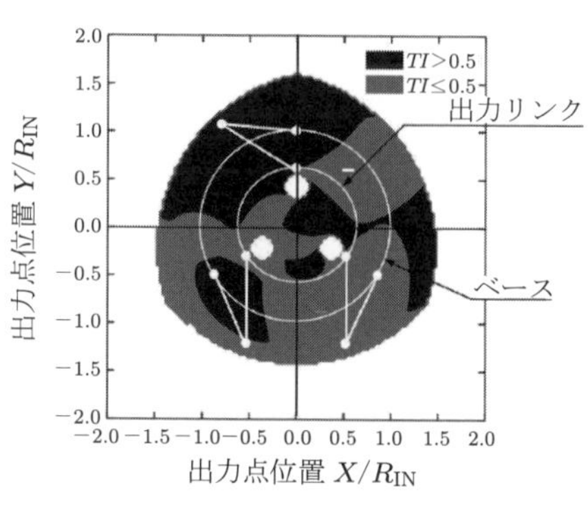

（b）運動伝達指数[4]

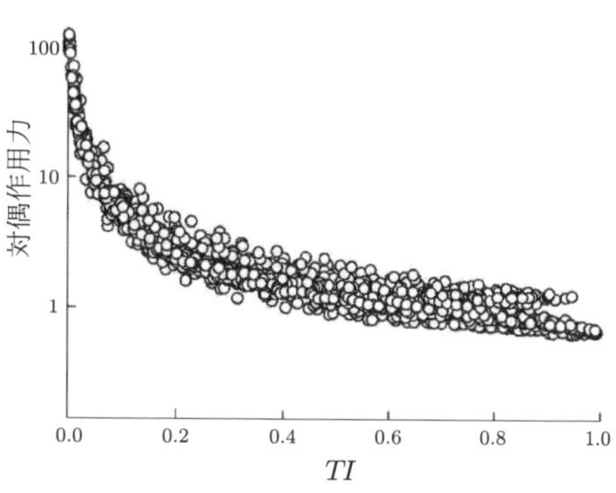

（c）対偶作用力と TI の関係

図 7.7　平面 3 自由度パラレルメカニズムの運動伝達指数

なお，出力リンク側ジョイント $J_{2,3}$ および $J_{3,3}$ を結ぶ線分が X 軸と平行となるときの γ を $0°$ とする．

運動伝達指数の解析結果[4]を図 7.7 (b) に示す．図 (b) では，パラレルメカニズムの概形を白線で示し，出力リンクの姿勢 γ は $0°$ で常に一定として XY 平面内で動作させたときの運動伝達指数を求め，出力リンクの中心である出力点位置にその値をプロットしている．なお，出力点位置は，座標をベースの半径 $R_{\rm IN}$ で除して無次元化して示している．

図 7.7 (c) には，解析を行ったパラレルメカニズムの出力点の各軸方向に大きさ 1 の単位力が作用するとし，出力リンク側ジョイントに作用する対偶作用力を求めて TI との関係を示した．図からわかるように，TI が減少するにつれ，ジョイントへの負荷，すなわち対偶作用力が急増することがわかる．おおよそ，TI が 0.5 以上では対偶作用力の急増はみられない．

そこで，図 7.7 (b) において，TI が 0.5 より大きい（黒）および以下（灰）の範囲に注目してみよう．0.5 より大きい範囲は出力点が到達可能な全領域に比べて大きくはなく，また，いくつかの領域に分かれていることがわかる．このように，パラレルメカニズムの使用可能な作業領域は広くはないことが多い．

なお，運動伝達指数の定義は，連鎖を介して出力リンク側ジョイントに発生する力のすべての成分が，出力リンクを駆動させるために作用しうる場合を対象としている．通常のパラレルメカニズムの出力リンクは，平面または空間において任意の方向に運動が可能であり，出力リンク側ジョイントに作用する力は，すべて出力リンクの駆動力となることが多い．しかし，自由度が空間で 6 未満，または平面で 3 未満のパラレルメカニズムなどでは，出力リンクが空間または平面内で幾何学的に拘束される方向が存在し，出力リンク側ジョイントに発生する，それらの方向の力は出力リンクの駆動力として用いられない．このようなパラレルメカニズムは，以上の運動伝達指数による評価は行えない．

しかし，この場合であっても，出力リンク側ジョイントに作用する力において，出力リンクの駆動に寄与する成分に注目することによって，同様に運動伝達性を評価できることがある．図 7.8 に示すパラレルメカニズムに関して，運動伝達性の評価例を示す．図 7.8 の機構は，空間で 3 自由度の動作が可能である．各連鎖にはベース側に能動ジョイントとする 1 自由度の回転ジョイント，出力リンクとの連結部分には 3 自由度のジョイントを配置して，これらを 1 自由度の回転ジョイントを用いた 2 本のリンクで連結している．なお，2 個の 1 自由度の回転ジョイントの回転軸方向は平行である．

したがって，各連鎖は，例として灰色の面で示すような，ある平面内でのみ運動す

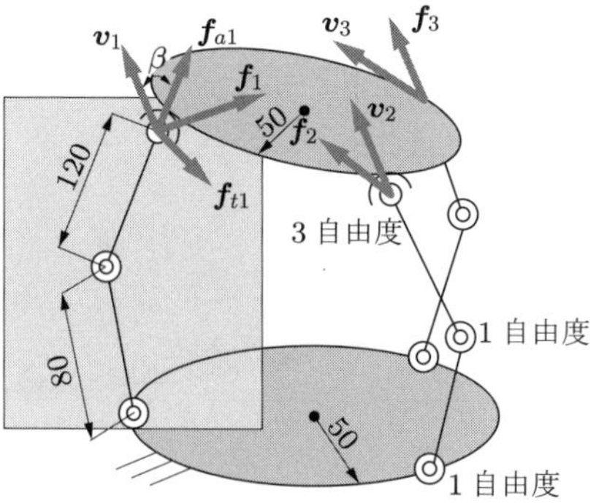

図 7.8 空間 3 自由度パラレルメカニズム

る．出力リンク側のジョイントには任意方向の力が作用するが，この平面の法線方向の力は能動ジョイントには伝わらない．言い換えれば，同方向の力は幾何学的に支持され，能動ジョイントからの駆動力としては用いられない．よって，上述の運動伝達指数の定義に基づき，出力リンク側ジョイントに作用する力と速度の方向からは運動伝達性は評価できない．

そこで，出力リンク側ジョイントに作用する力 $\boldsymbol{f}_i$ $(i = 1\sim3)$ を，連鎖が運動可能な平面内の力 $\boldsymbol{f}_{ai}$ $(i = 1\sim3)$ と，同平面に対する法線方向の力 $\boldsymbol{f}_{ti}$ $(i = 1\sim3)$ とに分解する．$\boldsymbol{f}_{ai}$ は，能動ジョイントから出力リンク側ジョイントに伝わり，出力リンクを動かす力となる．これらの $\boldsymbol{f}_{ai}$ と各ジョイントの速度 $\boldsymbol{v}_i$ の方向とのなす角 β を用いて，式 (7.12) と同様に，運動伝達指数 TI^* としてパラレルメカニズムの運動特性を評価する[4]．

$$
\begin{aligned}
TI^* &= \min\left(\left|\frac{\boldsymbol{f}_{a1}\cdot\boldsymbol{v}_1}{f_{a1}\cdot v_1}\right|, \left|\frac{\boldsymbol{f}_{a2}\cdot\boldsymbol{v}_2}{f_{a2}\cdot v_2}\right|, \ldots, \left|\frac{\boldsymbol{f}_{an}\cdot\boldsymbol{v}_n}{f_{an}\cdot v_n}\right|\right) \\
&= \min\left(|\cos\beta_1|, |\cos\beta_2|, \ldots, |\cos\beta_n|\right)
\end{aligned}
\tag{7.13}
$$

機構の寸法，条件などの詳細は略すが，TI^* の妥当性を示すため，出力リンクに作用する大きさ 1 の回転力に対してジョイントに発生する対偶作用力を算出し，TI^* との関係を求めた結果を図 7.9 に示す．詳細は文献 [4] を参照されたい．

図に示すように，図 7.7 (c) と同様，TI^* が比較的小さな範囲では対偶作用力が増加することがわかる．よって，TI^* は TI と同様，パラレルメカニズムの評価に有用である．

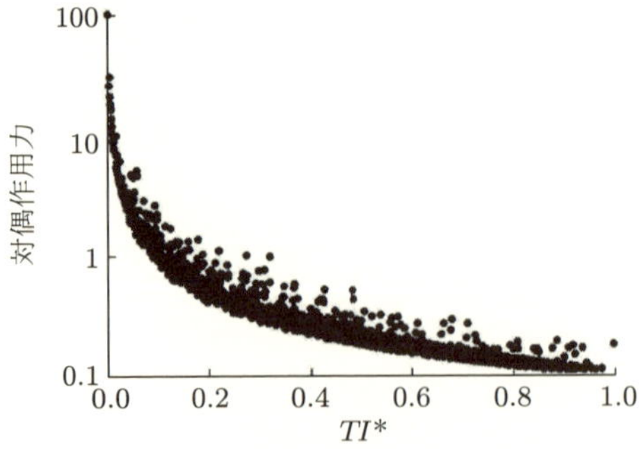

図 7.9　対偶作用力と TI^* の関係

7.5　可操作性

前節までに述べた運動伝達性は，機構学などにおいて用いる圧力角に基づく評価方法であるが，ロボット工学の分野で提案された評価方法として**可操作性**（manipulability）[5]がある．可操作性は，日本の研究者によって提案された世界に誇るロボット工学の成果である．

可操作性は，ヤコビ行列を利用して導かれるロボットの入出力関係に基づく評価量であり，詳細は文献 [6] をはじめ，多数の参考書に記載されている．ここでは，これまでと同様，理解が容易なシリアルメカニズムを用いて，その概要を簡単に述べる．

図 7.10 に示すシリアルメカニズムの出力点 P が出力可能な速度 $\dot{\boldsymbol{P}}$ の大きさと方向は，能動ジョイントの角速度 $\dot{\boldsymbol{\theta}} = \left(\dot{\theta}_1, \dot{\theta}_2, \ldots, \dot{\theta}_n\right)^T$ によって決まる．その関係は，第 6 章で述べたように，ヤコビ行列 $\boldsymbol{J}$ を用いて次式のように表せる．

$$\dot{\boldsymbol{P}} = \boldsymbol{J}\dot{\boldsymbol{\theta}} \tag{7.14}$$

$\dot{\boldsymbol{P}}$ の成分は，出力点 P の X 軸および Y 軸方向の速度 $\dot{X}_P$ および $\dot{Y}_P$ である．また，

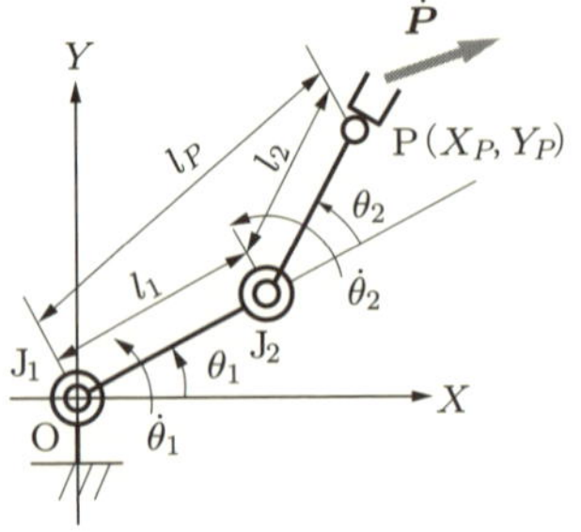

図 7.10　シリアルメカニズムを用いたロボットの入出力関係

ヤコビ行列 $\boldsymbol{J}$ の成分は，ロボットの機構を構成するリンクの長さ，ジョイントの角変位である．よって，ロボットがどの方向へ，どのような速さで動けるのか，すなわち動きやすいかは，式 (7.14) によって表しうる．ここで，ロボットの動きやすさを入力側から評価するため，式 (7.14) において能動ジョイントの角速度 $\dot{\boldsymbol{\theta}}$ に注目する．式 (7.1) としても示したとおり，冗長な自由度をもたない機構では，ヤコビ行列 $\boldsymbol{J}$ は正則となるので次式が成り立つ．

$$\dot{\boldsymbol{\theta}} = \boldsymbol{J}^{-1}\dot{\boldsymbol{P}} \tag{7.15}$$

上式の両辺を二次形式とする．

$$\dot{\boldsymbol{\theta}}^T\dot{\boldsymbol{\theta}} = \left(\boldsymbol{J}^{-1}\dot{\boldsymbol{P}}\right)^T\boldsymbol{J}^{-1}\dot{\boldsymbol{P}} = \dot{\boldsymbol{P}}^T\left(\boldsymbol{J}^{-1}\right)^T\boldsymbol{J}^{-1}\dot{\boldsymbol{P}} \tag{7.16}$$

ジョイントの数を n とすれば，式 (7.16) の左辺は次式のように展開される．

$$\dot{\boldsymbol{\theta}}^T\dot{\boldsymbol{\theta}} = \dot{\theta}_1^2 + \dot{\theta}_2^2 + \cdots + \dot{\theta}_n^2 \tag{7.17}$$

式 (7.17) は各能動ジョイントの入力角速度の二乗和となっている．可操作性の評価では，この入力角速度の二乗和が次式のとおり 1.0 以下であるとしたときに，出力点が発生しうるすべての方向への速度の集合を評価量とする．

$$\dot{\boldsymbol{\theta}}^T\dot{\boldsymbol{\theta}} = \dot{\boldsymbol{P}}^T\left(\boldsymbol{J}^{-1}\right)^T\boldsymbol{J}^{-1}\dot{\boldsymbol{P}} \leq 1.0 \tag{7.18}$$

ここで，式 (7.18) を満たす $\dot{\boldsymbol{P}}$ の集合は，図 7.11 にその模式図を示すように楕円体になることが知られており，楕円体の体積（平面内の運動であれば面積）や，長軸と短軸の比などによってロボットの動きやすさを評価する．しかし，楕円体の図示などは容易でないため，通常は楕円体の体積に相関する値を用いて評価する．

冗長自由度のないロボットでは，可操作性楕円体の体積は次式で表される**可操作度**（manipulability index）w_m と相関する．

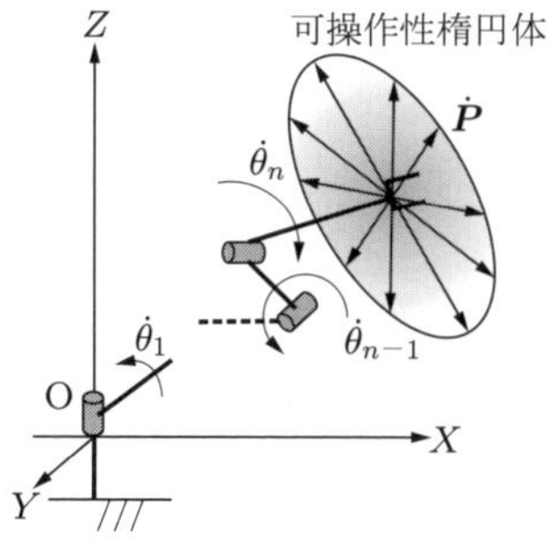

図 7.11 可操作性楕円体による評価

$$w_m = |\det \boldsymbol{J}| \tag{7.19}$$

可操作度の値が大きな姿勢では，任意の方向へ等しく動作しやすい．すなわち可操作性楕円体も球に近くなり[6]，ロボットの制御が行いやすいとされている．

ここで，式 (7.19) は，7.2.3 項で示したように，値がゼロとなるときロボットは特異姿勢となる．このことからも，可操作度がロボットの動作のしやすさを示す指標として適切であることがわかる．すなわち，可操作度は，ロボットの動作が困難となる特異姿勢から，動作が良好となる姿勢までを評価可能である．

例題 7.2　図 7.12（図 7.10 の再掲）に示すシリアルメカニズムを用いるロボットの可操作度を求めよ．

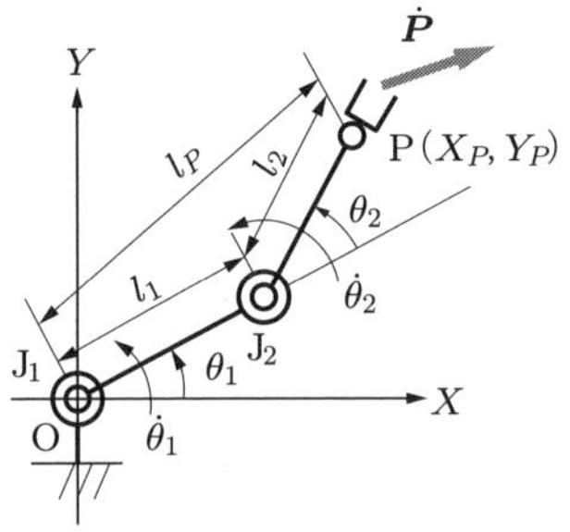

図 7.12　シリアルメカニズム

解答　図 7.12 に示すシリアルメカニズムのヤコビ行列は式 (7.8) と同一であり，次式となる．

$$\boldsymbol{J} = \begin{bmatrix} -l_1 \sin\theta_1 - l_2 \sin(\theta_1 + \theta_2) & -l_2 \sin(\theta_1 + \theta_2) \\ l_1 \cos\theta_1 + l_2 \cos(\theta_1 + \theta_2) & l_2 \cos(\theta_1 + \theta_2) \end{bmatrix}$$

よって，可操作度は式 (7.19) より次式のように導かれる．

$$\begin{aligned} w_m &= |\det \boldsymbol{J}| \\ &= |-l_2 \cos(\theta_1 + \theta_2) \cdot l_1 \sin\theta_1 + l_2 \sin(\theta_1 + \theta_2) \cdot l_1 \cos\theta_1| \\ &= l_1 l_2 |\sin\theta_2| \end{aligned} \tag{7.20}$$

可操作度は，その値が大きいほど機構が動作しやすいことを示す．よって，図 7.12 のシリアルメカニズムがもっとも動作しやすいのは，$|\det \boldsymbol{J}|$ が最大となるときであり，n を整数として次式で表される．

$$\theta_2 = (2n - 1)\frac{\pi}{2} \tag{7.21}$$

すなわち，二つのリンクのなす角が直角となるとき，もっとも動作しやすい．また，

$$\theta_2 = n\pi \tag{7.22}$$

においては $|\det \boldsymbol{J}|$ が最小となり，シリアルメカニズムはもっとも動作しにくい状態であることを示す． ■

例題 7.1 においても，絶対値かどうかの違いはあるが，同様な式 (7.9) を導き，その値が 0 となるかどうかで特異姿勢の判断を行った．すなわち，$|\det \boldsymbol{J}|$ が最小となる以上の結果は，例題 7.1 で示した特異姿勢の判定に関する結果に一致する．このように，ヤコビ行列は，機構が動作困難な姿勢かどうかの判定のみならず，良好な姿勢の評価にも用いることができる．

以上の結果を人間の腕の動作と比べてみれば，机上で作業を行う場合，肘の角度を直角に曲げれば，さまざまな方向へ手先を動かしやすく，可操作度の評価と一致することがわかる．また，可操作度が低い姿勢は，腕を一直線に伸ばした状態，または折りたたんだ状態であり，これは，特定方向への運動が行えない特異姿勢に近いことを表す．すなわち，可操作度はロボットの運動特性の評価に有用である．

一方，可操作性ではロボットの入力の総和を一定とするため，各能動ジョイントに要する力を個々に評価することはできない．また，出力も並進力と回転力を区別しない[7]．さらに，得られる評価値は，ロボットを駆動するための力や速度といった明確な物理量ではない．すなわち，可操作性は実際にロボットを制御して動作させる場合に，どの方向へ動きやすいかを定性的に把握するのに適した評価法であって，機構の設計やアクチュエータの選定のための具体的な物理量を求めるものではない．

そこで，ロボットが運動可能な任意方向へ，ある一定の並進および回転運動を等しく発生するために能動ジョイントに必要となる力および速度の具体的な物理量を容易に把握するための評価法を次節で述べる．

7.6 駆動特性

■7.6.1 保証駆動力の解析

パラレルメカニズムの特徴は，多数の方向に力や速度を発生できることである．したがって，パラレルメカニズムを用いれば，さまざまな方向に対して作業が可能なロボットを製作できる．そのためには設計時に，パラレルメカニズムが出力可能な方向へ発生する力，速度に対して能動ジョイントに与えなければならない入力，入力速度を予測し，その最大値から適切なアクチュエータ，減速機などを決定する必要がある．

しかし，パラレルメカニズムが動作可能なすべての方向への入出力関係をすべて解

析して，それらの結果から最大値などを求めることは現実的でない．また，前節で述べた可操作性は，運動しやすい方向を定性的には示してくれるが，ある出力に対して必要な入力量など，明確な物理量は示されない．そこで，本節ではパラレルメカニズムが動作可能なすべての方向へ，ある値の出力を行う場合に，能動ジョイントに必要となる入力の値を容易に求める方法を解説する．

図 7.13 のように，パラレルメカニズムが運動可能な空間内の任意の方向に大きさ $\overline{f}$ の並進力を出力点 P において発生する場合を考える．このとき，$\overline{f}$ の発生方向によってそれぞれの能動ジョイントに必要となる入力は変化する．よって，任意方向への力 $\overline{f}$ に対して必要となるもっとも大きな入力値を明らかにし，その入力が可能なアクチュエータを能動ジョイントに用いれば，パラレルメカニズムは運動可能なすべての方向へ大きさ $\overline{f}$ の並進力を発生することが保証される．そこで，運動可能な任意の方向へ，ある大きさの並進力または回転力を発生するために必要な入力値を求める方法を考える．また，以下の結果は，平面内でのみ運動するパラレルメカニズムや，通常のロボットの機構の多くに適用することができる．ただし，冗長な自由度を有さない場合を対象とする．

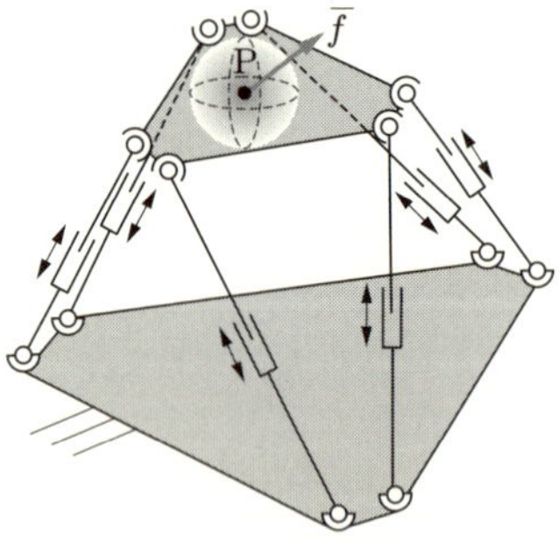

図 7.13　動作可能な任意方向への並進力 $\overline{f}$ の発生

まず，パラレルメカニズムが発生する力について検討する．冗長自由度を有しない n 自由度のパラレルメカニズムが発生する並進力 $\boldsymbol{F}$，回転力 $\boldsymbol{M}$ および入力 $\boldsymbol{T}$ を次式で表す．なお，n 自由度のなかで，並進運動が m 自由度，回転運動が $(n-m)$ 自由度とする．

$$\boldsymbol{F} = (F_1, F_2, \ldots, F_m)^T \tag{7.23}$$

$$\boldsymbol{M} = (M_1, M_2, \ldots, M_{n-m})^T \tag{7.24}$$

$$\boldsymbol{T} = (T_1, T_2, \ldots, T_n)^T \tag{7.25}$$

F_i ($i = 1 \sim m$) および M_j ($j = 1 \sim n - m$) は，独立した i 番目および j 番目の方向へのたがいに独立である並進力および回転力を，T_k ($k = 1 \sim n$) は k 番目の能動ジョイントに要する力を表す．さらに，パラレルメカニズムが発生する並進力および回転力をあわせて次式のように $\boldsymbol{F}_{FM}$ として表す．

$$\boldsymbol{F}_{FM} = \begin{pmatrix} \boldsymbol{F} \\ \boldsymbol{M} \end{pmatrix} \tag{7.26}$$

ここで，パラレルメカニズムのヤコビ行列を $\boldsymbol{J}$ とし，その要素を J_{ij} として表せば，6.3 節で示したように次式が成り立つ．

$$\begin{pmatrix} T_1 \\ T_2 \\ \vdots \\ T_n \end{pmatrix} = \boldsymbol{J}^T \boldsymbol{F}_{FM} = \begin{pmatrix} J_{11} & J_{12} & \cdots & J_{1n} \\ J_{21} & J_{22} & \cdots & J_{2n} \\ \vdots & \vdots & \ddots & \vdots \\ J_{n1} & J_{n2} & \cdots & J_{nn} \end{pmatrix}^T \boldsymbol{F}_{FM} \tag{7.27}$$

上式は，パラレルメカニズムが発生する並進力および回転力に関する出力をいずれも含んでいる．並進力と回転力は単位の異なる物理量であり，これらを同時に発生するとして必要な入力を求めることは，並進力と回転力の大きさの組合せが無数に存在し適切でない．そこで，並進および回転力に対する入力量をそれぞれ独立して評価することを考える．

まず，並進力のみを対象とするために，列ベクトル $\boldsymbol{F}_{FM}$ における $(M_1, M_2, \ldots, M_{n-m})$，および式 (7.27) の右辺において回転力 M_i に乗じられる行列 $\boldsymbol{J}^T$ の $m+1$ 列目以降を取り除く．

$$\begin{pmatrix} T_1 \\ T_2 \\ \vdots \\ T_n \end{pmatrix} = \begin{pmatrix} J_{11} & J_{21} & \cdots & J_{m1} \\ J_{12} & J_{22} & \cdots & J_{m2} \\ \vdots & \vdots & \ddots & \vdots \\ J_{1n} & J_{2n} & \cdots & J_{mn} \end{pmatrix} \begin{pmatrix} F_1 \\ F_2 \\ \vdots \\ F_m \end{pmatrix} \tag{7.28}$$

上式はパラレルメカニズムが発生する回転力がゼロで，並進力のみを発生する場合に必要となる各能動ジョイントの入力 $\boldsymbol{T}$ を表している．このように $\boldsymbol{J}^T$ を縮小した式 (7.28) 中の行列を $\boldsymbol{J}_F$ と表し，さらに，T_i に関連する行列 $\boldsymbol{J}_F$ の i 行目の要素を抜き出した行ベクトルを $\boldsymbol{J}_{Fi}$ とすれば次式が導かれる．

$$T_i = \boldsymbol{J}_{Fi} \boldsymbol{F} \tag{7.29}$$

上式はパラレルメカニズムが発生する並進力に対して，i 番目の入力部に必要な力を表し，その値は $\boldsymbol{J}_{Fi}$ の変数であるパラレルメカニズムの形状，発生力の大きさや方向 $\boldsymbol{F}$ により変化する．同式の両辺を二乗すれば次式となる．

$$T_i^2 = \boldsymbol{F}^T \boldsymbol{J}_{Fi}^T \boldsymbol{J}_{Fi} \boldsymbol{F} \tag{7.30}$$

上式において，行列の性質より $\boldsymbol{J}_{Fi}^T \boldsymbol{J}_{Fi}$ $(i = 1 \sim m)$ は実対称行列となる．ここで，$\boldsymbol{J}_{Fi}^T \boldsymbol{J}_{Fi}$ の固有値を λ_{Fi}，各固有値に対応する大きさを 1 とした固有ベクトルを $\boldsymbol{X}_{Fi}$ とし，$\boldsymbol{X}_{Fi}$ を列の成分とする行列 $\boldsymbol{P}_{Fi}$ を次式で定義する．

$$\boldsymbol{P}_{Fi} = (\boldsymbol{X}_{F1}, \boldsymbol{X}_{F2}, \ldots, \boldsymbol{X}_{Fm}) \tag{7.31}$$

行列 $\boldsymbol{P}_{Fi}$ は直交行列となり，同行列を用いれば $\boldsymbol{J}_{Fi}^T \boldsymbol{J}_{Fi}$ は次式のように分解，対角化される[8]．

$$\boldsymbol{J}_{Fi}^T \boldsymbol{J}_{Fi} = \boldsymbol{P}_{Fi}^T \boldsymbol{\Lambda} \boldsymbol{P}_{Fi} \tag{7.32}$$

$\boldsymbol{\Lambda}$ は $(\lambda_{F1}, \lambda_{F2}, \ldots, \lambda_{Fm})$ を対角要素とする対角行列である．以上の関係を用いれば，式 (7.30) は次式となる．

$$T_i^2 = (\boldsymbol{P}_{Fi} \boldsymbol{F})^T \boldsymbol{\Lambda} \boldsymbol{P}_{Fi} \boldsymbol{F} \tag{7.33}$$

さらに，ベクトル $\boldsymbol{P}_{Fi}\boldsymbol{F}$ を $\hat{\boldsymbol{F}}$ として，その要素を $(\hat{F}_1, \hat{F}_2, \ldots, \hat{F}_m)$ とすれば次式が導かれる．

$$T_i^2 = \lambda_{F1} \hat{F}_1^2 + \lambda_{F2} \hat{F}_2^2 + \cdots + \lambda_{Fm} \hat{F}_m^2 \tag{7.34}$$

式 (7.34) は，パラレルメカニズムが発生する各方向への並進力に対して，i 番目の能動ジョイントに必要となる力 T_i の大きさを表している．ここで，パラレルメカニズムが，図 7.13 に示したように並進運動可能なすべての方向へ等しく大きさ $\overline{f}$ の並進力を発生するとき，その条件は次式で表される．

$$F_1^2 + F_2^2 + \cdots + F_m^2 = \overline{f}^2 \tag{7.35}$$

m は先に定義したように，n 自由度であるパラレルメカニズムが可能な並進運動の自由度である．式 (7.33) において $\boldsymbol{P}_{Fi}\boldsymbol{F}(= \hat{\boldsymbol{F}})$ は，$\boldsymbol{F}$ に対して大きさを変えない直交変換であることから次式が成り立つ．

$$\hat{F}_1^2 + \hat{F}_2^2 + \cdots + \hat{F}_m^2 = \overline{f}^2 \tag{7.36}$$

また，式 (7.30) における $\boldsymbol{J}_{Fi}^T \boldsymbol{J}_{Fi}$ は準正定値行列であり[8]，その固有値はゼロ以上と

なる．したがって，パラレルメカニズムが運動可能なすべての方向に等しい大きさの並進力 $\overline{f}$ を発生するために，i 番目の能動ジョイントに必要な力を T_{Fi} とすれば，その大きさは次式で求められる．

$$T_{Fi} = \max\left(\sqrt{\lambda_{F1}}, \sqrt{\lambda_{F2}}, \ldots, \sqrt{\lambda_{Fm}}\right) \times \overline{f} \tag{7.37}$$

以上の関係式を用いれば，パラレルメカニズムがある位置および姿勢において，運動可能なすべての方向に並進力 $\overline{f}$ を発生するために必要な各入力部の力 T_{Fi} $(i = 1\sim m)$ の大きさがそれぞれ求められる．

同様に，パラレルメカニズムが運動可能な領域内のすべてにおいて，ある回転力（モーメント）を発生するために i 番目の能動ジョイントに必要な入力量を求めることができる．すなわち，式 (7.27) に含まれる列ベクトル $\boldsymbol{F}_{FM}$（式 (7.26) 参照）における並進力の要素 $(F_1, F_2, \ldots, F_m)$，および並進力 F_i に乗じられるヤコビ行列の転置行列 $\boldsymbol{J}^T$ の 1 列から m 列目までを取り除けば次式となる．

$$\begin{pmatrix} T_1 \\ T_2 \\ \vdots \\ T_n \end{pmatrix} = \begin{pmatrix} J_{m+1,1} & J_{m+2,1} & \cdots & J_{n,1} \\ J_{m+1,2} & J_{m+2,2} & \cdots & J_{n,2} \\ \vdots & \vdots & \ddots & \vdots \\ J_{m+1,n} & J_{m+2,n} & \cdots & J_{n,n} \end{pmatrix} \begin{pmatrix} M_1 \\ M_2 \\ \vdots \\ M_{n-m} \end{pmatrix} \tag{7.38}$$

上式はパラレルメカニズムが回転力のみを発生する場合に必要となる各能動ジョイントの入力 $\boldsymbol{T}$ を表している．そこで，先ほどと同様に $\boldsymbol{J}^T$ を縮小した式 (7.38) の行列を $\boldsymbol{J}_M$ と表し，さらに，i 番目の能動ジョイントの入力 T_i $(i = 1\sim n)$ に関連する行列 $\boldsymbol{J}_M$ の i 行目の要素を抜き出した行ベクトルを $\boldsymbol{J}_{Mi}$ とすれば次式となる．

$$T_i = \boldsymbol{J}_{Mi}\boldsymbol{M} \tag{7.39}$$

並進力と同様に，上式の両辺を二乗した場合に実対称行列となる $\boldsymbol{J}_{Mi}^T\boldsymbol{J}_{Mi}$ について，その固有値 λ_{Mi} $(i = 1\sim n-m)$ に対応する大きさ 1 の固有ベクトル $\boldsymbol{X}_{Mi}$ $(i = 1\sim n-m)$ を列の成分とする行列を $\boldsymbol{P}_{Mi}$ とする．$\boldsymbol{P}_{Mi}$ とパラレルメカニズムが運動可能なすべての方向への回転力 M_i $(i = 1\sim n-m)$ を成分とするベクトル $\boldsymbol{M}$ との乗算で得られるベクトル $\boldsymbol{P}_{Mi}\boldsymbol{M}$ を $\hat{\boldsymbol{M}}$ で表し，その要素を $(\hat{M}_1, \hat{M}_2, \ldots, \hat{M}_{n-m})$ とすれば次式が導かれる．

$$T_i^2 = \lambda_{M1}\hat{M}_1^2 + \lambda_{M2}\hat{M}_2^2 + \cdots + \lambda_{Mn-m}\hat{M}_{n-m}^2 \tag{7.40}$$

ここで，パラレルメカニズムが出力可能なすべての方向に大きさ $\overline{m}$ の回転力を発生する場合を考える．$\boldsymbol{P}_{Mi}\boldsymbol{M}$ $(=\hat{\boldsymbol{M}})$ は並進力の場合と同様，$\boldsymbol{M}$ に対して大きさを変えない直交変換であることから次式が成り立つ．

$$\hat{M}_1^2+\hat{M}_2^2+\cdots+\hat{M}_{n-m}^2=\overline{m}^2 \tag{7.41}$$

したがって，並進力の場合と同様に，式 (7.40) および式 (7.41) より，パラレルメカニズムがある位置および姿勢において，大きさが $\overline{m}$ である回転力を発生するために，i 番目の能動ジョイントに必要な力が次式より得られる．

$$T_{Mi}=\max\left(\sqrt{\lambda_{M1}},\sqrt{\lambda_{M2}},\ldots,\sqrt{\lambda_{M\,n-m}}\right)\times\overline{m} \tag{7.42}$$

以上の解析方法を用いれば，パラレルメカニズムがある位置および姿勢において，運動可能なすべての方向に目標とする並進力 $\overline{f}$ または回転力 $\overline{m}$ を発生するために必要な，各能動ジョイントの入力値の大きさ T_{Fi} または T_{Mi} がそれぞれ求められる．本書ではこれらを**保証駆動力**（ensured driving force）とよぶ．

パラレルメカニズムを汎用的な装置として導入を検討する場合などでは，動作可能なすべての方向に対し，ある一定の出力を保証する必要がある．その場合，以上で示したような任意の位置・姿勢で同じ力を発生するために，各能動ジョイントに要求される入力量を求める解析は有用である．

■7.6.2　保証駆動速度の解析

パラレルメカニズムをはじめとするロボットの設計では，前項で対象とした力だけでなく，速度に関しても必要な値を指定し，その値を満たすように能動ジョイントに配置するアクチュエータの回転速度や，減速機の減速比を決定する必要がある．パラレルメカニズムの動作可能な方向は多数であり，また，さまざまな位置・姿勢をとりうることから，すべての場合において，必要な出力速度に対し，能動ジョイントの入力量を求めることは容易でない．しかし，前項の方法を用いれば，速度に関しても並進および回転それぞれに関して，動作可能な全方向へ，ある速度を発生するために各能動ジョイントに要求される入力（角）速度の値を求めることができる．

前項と同様に，冗長な自由度を有しない n 自由度のパラレルメカニズムについて検討する．マニピュレータが発生する各方向への並進速度 $\boldsymbol{V}$，回転速度 $\boldsymbol{\Omega}$，能動ジョイントの入力速度 $\boldsymbol{\omega}$ を次式で定義する．

$$\boldsymbol{V}=(V_1,V_2,\ldots,V_m)^T \tag{7.43}$$

$$\boldsymbol{\Omega}=(\Omega_1,\Omega_2,\ldots,\Omega_{n-m})^T \tag{7.44}$$

$$\boldsymbol{\omega}=(\omega_1,\omega_2,\ldots,\omega_n)^T \tag{7.45}$$

V_i $(i = 1{\sim}m)$ および Ω_j $(j = 1{\sim}n - m)$ は，i および j 番目の方向へのたがいに独立である並進速度および角速度を，ω_k $(k = 1{\sim}n)$ は k 番目の能動ジョイントに要する入力速度を表す．さらに，マニピュレータが発生する並進速度，角速度をあわせて次式で定義する．

$$\boldsymbol{V}_{V\Omega} = \begin{pmatrix} \boldsymbol{V} \\ \boldsymbol{\Omega} \end{pmatrix} \tag{7.46}$$

パラレルメカニズムの入力速度 $\boldsymbol{\omega}$ と出力速度 $\boldsymbol{V}_{V\Omega}$ との関係を，ヤコビ行列 $\boldsymbol{J}$ を用いて表す．

$$\boldsymbol{\omega} = \boldsymbol{J}^{-1}\boldsymbol{V}_{V\Omega} \tag{7.47}$$

前項と同じく，並進速度および回転速度それぞれに対して能動ジョイントに必要となる入力速度を明らかにする．まず，式 (7.47) 中の $\boldsymbol{J}^{-1}$ において，ベクトル $\boldsymbol{V}_{V\Omega}$ に含まれている，$\boldsymbol{\Omega}$ の要素に乗じられることになる行列 $\boldsymbol{J}^{-1}$ の $m + 1$ 列目以降を省略した行列を $\boldsymbol{J}_V$ とすれば，次式が導かれる．

$$\boldsymbol{\omega} = \boldsymbol{J}_V\boldsymbol{V} \tag{7.48}$$

式 (7.48) はパラレルメカニズムの出力角速度がゼロであり，並進速度のみを発生する場合の入力速度を表す．さらに，行列 $\boldsymbol{J}_V$ の i 行目の要素を抜き出した行ベクトルを $\boldsymbol{J}_{Vi}$ とすれば，出力並進速度 $\boldsymbol{V}$ に対して i 番目の能動ジョイントの入力速度が次式で表される．

$$\omega_i = \boldsymbol{J}_{Vi}\boldsymbol{V} \tag{7.49}$$

上式の両辺を二乗する．

$$\omega_i^2 = \boldsymbol{V}^T\boldsymbol{J}_{Vi}^T\boldsymbol{J}_{Vi}\boldsymbol{V} \tag{7.50}$$

前項と同様に $\boldsymbol{J}_{Vi}^T\boldsymbol{J}_{Vi}$ は実対称行列となるので，その固有値を λ_{Vi} $(i = 1{\sim}m)$ とし，対応する大きさが 1 の固有ベクトルからなる行列 $\boldsymbol{P}_{Vi}$ を式 (7.31) と同様に定義する．さらに，ベクトル $\boldsymbol{P}_{Vi}\boldsymbol{V}$ を $\hat{\boldsymbol{V}}$ で表し，その要素を $(\hat{V}_1, \hat{V}_2, \ldots, \hat{V}_m)$ とすれば，先ほどと同じ過程によって ω_i^2 は次式で表される．

$$\omega_i^2 = \lambda_{V1}\hat{V}_1^2 + \lambda_{V2}\hat{V}_2^2 + \cdots + \lambda_{Vm}\hat{V}_m^2 \tag{7.51}$$

パラレルメカニズムが動作可能なすべての方向に並進速度 $\bar{v}$ を発生する場合，$\boldsymbol{P}_{Vi}\boldsymbol{V}$ は V に対して大きさを変えない直交変換であることから，前項の式 (7.36) と同様に次式が成り立つ．

$$V_1^2 + V_2^2 + \cdots + V_m^2 = \overline{v}^2 \tag{7.52}$$

したがって，パラレルメカニズムが運動可能なすべての方向に等しい大きさの並進速度 $\overline{v}$ を発生するために i 番目の能動ジョイントに必要な最大速度を ω_{Vi} とすれば，その大きさは次式で求められる．

$$\omega_{Vi} = \max\left(\sqrt{\lambda_{V1}}, \sqrt{\lambda_{V2}}, \ldots, \sqrt{\lambda_{Vm}}\right) \times \overline{v} \tag{7.53}$$

また，パラレルメカニズムが運動可能な任意の方向に回転速度 $\overline{\omega}$ を発生するために i 番目の能動ジョイントに要する入力速度 $\omega_{\Omega i}$ も，並進速度の場合と同様に以下のようにして得られる．すなわち，式 (7.47) 中の $\boldsymbol{J}^{-1}$ において，ベクトル $\boldsymbol{V}_{V\Omega}$ に含まれる要素のなかで $\boldsymbol{V}$ の要素に乗じられる行列 $\boldsymbol{J}^{-1}$ の 1 列から m 列目までを省略した行列を $\boldsymbol{J}_{\Omega}$ とする．行列 $\boldsymbol{J}_{\Omega}$ の i 行目の要素を抜き出した行ベクトルを $\boldsymbol{J}_{\Omega i}$ とすれば，これまでと同様な過程により，$\omega_{\Omega i}$ は実対称行列 $\boldsymbol{J}_{\Omega i}^T\boldsymbol{J}_{\Omega i}$ の固有値 $\lambda_{\Omega i}$ $(i = 1\sim n-m)$ より次式で得られる．

$$\omega_{\Omega i} = \max\left(\sqrt{\lambda_{\Omega 1}}, \sqrt{\lambda_{\Omega 2}}, \ldots, \sqrt{\lambda_{\Omega n-m}}\right) \times \overline{\omega} \tag{7.54}$$

以上の解析方法により，パラレルメカニズムのある位置および姿勢において，運動可能なすべての方向に並進速度 $\overline{v}$ または回転速度 $\overline{\omega}$ の発生を保証する，各能動ジョイントの入力速度の大きさ ω_{Vi} または $\omega_{\Omega i}$ をそれぞれ求めることができる．本書ではこれらを**保証駆動速度**（ensured drive velocity）とよぶ．

さらに，機構の寸法，発生力，発生速度を無次元化することで，前項で述べた保証駆動力および以上の保証駆動速度の値を無次元化し，パラレルメカニズムの特性を評価する指標として用いる．これらで表される特性を，本書では機構の**駆動特性**（driving characteristics）とよぶ．

■7.6.3　駆動特性の評価例

以上で解説した手法によるパラレルメカニズムの駆動特性に関する評価例を，図 7.14 に示すような，XY 平面内において任意方向への並進力および並進速度を，また，XY 平面に垂直な軸周りの回転力および回転速度を発生可能な平面 3 自由度パラレルメカニズムを対象に示す．なお，図 7.14 の機構は図 7.7 で運動伝達指数を検討した機構と同一であり，寸法も図 7.7 に示したとおりである．同パラレルメカニズムの位置は出力リンクの中心点 P の座標で，また，出力リンクの姿勢は角度 γ で表す．

平面パラレルメカニズムが出力可能な X および Y 軸方向の並進および Z 軸周り

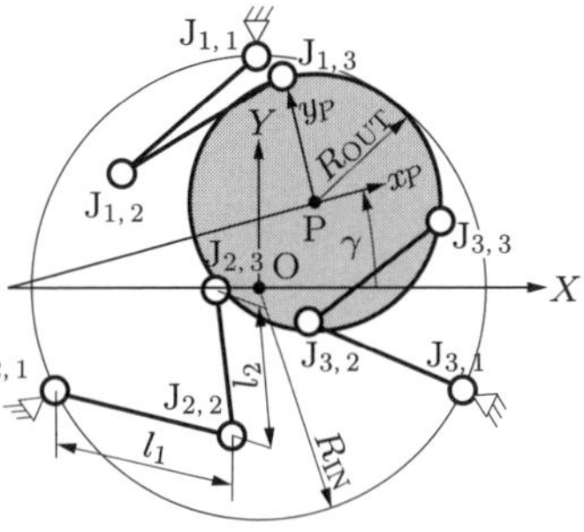

図 7.14 平面 3 自由度パラレルメカニズム

の回転力を，F_X，F_Y および M_Z とすれば，能動ジョイント $\mathrm{J}_{k,1}$ $(k = 1 \sim 3)$ に要する各トルク T_k $(k = 1 \sim 3)$ は，ヤコビ行列を用いて次式で表される．

$$\begin{bmatrix} T_1 \\ T_2 \\ T_3 \end{bmatrix} = \begin{bmatrix} J_{11} & J_{12} & J_{13} \\ J_{21} & J_{22} & J_{23} \\ J_{31} & J_{32} & J_{33} \end{bmatrix}^T \begin{bmatrix} F_X \\ F_Y \\ M_Z \end{bmatrix} \tag{7.55}$$

実際に，行列の要素を転置すれば次式となる．

$$\begin{bmatrix} T_1 \\ T_2 \\ T_3 \end{bmatrix} = \begin{bmatrix} J_{11} & J_{21} & J_{31} \\ J_{12} & J_{22} & J_{32} \\ J_{13} & J_{23} & J_{33} \end{bmatrix} \begin{bmatrix} F_X \\ F_Y \\ M_Z \end{bmatrix} \tag{7.56}$$

上式中の J_{ij} $(i, j = 1 \sim 3)$ は，図 7.14 の平面パラレルメカニズムに関するヤコビ行列の i 行 j 列目の要素を表している．上式において，パラレルメカニズムが並進力を発生するために能動ジョイント $\mathrm{J}_{1,1}$ に必要なトルク T_1 を抽出すれば次式となる．

$$T_1 = \begin{bmatrix} J_{11} & J_{21} \end{bmatrix} \begin{bmatrix} F_X \\ F_Y \end{bmatrix} \tag{7.57}$$

すなわち，能動ジョイント $\mathrm{J}_{k,1}$ を含む各能動ジョイントのトルク T_k $(k = 1 \sim 3)$ を表せば次式となる．

$$T_k = \begin{bmatrix} J_{1k} & J_{2k} \end{bmatrix} \begin{bmatrix} F_X \\ F_Y \end{bmatrix} \tag{7.58}$$

上式の両辺を二乗すれば，式 (7.30) に相当する次式が導かれる．

$$T_k^2 = \begin{bmatrix} F_X & F_Y \end{bmatrix} \begin{bmatrix} J_{1k} \cdot J_{1k} & J_{1k} \cdot J_{2k} \\ J_{2k} \cdot J_{1k} & J_{2k} \cdot J_{2k} \end{bmatrix} \begin{bmatrix} F_X \\ F_Y \end{bmatrix} \tag{7.59}$$

各能動ジョイントのトルク T_k $(k = 1 \sim 3)$ に関して，上式の右辺に含まれる正方行列をそれぞれ求め，各行列の固有値 $(\lambda_{F1,k}, \lambda_{F2,k})$ $(k = 1 \sim 3)$ を固有方程式などから算出すれば，式 (7.34) において $m = 2$ としたトルク T_k と並進力との関係式が導かれる．さらに，式 (7.37) より，パラレルメカニズムがすべての方向にある大きさ $\overline{f}$ の並進力を発生するために各能動ジョイントに必要なトルク T_k $(k = 1 \sim 3)$ の値，すなわち保証駆動力 T_{Fk} $(k = 1 \sim 3)$ が次式より求められる．

$$T_{Fk} = \max\left(\sqrt{\lambda_{F1,k}}, \sqrt{\lambda_{F2,k}}\right) \times \overline{f} \tag{7.60}$$

以上のようにして得られる解析結果に関して，シリアルメカニズムなどを用いたロボットを対象とする場合は，個々の能動ジョイントの保証駆動力を検討して，それぞれに応じたアクチュエータ，減速機を選定すればよい．しかし，パラレルメカニズムを構成する各連鎖は，通常，構造がたがいに等しく，能動ジョイントに配置するアクチュエータ，減速機も同一とする場合が多い．その場合，パラレルメカニズムの適切な作業位置・姿勢や，アクチュエータ，減速機などの選定に関しては，各能動ジョイントに要する保証駆動力を比較して，それらの最大値を用いることになる．また，この最大値が小さい場合，負荷が特定のアクチュエータに集中せず，すべてのアクチュエータに分配されている良好な状態であるとも予想される．そこで，パラレルメカニズムの各能動ジョイントに要する保証駆動力を比較し，さらに，それらの最大値を**最大保証駆動力**（maximum ensured driving force）とよび，パラレルメカニズムの評価に用いる．

例として，図 7.14 の平面パラレルメカニズムの出力リンクの位置を，作業領域内で原点から X 軸および Y 軸方向にそれぞれ 5 mm ずつ変化させ，各位置において動作可能なすべての方向に等しい大きさの並進力を発生するために必要な各能動ジョイントの保証駆動力 T_{Fk} $(k = 1 \sim 3)$ をそれぞれ求める．さらに，これらを比較して，もっとも大きな T_{Fk} を最大保証駆動力とする．なお，出力リンクの姿勢を表す回転角 γ は常に $0°$ とした．

先に述べたように，任意の並進力，さらに，図 7.14 の寸法のパラレルメカニズムだけでなく，相似な形状の機構の保証駆動力を容易に評価可能とするため，発生する並進力の大きさを単位量 1 とする．さらに，出力が一定であっても，機構の寸法に比例して入力の大きさが変化するため，最大保証駆動力の値を機構の代表寸法で除して，並進力に関する駆動特性の値 $T_{M,P}$ を次式のように求める．ここでは，代表寸法を能動ジョイントが存在する円の半径 R_{IN} とした．

$$T_{M,P} = \max(T_{F1}, T_{F2}, T_{F3})/R_{\mathrm{IN}} \tag{7.61}$$

作業領域全体にわたる駆動特性の変化を示すため，得られた値を出力リンクの点Pの座標にプロットし，等高線図として図7.15に示す[9]．ただし，機構寸法の無次元化のため，点Pの座標は能動ジョイントが存在する円の半径 R_{IN} で除した値である．

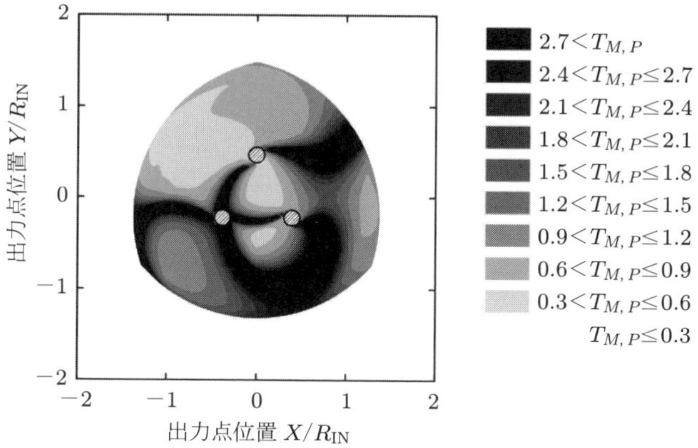

図7.15 単位並進力に対する最大保証駆動力[9]

図7.15において，作業領域は三つの円弧で囲まれた領域であり，中央部付近の斜線が記された三つの円部分は特異姿勢近傍のため作業領域に含めない．

図7.15より，平面3自由度パラレルメカニズムの出力点が $(X, Y) = (0, 0)$ の位置であるとき，平面内の動作可能な方向（この場合はすべての方向）に1の並進力を出力するために，能動ジョイントが発生しなければならないすべてのトルクの最大値 $T_{M,P}$ は0.3〜0.6の範囲であることがわかる．また，トルク $T_{M,P}$ はパラレルメカニズムの位置の変化により複雑に変化することがわかる．なお，回転角 γ は $0°$ としているため，姿勢が変化すれば，$T_{M,P}$ の分布も変化する．

次に，式(7.56)から，回転力のみを発生するトルクを表す関係式を求める．すなわち，式(7.56)において，パラレルメカニズムが並進力を発生するために各能動ジョイントに必要なそれぞれのトルク T_k $(k = 1〜3)$ は次式で表される．

$$T_k = J_{3k} M_Z \quad (k = 1〜3) \tag{7.62}$$

この場合は1自由度であるため，固有値などを求める必要がなく，上式において M_Z を目標とする回転力 $\overline{m}$ とすれば，それぞれの能動ジョイントに要するトルク T_k

$(k = 1 \sim 3)$ が保証駆動力 T_{Mk} として求められる．得られた値を比較し，その最大値を回転力に関する最大保証駆動力 $T_{M,R}$ とする．

先ほどと同様に，最大保証駆動力の値を無次元化し，駆動特性として評価することを考える．回転力に関する駆動特性値 $T_{M,R}$ は，式 (7.62) において回転力 M_Z を単位量 1 として次式で求められる．

$$T_{M,R} = \max(T_{M1}, T_{M2}, T_{M3}) \tag{7.63}$$

ここで式 (7.61) と比較すると，右辺を機構の代表寸法とした R_{IN} で除していない．これは，機構の寸法が拡大縮小しても回転力に関する入出力比は一定となるからである．これらの関係は，たとえば歯車装置を想像してもらえれば容易に理解できる．歯車装置は，減速比が一定であれば，歯車が大きくなっても小さくなっても入出力関係は一定である．同様に，入出力がともに並進運動である場合も，機構が相似形であれば，寸法に関係なく入出力比は一定となる．一方，入力が並進速度で，出力が回転速度である場合などは，一定の入力速度に対して出力速度の大きさは機構の寸法に通常は反比例し，入力に対する出力の力の大きさは比例する．

先に述べたように，ヤコビ行列はパラレルメカニズムを含むロボットに用いる機構の入出力比を表しており，その要素の次元には以上で述べた関係が当てはまる．すなわち，入出力がともに直進または回転である場合は，無次元の比例定数となり，並進から回転の場合は長さの逆の次元をもつ．これらをまとめると，図 7.16 のとおりである．なお，L は機構の代表寸法であり，矢印に L または $1/L$ が付してある場合，矢印方向への入出力がそれぞれ寸法に比例または反比例することを示している．もしくは，ヤコビ行列の要素など，入出力比を表す変数が，寸法または寸法の逆数の次元をもつことを示している．

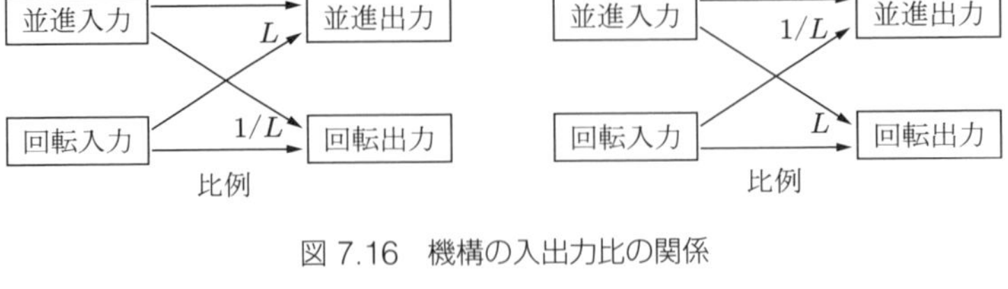

図 7.16　機構の入出力比の関係

よって，式 (7.61) に示したとおり，図 7.14 の機構において並進出力に対する回転入力の駆動特性値 $T_{M,P}$ を求める場合には，無次元化のために最大保証駆動力の値を代表寸法 R_{IN} で除している．一方，回転力に関する駆動特性値 $T_{M,R}$ は，回転入力から回転出力を得ているため，式 (7.63) のように，代表寸法で除す必要はない．

式 (7.63) より回転力に関する駆動特性を求め，平面 3 自由度パラレルメカニズムの作業領域において等高線図で表せば図 7.17 となる．

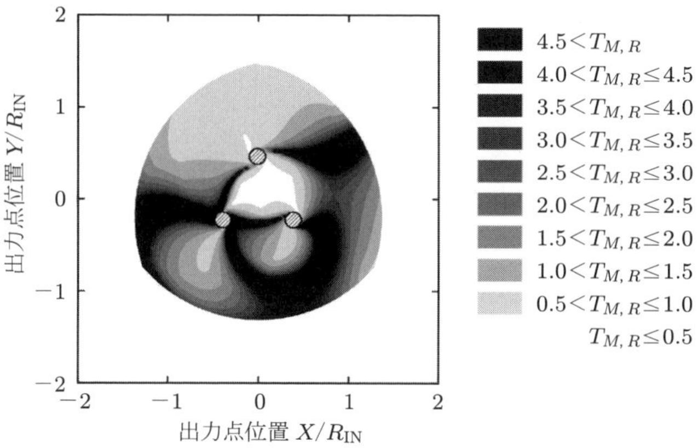

図 7.17　単位回転力に対する最大保証駆動力[9]

図 7.17 に示すとおり，すべての能動ジョイントに対して回転力を発生するために必要なトルクの最大値も，出力点の位置によって複雑に変化することがわかる．並進力とあわせて考察すれば，分布図の濃い色の範囲は，特定の能動ジョイントに負荷が集中する傾向があることを表している．

保証駆動速度に関しても，以上の方法で各能動ジョイントに要する値を求めて比較し，その最大値を**最大保証駆動速度**（maximum ensured driving velocity）とよぶ．その算出手順は式 (7.43)〜(7.54) に示したとおりであるが，図 7.14 の平面パラレルメカニズムを対象とした最大保証駆動力の解析例に沿って説明すれば，まず，式 (7.55) に相当する式として式 (7.47) を用い，各能動ジョイント $\mathrm{J}_{k,1}$ ($k=1$〜3) の角速度 ω_k ($k=1$〜3) と出力リンクが発生可能な X，Y 方向への並進速度 V_X，V_Y および平面内（平面に垂直な Z 軸周り）の回転速度 Ω_Z との関係を求める．以上の関係式より，各角速度 ω_k ($k=1$〜3) と並進速度および回転速度との関係をそれぞれ抽出し，式 (7.58) および式 (7.62) に相当する式を導く．

並進速度に関しては，式 (7.59) のように各能動ジョイントの入力速度 ω_k と，X，Y 軸方向への並進速度 V_X，V_Y との関係を 2 次形式として表し固有値を求めれば，式 (7.60) と同様に，パラレルメカニズムがすべての方向にある大きさ $\overline{v}$ の並進速度を発生するために，各能動ジョイントが発生しなければならない入力速度の値が保証駆動速度 ω_{Vk} ($k=1$〜3) としてそれぞれ求められる．これらを比較して，すべての能動ジョイントに要する保証駆動速度の最大値を最大保証駆動速度とする．ここで，$\overline{v}$ を単位量 1 として，さらに，得られる最大値を，図 7.16 に示す関係から式 (7.61) と同様に機構の代表寸法（ここでは R_{IN} とした）を乗じれば，図 7.14 の平面パラレルメカニズムの並進速度に関する駆動特性を表す無次元量 $\omega_{M,P}$ が得られる．

回転速度に関しても，この場合，1 自由度であることから，式 (7.62) に相当する式を式 (7.47) から導き，パラレルメカニズムがある大きさ $\overline{\omega}$ の回転速度を発生するために必要な最大保証駆動速度を容易に求められる．さらに，$\overline{\omega}$ を単位量 1 とすれば，回転速度に関する駆動特性を表す無次元量 $\omega_{M,R}$ が得られる．

図 7.15 および図 7.17 と同様に求めた，大きさが単位量 1 である任意方向への並進速度および回転速度に対する特性値 $\omega_{M,P}$ および $\omega_{M,R}$ を図 7.18 および図 7.19 に示す．

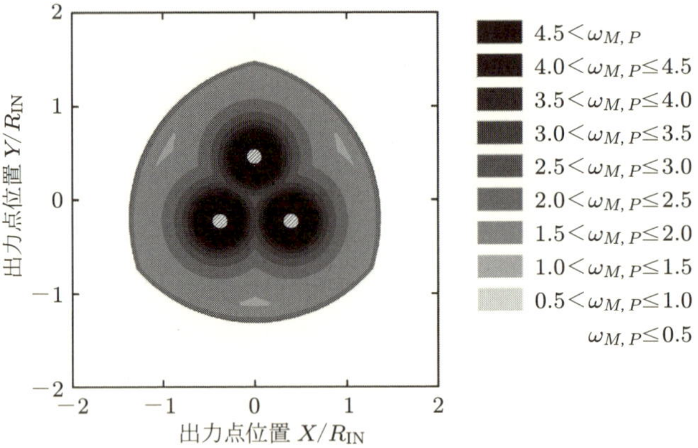

図 7.18　単位並進速度に対する最大保証駆動速度[9]

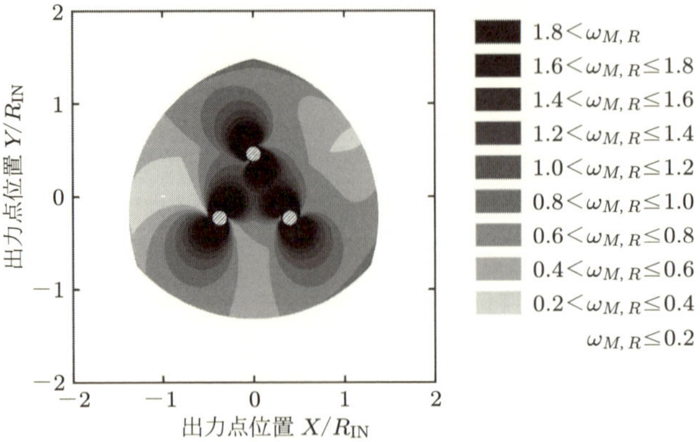

図 7.19　単位回転速度に対する最大保証駆動速度[9]

これらの図からわかるように，同じ大きさの速度を発生させるために必要なアクチュエータからの入力速度は，出力リンクの位置によって複雑に変化する．また，ある作業に対して出力リンクの位置を適切に選択すれば，能動ジョイントに必要な入力速度を抑えることができる．

実際にアクチュエータや減速機の選定を行うにためには，以上の図で示したような特性値から，機構が発生する力や速度，さらに寸法に応じて，実際の力や速度の入力値を求める必要がある．単位並進力および単位回転力に対する最大保証駆動力の特性値 $T_{M,P}$ および $T_{M,R}$ から，実際にパラレルメカニズムの能動ジョイントに要する入力を求めるには，並進力および回転力に関する特性値に，実際の出力値である $\overline{f}$ および $\overline{m}$ をそれぞれ乗じ，さらに並進力に関しては，式 (7.61) で示したように，無次元化時に除した機構の代表寸法（ここでは R_{IN}）を乗じる．すなわち，発生すべき並進力および回転力に対して，図 7.14 の平面パラレルメカニズムの能動ジョイントに要するトルクの最大値 $T_{\max}$ は次式で表される．

$$T_{\max} = \begin{cases} \overline{f} \cdot R_{\mathrm{IN}} \cdot T_{M,P} \\ \overline{m} \cdot T_{M,R} \end{cases} \tag{7.64}$$

同様に，角速度の最大値 $\Omega_{\max}$ は次式で表されることになる．

$$\Omega_{\max} = \begin{cases} (\overline{v}/R_{\mathrm{IN}}) \cdot \omega_{M,P} \\ \overline{\omega} \cdot \omega_{M,R} \end{cases} \tag{7.65}$$

以上の値を用いてパラレルメカニズムの設計を行えば，動作可能な任意方向への出力を保証した機構の設計が行える．ただし，パラレルメカニズムの姿勢とともに駆動特性も変化することから，実際には各姿勢に対する算出が必要である．しかし，以上の方法はすべての位置・姿勢における値を解析するより，短時間で駆動特性が評価でき，図などを用いることによって機構の特性を直感的にも把握できる．

7.7 まとめ

本章では，ロボットに用いる機構の制御が不可能となる特異姿勢について述べるとともに，パラレルメカニズム特有の特異姿勢を解説し，その解析方法を示した．また，このようなメカニズムの動きやすさを評価する従来からの方法を示すとともに，パラレルメカニズムの出力条件を満たすための入力値を解析する方法を示した．同方法は，さまざまな方向への出力が可能なパラレルメカニズムの入力値の最大値を容易に求める方法であり，パラレルメカニズムの設計に有用である．

なお，本章で述べた駆動特性に関する解析方法は，力や速度に対する入力値だけでなく，パラレルメカニズムの動作可能な任意方向への出力誤差の傾向を解析することもできる[10]．また，次章で示すように，パラレルワイヤ駆動機構の入力値の解析[11]も行える．

■参考文献

[1] パラレルマニピュレータの機構と特性，武田行生，日本ロボット学会誌，30 (2), pp.124–129 (2012).
[2] 基礎からわかる機械設計学，茶谷明義 ほか，森北出版，p.143 (2003).
[3] パラレルマニピュレータにおける運動伝達性，武田行生・舟橋宏明，日本機械学会論文集 C 編，59 (560), pp.1142–1147 (1993).
[4] 異形式のパラレルメカニズムからなる 6 自由度空間ハイブリッドメカニズム，立矢 宏・秋野晋也・竹内政紀・須賀智昭，日本機械学会論文集 C 編，64 (627), pp.4353–4360 (1998).
[5] ロボットアームの可操作度，吉川恒夫，日本ロボット学会誌，2 (1), pp.63–67 (1984).
[6] ロボット制御基礎論，吉川恒夫，コロナ社，pp.109–131 (1988).
[7] パラレルリンクマニピュレータの力解析，小菅一弘・奥田 実・川俣裕行・福田敏男・小塚敏紀・水野智夫，日本機械学会論文集 C 編，60 (575), pp.2338–2344 (1994).
[8] ロボット制御基礎論，吉川恒夫，コロナ社，pp.225–227 (1988).
[9] マニピュレータの駆動特性評価法，立矢 宏・竹内政紀・西山貴之・谷 信明，日本機械学会論文集 C 編，67 (663), pp.3554–3560 (2001).
[10] 任意方向の負荷に対する多自由度機構の出力変位誤差評価—評価法の提案と 3 自由度空間パラレルメカニズムの高剛性化—，立矢 宏・山本康夫・橋本直親・金子義幸，日本機械学会論文集 C 編，71 (701), pp.214–220 (2005).
[11] パラレルワイヤ駆動機構の張力評価による上体動作支援装置の開発，立矢 宏・佐野巌根・奥野公輔・宮崎祐介・吉田博一，日本機械学会論文集 C 編，73 (727), pp.833–840 (2007).

第8章

パラレルワイヤ駆動機構

8.1 はじめに

出力リンクを複数のワイヤで牽引して位置や姿勢決めを行う機構を**パラレルワイヤ駆動機構**（parallel wire driven mechanism）とよぶ．ワイヤは通常，軽量な細線であることから，剛体のリンクからなる複数の連鎖で構成するパラレルメカニズムに比べ，機構そのものも軽量で占有空間が少ない．また，柔軟性にも優れている．さらに，パラレルメカニズムと同様に多自由度な運動が可能であることから，人体へ装着する装置の機構などとして利用価値が高い[1, 2]．

ただし，ワイヤに常に張力を発生させなければならず，必要な自由度より多い数のアクチュエータを必要とするなど，パラレルメカニズムとは異なる設計，解析方法が必要である．本章では，同機構の形式や，基本的な運動学，力学の解析方法を学ぶ．

8.2 パラレルワイヤ駆動機構の形式

前章までに述べたパラレルメカニズムの連鎖は，図 8.1 (a) に示すように，剛体とみなせるリンクで構成されている．これに対して第 3 章にも示したとおり，連鎖にワイヤを利用して出力リンクの位置および姿勢を制御する図 8.1 (b) に示すような機構を，パラレルワイヤ駆動機構とよぶ．

パラレルワイヤ駆動機構のワイヤは，常に引張状態である必要があり，圧縮力を受けられない．よって，図 8.1 (b) に示すように，引張力のみで出力リンクを支持可能となるようにワイヤを対向して配置する，もしくは図 3.4 に示したように支柱を用いるなどの工夫が必要である．

さらに，常にワイヤの引張状態を保ち，出力リンクに n 自由度の運動を行わせるためには，$n+1$ 本以上のワイヤによる入力が必要である．例として，図 8.1 に示すパ

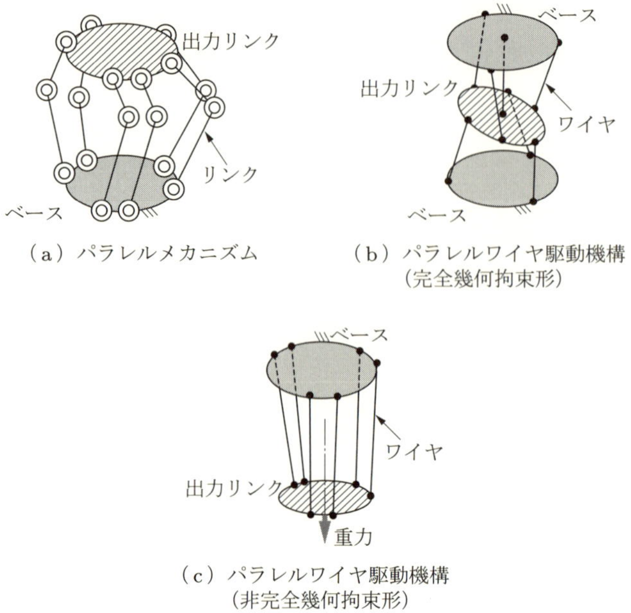

図 8.1　パラレルメカニズムとパラレルワイヤ駆動機構

ラレルメカニズムおよびパラレルワイヤ駆動機構はいずれも空間 6 自由度機構であるが，図 8.1 (b) のパラレルワイヤ駆動機構では，入力のためのワイヤの数が 7 本となっている．これは，出力リンクの 6 自由度の位置・姿勢決めを 6 本のワイヤで行うとともに，位置・姿勢決めした状態で各ワイヤの引張状態を保つため，7 本目のワイヤで内力を発生させているためと考えることができる．ただし，いずれかのワイヤのみを内力発生のために用いるのではなく，出力リンクが目標とする位置および姿勢となるように各ワイヤの長さを決めるとともに，適度な引張力ですべてのワイヤが引張り合うようにワイヤの牽引力などを調整する必要がある．なお，本章では引張りおよび圧縮のワイヤ張力を，それぞれ正および負のワイヤ張力と表現する．

以上のように，パラレルワイヤ駆動機構は，必要な自由度よりアクチュエータの数，すなわち入力自由度が多い冗長機構である．ただし，図 8.1 (c) に示すように，引張力を重力などで発生させ，冗長さを必要としないパラレルワイヤ駆動機構も存在する[3]．図 8.1 (b) に示すような冗長機構である形式を完全幾何拘束形とよび，図 8.1 (c) に示す形式を非完全幾何拘束形とよぶことがある．図 8.1 (c) の非完全幾何拘束形機構は図 8.1 (b) の完全幾何拘束形機構のワイヤの 1 本を重力に置き換えているとみなせる．

非完全拘束形のパラレルメカニズムは，アクチュエータ数が少なく，構造も比較的単純になるが，拘束力が小さく，外乱に弱いため用途は限られる．本章では，完全幾何拘束形のパラレルメカニズムを対象に学ぶ．

8.3　運動学解析

■8.3.1　逆運動学解析

パラレルワイヤ駆動機構の運動学解析は，基本的にパラレルメカニズムと同じであり，第5章で述べた方法に沿えばよい．ここでは，図8.2に示す空間3自由度パラレルワイヤ駆動機構を対象に例を示す．なお，利用する頻度が多い逆運動学の解析に関して最初に説明し，その後，比較的解析が複雑な順運動学を示す．

図8.2の機構は第3章でも例として示した機構形式であり，4本のワイヤを用い，さらに，3自由度のボールジョイントで出力リンクを支持しており，ワイヤの長さを調整する駆動部をすべてベースに配置して空間で3自由度の姿勢決めが行える．なお，略記しているが，ベースおよび出力リンクとワイヤとの連結には2自由度のジョイントを用いている．

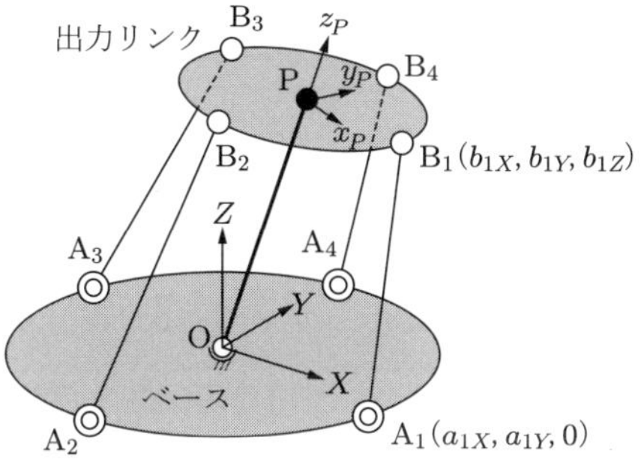

図8.2　空間3自由度パラレルワイヤ駆動機構

ここで，ベースには絶対座標系 O-XYZ を，出力リンクには動座標系 P-$x_P y_P z_P$ を設定し，座標系 O-XYZ に対する点Pの座標および座標系 P-$x_P y_P z_P$ の方向で出力リンクの位置および姿勢を表す．ベース上のワイヤ連結点を A_i $(i = 1\sim4)$ とし，各点の座標を O-XYZ に対して $(a_{iX},\ a_{iY},\ a_{iZ})$ で表す．ただし，連結点はベース上に存在するため，$a_{iZ} = 0$ である．また，出力リンク上のワイヤ連結点を B_i とし，各点の座標を O-XYZ に対して $(b_{iX},\ b_{iY},\ b_{iZ})$ で表し，各ワイヤは A_iB_i で表す．パラレルワイヤ駆動機構の初期姿勢を，O-XYZ と P-$x_P y_P z_P$ の各軸方向が平行である場合とし，同状態における点 B_i の座標を $(b^0_{iX}, b^0_{iY}, b^0_{iZ})$ とする．

パラレルメカニズムと同様に，パラレルワイヤ駆動機構の逆運動学は比較的容易であり，以下の手順で行われる．

1. 姿勢の表現方法を決定する
2. 同表現方法にのっとり，姿勢変化後の出力リンク上のワイヤ連結点（パラレルメカニズムの出力リンク側ジョイントに相当）の位置を求める
3. 同点とベース上のワイヤ連結点（パラレルメカニズムのベース側ジョイントに相当）を結ぶ線分の長さ，すなわちワイヤ長を求める．

以上の結果に従って，ベース上のワイヤ連結点に設けたアクチュエータなどでワイヤ長さを調整すればよい．以下，図 8.2 の機構に関し，人体に装着して用いる場合を想定した逆運動学解析の例を示す．

1. 姿勢の表現方法を決定する

人体などに装着して運動を補助する目的にパラレルワイヤ駆動機構を用いる場合，出力リンクとともに姿勢を表す座標系を回転させるオイラー角法のほうが人体の姿勢の変化を指定しやすい．たとえば，パラレルワイヤ駆動機構で体幹を支持し，身体を左右に揺動させて，傾いた体軸周りに身体をひねるなどの姿勢を指定する場合，回転を表す座標系が姿勢とともに変化するほうが表現は容易となる．

そこで，ここではオイラー角法を用い，出力リンクを初期姿勢の状態から X 軸，Y' 軸，Z'' 軸の順で，各軸周りに α，β，γ の角変位を与える．なお，初期状態において絶対座標系 O-XYZ に一致している座標系を X 軸周りに α 回転させた後の座標系を O-$X'Y'Z'$，さらに，O-$X'Y'Z'$ 座標系を Y' 軸周りに β 回転させた座標系を O-$X''Y''Z''$ とする．

2. 姿勢変化後の出力リンク上のワイヤ連結点の位置を求める

各点の初期状態における座標は O-XYZ に対して $(b^0_{iX}, b^0_{iY}, b^0_{iZ})$ である．また，オイラー角法を用いた姿勢変換後の座標を，絶対座標系 O-XYZ に対して $(b''_{iX}, b''_{iY}, b''_{iZ})$ とする．座標変換行列は 5.6.2，5.6.3 項を参考に，次式で表される．

$$\begin{aligned}
\boldsymbol{D} &= \boldsymbol{E}^{i\alpha}\boldsymbol{E}^{j\beta}\boldsymbol{E}^{k\gamma} \\
&= \begin{pmatrix} 1 & 0 & 0 \\ 0 & \cos\alpha & -\sin\alpha \\ 0 & \sin\alpha & \cos\alpha \end{pmatrix} \begin{pmatrix} \cos\beta & 0 & \sin\beta \\ 0 & 1 & 0 \\ -\sin\beta & 0 & \cos\beta \end{pmatrix} \begin{pmatrix} \cos\gamma & -\sin\gamma & 0 \\ \sin\gamma & \cos\gamma & 0 \\ 0 & 0 & 1 \end{pmatrix} \\
&= \begin{pmatrix} C_\beta C_\gamma & -C_\beta S_\gamma & S_\beta \\ C_\alpha S_\gamma + S_\alpha S_\beta C_\gamma & C_\alpha C_\gamma - S_\alpha S_\beta S_\gamma & -S_\alpha C_\beta \\ S_\alpha S_\gamma - C_\alpha S_\beta C_\gamma & S_\alpha C_\gamma + C_\alpha S_\beta S_\gamma & C_\alpha C_\beta \end{pmatrix}
\end{aligned} \tag{8.1}$$

なお，C_α，C_β，C_γ は前章までと同様に，それぞれ $\cos\alpha$，$\cos\beta$，$\cos\gamma$ を，S_α，S_β，S_γ は，それぞれ $\sin\alpha$，$\sin\beta$，$\sin\gamma$ を表している．

姿勢変化後の出力リンク上のワイヤ連結点の位置の関係は次式で表される．

$$\begin{pmatrix} b''_{iX} \\ b''_{iY} \\ b''_{iZ} \end{pmatrix} = \boldsymbol{D} \begin{pmatrix} b^0_{iX} \\ b^0_{iY} \\ b^0_{iZ} \end{pmatrix}$$
$$= \begin{pmatrix} b^0_{iX} C_\beta C_\gamma + b^0_{iY}(-C_\beta S_\gamma) + b^0_{iZ} S_\beta \\ b^0_{iX}(C_\alpha S_\gamma + S_\alpha S_\beta C_\gamma) + b^0_{iY}(C_\alpha C_\gamma - S_\alpha S_\beta S_\gamma) + b^0_{iZ}(-S_\alpha C_\beta) \\ b^0_{iX}(S_\alpha S_\gamma - C_\alpha S_\beta C_\gamma) + b^0_{iY}(S_\alpha C_\gamma + C_\alpha S_\beta S_\gamma) + b^0_{iZ} C_\alpha C_\beta \end{pmatrix} \tag{8.2}$$

3. 出力リンクおよびベース連結点の位置からワイヤの長さを求める

各ワイヤ $\mathrm{A}_i\mathrm{B}_i$ の初期状態における長さを l^0_i，姿勢変化後の長さを l''_i とすれば，以上の結果より，出力リンクの姿勢変化による入力値，すなわち各ワイヤ長さの変化量 Δl_i は次式で表される．

$$\Delta l_i = l''_i - l_i = \sqrt{(b''_{iX} - a_{iX})^2 + (b''_{iY} - a_{iY})^2 + (b''_{iZ} - a_{iZ})^2}$$
$$- \sqrt{(b^0_{iX} - a_{iX})^2 + (b^0_{iY} - a_{iY})^2 + (b^0_{iZ} - a_{iZ})^2} \tag{8.3}$$

基本的には，各ワイヤ $\mathrm{A}_i\mathrm{B}_i$ の長さを，以上で得られた Δl_i 分だけ変化させればよい．ただし，これまで述べてきたとおり，常にワイヤ張力を正に保つ必要がある．

補足として，以上では絶対座標系 O-XYZ に対して出力リンクの姿勢変化を表しているが，5.6 節では出力リンク上の動座標系 P-$x_P y_P z_P$ を用いて姿勢変化を表した．5.6 節で対象とした機構は空間 6 自由度機構であり，姿勢と位置をいずれも独立に指定する．この場合，絶対座標系 O-XYZ 周りに出力リンクの姿勢変化を表すと，出力リンクの位置を表す出力点の位置も変化するため，その影響を位置の指定時に考慮しなければならなくなる．そこで，出力リンクの位置を表す出力点の位置を固定した条件で，出力リンクの姿勢変化によるジョイントの位置の変化を求めるために P-$x_P y_P z_P$ を用いて姿勢の変化を表した．これに対し，図 8.2 の機構の自由度は原点 O を中心とした回転 3 自由度のみであるため，位置の変化を独立して指定することはできず，姿勢変化による従属的な位置の変化を求めることになるため，ベース上に設定した絶対座標系を基準に姿勢の変化を表すことになる．

■8.3.2　順運動学解析

パラレルワイヤ駆動機構の順運動学の解析は，パラレルメカニズムと同様，逆運動学に比べて複雑である．基本的な方法は 5.5.1 項と同様であり，以下の手順となる．

1. 入力変位からワイヤ長などの条件を決定する
2. ベースと出力リンクが指定したワイヤ長で連結されるように，出力リンク上のワイヤ連結点の位置を出力リンクの形状などに基づく幾何学的拘束条件から決定する
3. 同位置から出力リンクの位置・姿勢を求める

手順 2 における解析では，通常，非線形方程式を解くことになり，ニュートン・ラフソン法などの数値計算を利用する．機構形式により順運動学解析の具体的な手法は異なるが，ここでは，空間での 3 自由度の姿勢変化が可能な，図 8.2 に示すパラレルワイヤ駆動機構の順運動学解析を例題として示しておく．

例題 8.1　図 8.3（図 8.2 の再掲）に示す空間 3 自由度パラレルワイヤ駆動機構の入力変位となるワイヤ長が与えられたとして，順運動学解析により出力リンクの姿勢を求めよ．

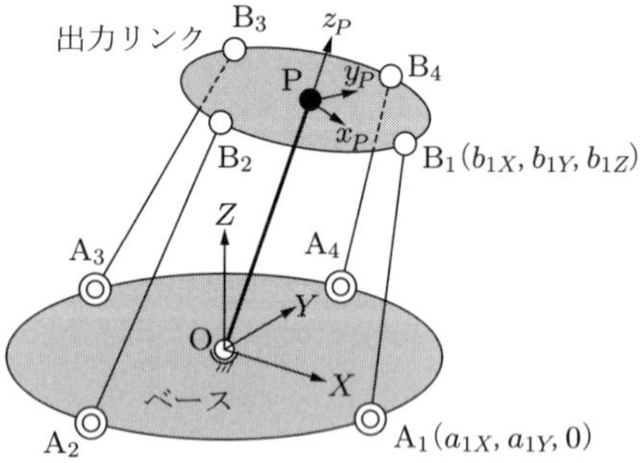

図 8.3　空間 3 自由度パラレルワイヤ駆動機構

解答　図 8.3 の機構の出力リンクには 4 本のワイヤが連結されている．このうち，3 点の位置が決定すれば，出力リンクの位置および姿勢が定まり，残る 1 点の連結位置は従属的に決まる．よって，順運動学においては，3 本の連鎖で構成するパラレルメカニズムとして解析することができる．ここでは，B_1，B_2，B_3 の位置を対象とする．

まず，手順 1 として，入力変位を与えた後の，B_1，B_2，B_3 と A_1，A_2，A_3 とを結ぶワイヤ長をそれぞれ l_1，l_2，l_3 とする．

次に，手順 2 として，出力リンクの形状などから幾何学的な拘束条件を表す式を導く．

すなわち，出力リンクの中心 P とベースは，長さ一定の支柱 OP で連結されており，点 O 周りに 3 軸の回転運動が可能である．OP の長さは l_S で表す．さらに，点 O から出力リンク上の連結点 B_1，B_2，B_3 までの距離も常に一定であり，これらを l_{B1}，l_{B2}，l_{B3} で表す．したがって，点 B_i $(i = 1 \sim 3)$ は，それぞれ点 O を中心とした半径 l_{Bi} の球面上に存在する．一方，ワイヤ長 l_i も条件として与えられているので，点 B_i は同時に点 A_i を中心とした半径 l_i の球面上に存在することになる．

すなわち，点 B_i は，図 8.4 で示す球面どうしの交線 S_i 上に存在する．また，出力リンク上において B_1B_2，B_2B_3，B_3B_1 の距離は常に一定であるので，同条件を満たすように点 B_i の位置を求める．ここでは，図 8.4 に示すように，点 B_i が存在する曲線 S_i の頂点 B_{vi} から鉛直に下ろした垂線を基準とし，垂線とベースとの交点を M_i として，点 M_i と点 B_i を結ぶ線分が垂線となす角を θ_i とし，θ_i の値を求めることで点 B_i の位置を決定する．

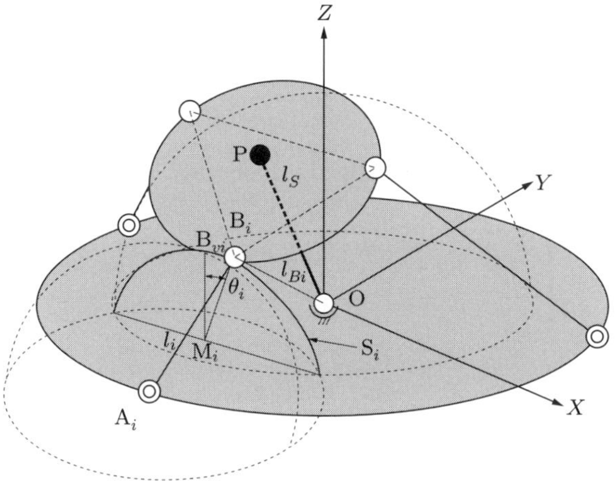

図 8.4 パラレルワイヤ駆動機構の幾何学的な拘束条件

実際に解析を行う．点 M_i の絶対座標系 O-XYZ に対する座標を (m_{iX}, m_{iY}, m_{iZ}) とし，また，点 A_i，B_i，B_{vi} および点 M_i の原点 O に対する位置ベクトルを，図 8.5 に示すようにそれぞれ $\boldsymbol{a}_i$，$\boldsymbol{b}_i$，$\boldsymbol{b}_{vi}$ および $\boldsymbol{m}_i$ で表す．また，点 M_i から点 B_{vi}，B_i へのベクトルをそれぞれ $\boldsymbol{h}_{vi}$，$\boldsymbol{h}_i$ とする．

図 8.5 (a) に示すとおり，$\boldsymbol{b}_i$ は $\boldsymbol{b}_{vi}$ をベクトル $\boldsymbol{m}_i$ 周りに θ_i 回転させたベクトルである．したがって，第 4 章の式 (4.28) で示したように次式が成り立つ．

$$\boldsymbol{b}_i = (\boldsymbol{b}_{vi} \cdot \boldsymbol{\omega}_i)\boldsymbol{\omega}_i + \cos\theta_i[\boldsymbol{b}_{vi} - (\boldsymbol{b}_{vi} \cdot \boldsymbol{\omega}_i)\boldsymbol{\omega}_i] + \sin\theta_i(\boldsymbol{\omega}_i \times \boldsymbol{b}_{vi}) \tag{8.4}$$

なお，$\boldsymbol{\omega}_i$ は $\boldsymbol{m}_i$ 方向の単位ベクトルであり，次式で表される．

$$\boldsymbol{\omega}_i = \frac{\boldsymbol{m}_i}{|\boldsymbol{m}_i|} \tag{8.5}$$

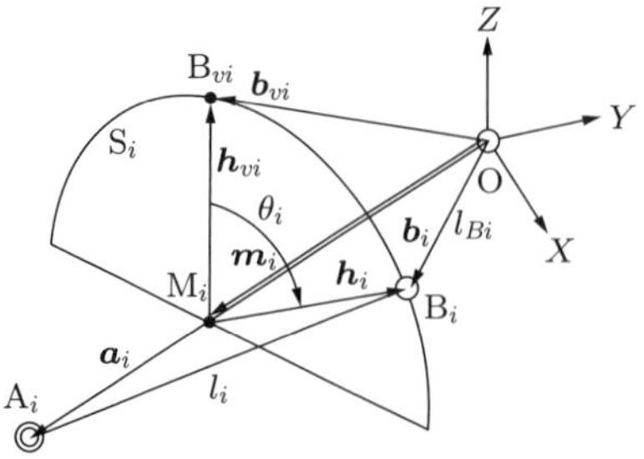

（a）ベクトルによる幾何学的な関係

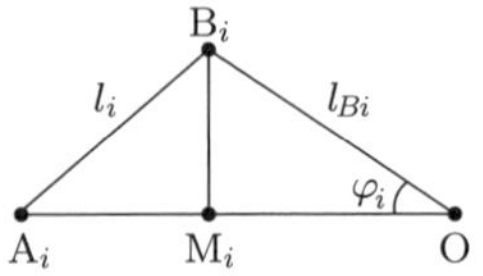

（b）点 $\mathrm{A}_i, \mathrm{B}_i$ および点 M_i の関係

図 8.5　ワイヤと連結点との幾何学的な関係

ここで，図 8.5 (b) に示す点 A_i，B_i，M_i および点 O の幾何学的な関係および記号の定義を用いれば，OM_i および $\mathrm{A}_i\mathrm{M}_i$ の長さは，余弦定理を用いて次式で求められる．

$$\mathrm{OM}_i = l_{Bi}\cos\varphi_i = \frac{|\boldsymbol{a}_i|^2 - l_i^2 + l_{Bi}^2}{2|\boldsymbol{a}_i|} \tag{8.6}$$

なお，$|\boldsymbol{a}_i|$ は OA_i の長さである．以上より，$\triangle\mathrm{OB}_i\mathrm{M}_i$ が直角三角形であることを利用すると，$\mathrm{M}_i\mathrm{B}_i$ の長さ $|\boldsymbol{h}_i|$ は次式で求められる．

$$|\boldsymbol{h}_i| = \sqrt{l_{Bi}^2 - \left(\frac{|\boldsymbol{a}_i|^2 - l_i^2 + l_{Bi}^2}{2|\boldsymbol{a}_i|}\right)^2} \tag{8.7}$$

また，式 (8.6) より，$\boldsymbol{m}_i$ は次式で表される．

$$\boldsymbol{m}_i = \mathrm{OM}_i\frac{\boldsymbol{a}_i}{|\boldsymbol{a}_i|} = \frac{|\boldsymbol{a}_i|^2 - l_i^2 + l_{Bi}^2}{2|\boldsymbol{a}_i|^2}\boldsymbol{a}_i \tag{8.8}$$

さらに

$$\boldsymbol{h}_{vi} = \begin{bmatrix} 0 \\ 0 \\ |\boldsymbol{h}_i| \end{bmatrix} \tag{8.9}$$

であり，また，図 8.5 (a) の関係より

$$\boldsymbol{b}_{vi} = \boldsymbol{m}_i + \boldsymbol{h}_{vi} \tag{8.10}$$

さらに，$m_{iZ} = 0$ でもあるため，次式が成り立つ．

$$\boldsymbol{b}_{vi} = \begin{bmatrix} m_{iX} \\ m_{iY} \\ |\boldsymbol{h}_i| \end{bmatrix} \tag{8.11}$$

よって，$\boldsymbol{b}_i$ は次式で表される．

$$\boldsymbol{b}_i = \begin{bmatrix} b_{iX} \\ b_{iY} \\ b_{iZ} \end{bmatrix} = \begin{bmatrix} m_{iX} + \dfrac{m_{iY}|\boldsymbol{h}_i|}{|\boldsymbol{m}_i|}\sin\theta_i \\ m_{iY} - \dfrac{m_{iX}|\boldsymbol{h}_i|}{|\boldsymbol{m}_i|}\sin\theta_i \\ |\boldsymbol{h}_i|\cos\theta_i \end{bmatrix} \tag{8.12}$$

ここで，出力リンク上のワイヤ連結点間 B_1B_2，B_2B_3 および B_3B_1 の距離を l_{B12}，l_{B23}，l_{B31} とすれば，これらの値は常に一定であり，次式で表される．

$$\left.\begin{aligned} l_{B12} &= \sqrt{(b_{1X}-b_{2X})^2+(b_{1Y}-b_{2Y})^2+(b_{1Z}-b_{2Z})^2} \\ l_{B23} &= \sqrt{(b_{2X}-b_{3X})^2+(b_{2Y}-b_{3Y})^2+(b_{2Z}-b_{3Z})^2} \\ l_{B31} &= \sqrt{(b_{3X}-b_{1X})^2+(b_{3Y}-b_{1Y})^2+(b_{3Z}-b_{1Z})^2} \end{aligned}\right\} \tag{8.13}$$

式 (8.12) の結果より，l_{B12}，l_{B23} および l_{B31} は，θ_i $(i=1\sim3)$ の関数であり，それぞれ $f_1(\theta_1,\theta_2)$，$f_2(\theta_2,\theta_3)$ および $f_3(\theta_3,\theta_1)$ とすれば，式 (8.13) は次式のように表せる．

$$\begin{bmatrix} l_{B12} \\ l_{B23} \\ l_{B31} \end{bmatrix} = \begin{bmatrix} f_1(\theta_1,\theta_2) \\ f_2(\theta_2,\theta_3) \\ f_3(\theta_3,\theta_1) \end{bmatrix} \tag{8.14}$$

すなわち，式 (8.14) を満たす θ_i を決定すれば，点 B_i の位置が求まり，出力リンクの姿勢が明らかとなる．しかし，式 (8.14) は非線形方程式であり，直接解くことは容易でない．そこで，5.5 節と同様にニュートン・ラフソン法を用いて解を算出する．ニュートン・ラフソン法では，解近傍と予想されるような初期値をまず与え，非線形関数をテイラー展開で線形化した式を用いて繰返し計算で解を求める．

例として 2 変数関数 $f(x,y)$ の場合，初期値を (x_0,y_0) とすれば，テイラー展開を用いると，以下のとおり線形化される．

$$f(x,y) = f(x_0,y_0) + \frac{\partial f(x_0,y_0)}{\partial x}dx + \frac{\partial f(x_0,y_0)}{\partial y}dy \tag{8.15}$$

ただし，$dx = x - x_0, dy = y - y_0$ である．

図 5.7 では，曲線に対して接線となる一次関数で非線形関数を近似する様子を示したが，式 (8.15) では，曲面を表す $f(x,y)$ に対して，接平面を表す一次関数で関数近似を行うことになる．

式 (8.14) において，初期値を $(\theta_{10},\theta_{20},\theta_{30})$ とし，曲面である $f_1(\theta_1,\theta_2)$，$f_2(\theta_2,\theta_3)$，$f_3(\theta_3,\theta_1)$ をテイラー展開すれば次式となる．

$$\left.\begin{aligned} f_1(\theta_{10},\theta_{20}) + \frac{\partial}{\partial\theta_1}f_1(\theta_{10},\theta_{20})\cdot(\theta_1-\theta_{10}) + \frac{\partial}{\partial\theta_2}f_1(\theta_{10},\theta_{20})\cdot(\theta_2-\theta_{20}) = l_{B12} \\ f_2(\theta_{20},\theta_{30}) + \frac{\partial}{\partial\theta_2}f_2(\theta_{20},\theta_{30})\cdot(\theta_2-\theta_{20}) + \frac{\partial}{\partial\theta_3}f_2(\theta_{20},\theta_{30})\cdot(\theta_3-\theta_{30}) = l_{B23} \\ f_3(\theta_{30},\theta_{10}) + \frac{\partial}{\partial\theta_3}f_3(\theta_{30},\theta_{10})\cdot(\theta_3-\theta_{30}) + \frac{\partial}{\partial\theta_1}f_3(\theta_{30},\theta_{10})\cdot(\theta_1-\theta_{10}) = l_{B32} \end{aligned}\right\} \tag{8.16}$$

上式を行列表示して整理する．

$$
\begin{bmatrix} f_1(\theta_{10},\theta_{20}) \\ f_2(\theta_{20},\theta_{30}) \\ f_3(\theta_{30},\theta_{10}) \end{bmatrix}
+
\begin{bmatrix}
\frac{\partial}{\partial\theta_1} f_1(\theta_{10},\theta_{20}) & \frac{\partial}{\partial\theta_2} f_1(\theta_{10},\theta_{20}) & 0 \\
0 & \frac{\partial}{\partial\theta_2} f_2(\theta_{20},\theta_{30}) & \frac{\partial}{\partial\theta_3} f_2(\theta_{20},\theta_{30}) \\
\frac{\partial}{\partial\theta_1} f_3(\theta_{30},\theta_{10}) & 0 & \frac{\partial}{\partial\theta_3} f_3(\theta_{30},\theta_{10})
\end{bmatrix}
\times
\begin{bmatrix} \theta_1-\theta_{10} \\ \theta_2-\theta_{20} \\ \theta_3-\theta_{30} \end{bmatrix}
=
\begin{bmatrix} l_{B12} \\ l_{B23} \\ l_{B32} \end{bmatrix}
\tag{8.17}
$$

さらに，上式を $\theta_1, \theta_2, \theta_3$ に関して表す．

$$
\begin{bmatrix} \theta_1 \\ \theta_2 \\ \theta_3 \end{bmatrix}
=
\begin{bmatrix}
\frac{\partial}{\partial\theta_1} f_1(\theta_{10},\theta_{20}) & \frac{\partial}{\partial\theta_2} f_1(\theta_{10},\theta_{20}) & 0 \\
0 & \frac{\partial}{\partial\theta_2} f_2(\theta_{20},\theta_{30}) & \frac{\partial}{\partial\theta_3} f_2(\theta_{20},\theta_{30}) \\
\frac{\partial}{\partial\theta_1} f_3(\theta_{30},\theta_{10}) & 0 & \frac{\partial}{\partial\theta_3} f_3(\theta_{30},\theta_{10})
\end{bmatrix}^{-1}
\times
\begin{bmatrix} l_{B12}-f_1(\theta_{10},\theta_{20}) \\ l_{B23}-f_2(\theta_{20},\theta_{30}) \\ l_{B32}-f_3(\theta_{30},\theta_{10}) \end{bmatrix}
+
\begin{bmatrix} \theta_{10} \\ \theta_{20} \\ \theta_{30} \end{bmatrix}
\tag{8.18}
$$

上式より，ニュートン・ラフソン法による k 回目の繰り返し計算で得られる θ_i $(i=1$〜$3)$ の解を θ_{ik} とすれば次式となる．

$$
\begin{bmatrix} \theta_{1k} \\ \theta_{2k} \\ \theta_{2k} \end{bmatrix}
=
\begin{bmatrix}
\frac{\partial}{\partial\theta_1} f_1(\theta_{1k-1},\theta_{2k-1}) & \frac{\partial}{\partial\theta_2} f_1(\theta_{1k-1},\theta_{2k-1}) & 0 \\
0 & \frac{\partial}{\partial\theta_2} f_2(\theta_{2k-1},\theta_{3k-1}) & \frac{\partial}{\partial\theta_3} f_2(\theta_{2k-1},\theta_{3k-1}) \\
\frac{\partial}{\partial\theta_1} f_3(\theta_{3k-1},\theta_{1k-1}) & 0 & \frac{\partial}{\partial\theta_3} f_3(\theta_{3k-1},\theta_{1k-1})
\end{bmatrix}^{-1}
\times
\begin{bmatrix} l_{B12}-f_1(\theta_{1k-1},\theta_{2k-1}) \\ l_{B23}-f_2(\theta_{2k-1},\theta_{3k-1}) \\ l_{B31}-f_3(\theta_{3k-1},\theta_{1k-1}) \end{bmatrix}
+
\begin{bmatrix} \theta_{1k-1} \\ \theta_{2k-1} \\ \theta_{3k-1} \end{bmatrix}
\tag{8.19}
$$

上式より得られる k 回目の解 θ_{ik} $(i=1$〜$3)$ を θ_i とし，関数 $f_1(\theta_1,\theta_2)$，$f_2(\theta_2,\theta_3)$，$f_3(\theta_3,\theta_1)$ に代入して l_{B12}，l_{B23}，l_{B31} を求め，これらがワイヤ連結点間 $\mathrm{B_1B_2}$，$\mathrm{B_2B_3}$ および $\mathrm{B_3B_1}$ の距離と一致するように，次式の条件を満たすまで繰返し計算を行う．

$$
|l_{B12}-\mathrm{B_1B_2}| + |l_{B23}-\mathrm{B_2B_3}| + |l_{B31}-\mathrm{B_3B_1}| < \varepsilon
\tag{8.20}
$$

ただし，ε は十分小さい数とする．

以上の計算により θ_1，θ_2，θ_3 が求まり，3. 連結点 B_1，B_2，B_3 の座標が求められる．さらに，求めた点 B_i $(i = 1\sim3)$ の座標より，入力変位であるワイヤ長 l_1，l_2，l_3 に対する出力リンクの姿勢を求めることができる． ■

8.4 ワイヤ張力の解析と調整法

8.4.1 Vector closure の条件

パラレルワイヤ駆動機構においては，必要な自由度の運動を実現しながら，ワイヤ張力を常に引張状態に保つことが必要である．そこで，同条件を満たすための力学をまず学ぶ．この主な条件は，**Vector closure の条件**[4] または **Force closure の条件**[5] とよばれており，以下のように定義される．

図 8.6 のように，出力リンクが m 本のワイヤでベースに連結される n 自由度のパラレルワイヤ駆動機構を考える．ただし，$m \geq n+1$ である．O-XYZ はベースに固定した絶対座標系である．出力リンク上に設ける i 番目のワイヤの連結点の位置をベクトル $\boldsymbol{r}_i$ $(i = 1\sim m)$ で表す．$\boldsymbol{r}_i$ は，i 番目のワイヤの連結点と，機構の運動，力の釣り合いを表す原点となる点 O とを結ぶベクトルである．また，各ワイヤの方向を表す単位ベクトルを $\boldsymbol{p}_i$，各ワイヤの張力を T_i とする．

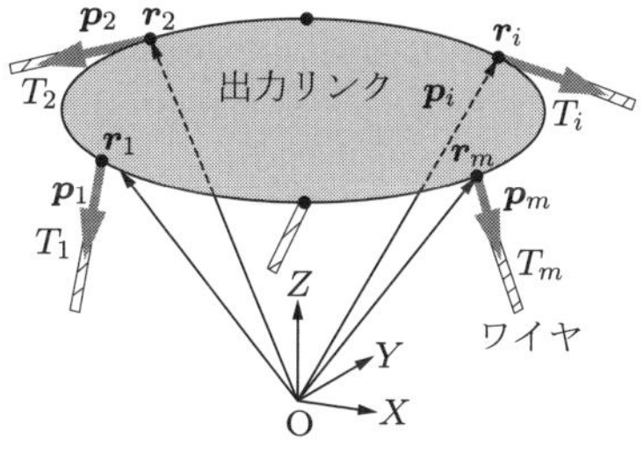

図 8.6 パラレルワイヤ駆動機構における力の釣り合い

パラレルワイヤ駆動機構が動作するためには，以下の条件を満たす必要がある．

1. ワイヤの方向を表す m 本のベクトル $\boldsymbol{p}_i$ $(i = 1\sim m)$ において，任意の n 本が線形独立である．
2. T_i $(i = 1\sim m)$ および $\boldsymbol{p}_i$ が次式を満たす．

$$\sum_{i=1}^{m} T_i \boldsymbol{p}_i = \boldsymbol{0} \tag{8.21}$$

3. 各ワイヤの張力 T_i はすべてゼロ以上である．

条件 1 および 2 が Vector closure の条件であり，条件 1 は n 自由度の運動を実現するための入力が可能であることを，条件 2 は m 本のワイヤで発生する出力リンクの並進力と回転力が釣り合うことを示している．さらに，条件 3 は，すべてのワイヤがたがいに引張り合う条件を示している．

ある出力リンクの位置・姿勢の条件において，条件 1〜3 を満たすワイヤ張力が存在しない場合，同条件はパラレルワイヤ駆動機構の可動範囲外である．

■8.4.2　ワイヤ張力の解析

Vector closure の条件が成立しているとして，出力リンクの発生力に対するワイヤ張力の解析方法を示す．

図 8.6 に示すような m 本のワイヤを有する n 自由度のパラレルワイヤ駆動機構において，i 番目のワイヤに作用する張力 T_i $(i = 1 \sim m)$ を考える．このとき，各ワイヤ張力の方向 $\boldsymbol{p}_i$ と，各ワイヤ張力による点 O 周りの回転に寄与する方向を表すベクトル $\boldsymbol{r}_i \times \boldsymbol{p}_i$ とを以下のようにベクトルで表示し，ワイヤベクトル $\boldsymbol{w}_i$ とよぶ．

$$\boldsymbol{w}_i = \begin{bmatrix} \boldsymbol{p}_i \\ \boldsymbol{r}_i \times \boldsymbol{p}_i \end{bmatrix} \tag{8.22}$$

ワイヤベクトル $\boldsymbol{w}_i$ にワイヤ張力の大きさ T_i を乗じれば，出力リンクの並進および回転運動に寄与する各ワイヤ張力の成分が得られる．図 8.1 (b) に示すように出力リンクがワイヤのみで支持されている場合は，ワイヤ張力がすべて機構の運動に寄与するとし，式 (8.22) を用いてワイヤ張力による力の釣り合い式を導けばよい．

これに対し，出力リンクがワイヤ以外で支持され，運動方向が拘束されているパラレルワイヤ駆動機構では，各ワイヤの張力の成分の一部が出力リンクの並進や回転運動に寄与する．たとえば，図 8.2 に示す空間 3 自由度パラレルワイヤ駆動機構の出力リンクは，支柱 OP によってボールジョイントを設置した点 O 周りに回転運動を行うように支持されている．よって，出力リンクの運動に寄与する i 番目のワイヤの張力は，点 O と各ワイヤとの連結点を結ぶベクトル $\boldsymbol{r}_i$ に対して垂直方向となる成分である．

ここでは，そのような機構も対象にするため，i 番目のワイヤの方向を表す単位ベクトル $\boldsymbol{p}_i$ から，パラレルワイヤ駆動機構が運動可能な方向の成分を抜き出したベクトルを $\boldsymbol{p}'_i$ として表す．具体的には，$\boldsymbol{p}_i$ とパラレルワイヤ駆動機構が並進可能な方向の単位ベクトルとの余弦などを求めればよい．並進力の場合と同様に，$\boldsymbol{r}_i \times \boldsymbol{p}_i$ からパラレルワイヤ駆動機構が発生可能な回転方向の成分を抜き出した回転力の大きさと方向を表すベクトルを $(\boldsymbol{r}_i \times \boldsymbol{p}_i)'$ として表す．

以上のように，パラレルワイヤ駆動機構の発生可能な運動方向を考慮したベクトル $\boldsymbol{p}_i'$ および $(\boldsymbol{r}_i \times \boldsymbol{p}_i)'$ で構成するベクトルをワイヤベクトル $\boldsymbol{w}_i$ $(i = 1 \sim m)$ として式 (8.22) を拡張し，改めて定義する．

$$\boldsymbol{w}_i = \begin{bmatrix} \boldsymbol{p}_i' \\ (\boldsymbol{r}_i \times \boldsymbol{p}_i)' \end{bmatrix} \tag{8.23}$$

例として図 8.2 に示した機構の出力リンクは，並進方向の自由度を有さず，回転に関しては空間で可能な 3 自由度を有するため，$\boldsymbol{p}_i'$ は零ベクトルとなり，$(\boldsymbol{r}_i \times \boldsymbol{p}_i)'$ は $\boldsymbol{r}_i \times \boldsymbol{p}_i$ に一致する．

次に，各ワイヤベクトルを次式のようにまとめ，ワイヤ行列 $\boldsymbol{W}$ として定義する．

$$\boldsymbol{W} = [\boldsymbol{w}_1, \boldsymbol{w}_2, \ldots, \boldsymbol{w}_m] \tag{8.24}$$

各ワイヤの張力を成分とするベクトルを $\boldsymbol{T}$，パラレルワイヤ駆動機構の発生力を成分とするベクトルを $\boldsymbol{F}$ とすると，張力 $\boldsymbol{T}$ と発生力 $\boldsymbol{F}$ との釣り合い式は次式で表される．

$$\boldsymbol{F} = \boldsymbol{W}\boldsymbol{T} \tag{8.25}$$

ただし

$$\boldsymbol{F} = (F_1, F_2, \ldots, F_n)^T, \quad \boldsymbol{T} = (T_1, T_2, \ldots, T_m)^T$$

n はパラレルワイヤ駆動機構の自由度，m はワイヤの本数である．

ワイヤ張力 T_i $(i = 1 \sim m)$ は式 (8.25) より得られる．ただし，パラレルワイヤ駆動機構では入力の数となるワイヤ本数 m に比べ，出力となる発生力 F_j $(j = 1 \sim n)$ の数 n が少ない．すなわち，式 (8.25) では未知数であるワイヤ張力 T_i に対して力の釣り合い式の数は機構の自由度に一致する n となり，張力 T_i をすべて決定するための条件が不足している．そのため，ワイヤ行列 $\boldsymbol{W}$ は n 行 m 列となり，正則行列でないため，逆行列を求められない．

そこで，疑似逆行列[6]を用いて発生力 F_j $(j = 1 \sim n)$ に対するワイヤ張力 T_i $(i = 1 \sim m)$ を求める．疑似逆行列を用いれば，未知数と条件式が一致しない場合であっても，変数を用いた解，またはすべての条件式の残差二乗和が最小となる解を決定することができる．

式 (8.25) において疑似逆行列を用い，張力 $\boldsymbol{T}$ を表せば次式となる．

$$\boldsymbol{T} = \boldsymbol{W}^{+}\boldsymbol{F} + (\boldsymbol{I} - \boldsymbol{W}^{+}\boldsymbol{W})\boldsymbol{k} \tag{8.26}$$

$$\boldsymbol{W}^{+} = \boldsymbol{W}^{T}(\boldsymbol{W}\boldsymbol{W}^{T})^{-1} \tag{8.27}$$

$\boldsymbol{W}^{+}$ は疑似逆行列，$\boldsymbol{I}$ は m 次の単位行列，$\boldsymbol{k}$ は任意の m 次元列ベクトルである．とくに，ワイヤ本数が必要最少数である $m = n + 1$ 本であるとき，式 (8.26) は次式で表される．

$$\boldsymbol{T} = \boldsymbol{W}^{+}\boldsymbol{F} + k \cdot \boldsymbol{\nu} \tag{8.28}$$

なお

$$\hat{\boldsymbol{W}} = [\boldsymbol{w}_1, \boldsymbol{w}_2, \ldots, \boldsymbol{w}_n] \tag{8.29}$$

$$\boldsymbol{v} = \left[-\hat{\boldsymbol{W}}^{-1}\boldsymbol{w}_{n+1}\right] = [\nu_1, \nu_2, \nu_3, \ldots, \nu_n]^{T} \tag{8.30}$$

さらに，k は任意の定数である．

式 (8.26) および式 (8.28) において，右辺第 1 項は外力との釣り合いを表しており，第 2 項は出力リンクの力の発生には寄与せず，ワイヤがたがいに引張り合う内力の成分を表している．

式 (8.28) に注目すれば，第 2 項の $\boldsymbol{\nu}$ の成分 ν_i ($i = 1 \sim n$) は内力に関するワイヤ張力に比例する成分であり，したがって，パラレルワイヤ駆動機構の駆動時に ν_i は常にゼロ以上となる必要がある[5]．ν_i が負となるワイヤの配置は，幾何学的にワイヤの引張状態を保てないパラレルワイヤ駆動機構の位置・姿勢であり，作業領域外であることを示す．

また，第 1 項 $\boldsymbol{W}^{+}\boldsymbol{F}$ で表される外力との釣り合いによる張力は負となることがある．そこで，ワイヤ張力の内力成分を増加させ，すなわちワイヤどうしが引張り合う力を大きくして，ワイヤ張力を正とする．そのためには，式 (8.28) においてすべてのワイヤ張力 T_i ($i = 1 \sim m$) が正となるように k の値を決定すればよい．ただし，ワイヤを牽引するアクチュエータや，ワイヤの強度によって k の値は制限される．k の制限値を超える場合は，パラレルワイヤ駆動機構の仕様を超える状態であり，可動範囲外となる．

■8.4.3　ワイヤ張力の調整

パラレルワイヤ駆動機構では，前項で述べたように，ワイヤ張力が正となるように式 (8.26) の $\boldsymbol{k}$ を決定し，ワイヤ張力を調整する必要がある．必要な $\boldsymbol{k}$ は，式 (8.26) からわかるように，ワイヤベクトルや外力の大きさと方向に影響される．すなわち，パラレルワイヤ駆動機構の位置・姿勢や外力の変化によって必要な $\boldsymbol{k}$ は変化する．

パラレルワイヤ駆動機構を制御する場合の $\boldsymbol{k}$ の調整方法として，以下が考えられる．一つは，各位置・姿勢，外力の大きさと方向によって，必要な $\boldsymbol{k}$ を決定してワイヤ張力を実時間で調整する方法である．もう一つは，パラレルワイヤ駆動機構が作業を行う条件内でもっとも張力が大きくなる $\boldsymbol{k}$ を決定し，常にその条件でワイヤに張力を作用させる方法である．前者は常にワイヤ張力を測定して力制御することが必要となるが，必要最小限の張力でパラレルワイヤ駆動機構を駆動させることが可能であり，後者は初期状態においてワイヤ張力を調整すれば，駆動時には複雑な力制御を必要としない．しかし，いずれの場合も，パラレルワイヤ駆動機構の位置・姿勢，負荷に対する $\boldsymbol{k}$ を算出し，決定する必要がある．ワイヤ張力の決定方法[7]もいくつか検討されているが，ここでは，第 7 章で述べた駆動特性の評価法を応用した汎用性の高いワイヤ張力の決定方法を次節で示す．

8.5 ワイヤ張力の決定法

8.5.1 外力および内力によるワイヤ張力

これまで述べてきたように，パラレルワイヤ駆動機構の位置・姿勢，発生力は複雑に変化する．したがって，ある位置・姿勢において特定方向の負荷ではなく，任意方向の負荷に対して必要な $\boldsymbol{k}$ を算出することが必要となる．通常のパラレルメカニズムに対しては，任意方向の負荷などに対して必要となる入力値の求め方を，駆動特性の評価法として第 7 章で示した．ここでは，同方法を応用し，パラレルワイヤ駆動機構に関して任意方向の負荷に対する張力の決定方法を示す．なお，機構の自由度 n に対してワイヤ本数が最少である $n+1$ 本である場合を対象とし，式 (8.28) に示すように，すべてのワイヤ張力が正となるように k を決定すればよい場合を対象とする．

式 (8.28) より，パラレルワイヤ駆動機構の位置および姿勢によりワイヤベクトルで構成する $\boldsymbol{W}^+$，$\hat{\boldsymbol{W}}$ は決定され，負荷に対する発生力 $\boldsymbol{F}$ によって必要な張力 $\boldsymbol{T}$ は変化する．$\boldsymbol{F}$ の大きさに対して張力は線形に変化するが，$\boldsymbol{F}$ の方向に対しては非線形に変化する．したがって，ある位置・姿勢で任意方向の $\boldsymbol{F}$ に対し，ワイヤ張力を正とする k の値を式 (8.28) から直接求める場合，任意方向の $\boldsymbol{F}$ に対する張力をすべて解析し，$\boldsymbol{T}$ を正とする各負荷方向の k の値を比較して最大値を決定する必要があり，計算量が多くなる．

そこで，まず，負荷に対する発生力 $\boldsymbol{F}$ で決定される式 (8.28) の右辺第 1 項を外力によるワイヤ張力を示す外力項，各ワイヤの張力がすべてゼロ以上となるようにワイヤどうしが引張り合う内力によるワイヤ張力を示す第 2 項を内力項として分類する．さらに，外力項と内力項を独立して検討することとし，第 7 章で示した駆動特性評価を応用することで，最大ワイヤ張力を簡便に決定する方法を示す．

■8.5.2　外力によるワイヤ張力

まず，外力によるワイヤ張力を表す外力項に関して検討する．7.6 節では，パラレルメカニズムの任意方向への出力に対する最大入力値を固有値を利用して求める方法を，駆動特性の評価方法として示した．しかし，同方法は出力の自由度に対して入力となるワイヤ本数が多い，すなわち冗長機構であるパラレルワイヤ駆動機構には，同じように用いることができない．ただし，式 (8.28) の第 1 項，すなわち外力項は $\boldsymbol{W}^+$ による線形写像となっており，同項が表す張力の大きさ，すなわち絶対値の最大値に関しては，7.6 節と同様に固有値を利用して以下のように求められる．

次式で示すように，式 (8.28) の右辺第 1 項を $\boldsymbol{T}'$，また，$\boldsymbol{T}'$ の成分である各ワイヤの張力を T_i' $(i = 1\sim m)$ とする．

$$\boldsymbol{T}' = \boldsymbol{W}^+\boldsymbol{F} \tag{8.31}$$

$$\boldsymbol{T}' = (T_1', T_2', \ldots, T_m')^T \tag{8.32}$$

パラレルメカニズムの場合と同様に，式 (8.31) 中の発生力 $\boldsymbol{F}$ には並進力および回転力が含まれる．これらは次元の異なる物理量であり，設計時には独立して扱うべきである．そこで，並進力を $\boldsymbol{F}_L$，回転力を $\boldsymbol{F}_R$ とし，次式で定義する．

$$\boldsymbol{F} = \begin{pmatrix} \boldsymbol{F}_L \\ \boldsymbol{F}_R \end{pmatrix} \tag{8.33}$$

$$\boldsymbol{F}_L = (F_{L1}, F_{L2}, \ldots, F_{Lq})^T \tag{8.34}$$

$$\boldsymbol{F}_R = (F_{R1}, F_{R2}, \ldots, F_{R\,n-q})^T \tag{8.35}$$

F_{Li} $(i = 1\sim q)$ および F_{Ri} $(i = 1\sim n-q)$ は独立した i 番目の方向への並進力および回転力を表し，並進方向の自由度の数を q，回転方向の自由度の数を $n-q$ とする $(q \leq n)$．

まず，出力リンクが発生する並進力 $\boldsymbol{F}_L$ によるワイヤ張力 T_{Li}' $(i = 1\sim m)$ の決定方法を示す．式 (8.31) から並進力に関する成分のみを抽出して，次式のように整理する．

$$\boldsymbol{T}_L' = \boldsymbol{W}_L^+\boldsymbol{F}_L \tag{8.36}$$

$$\boldsymbol{T}_L' = (T_{L1}', T_{L2}', \ldots, T_{Lm}')^T \tag{8.37}$$

$\boldsymbol{W}_L^+$ は式 (8.33) を代入した式 (8.31) の右辺において $\boldsymbol{F}_L$ の成分に乗じる成分のみを

$\boldsymbol{W}^+$ より抽出した行列である．$\boldsymbol{T}'_L$ は並進力の発生による張力 T'_{Li} $(i = 1 \sim m)$ を成分とするベクトルである．式 (8.36) より，i 番目のワイヤの張力 T'_{Li} に関連する行列 $\boldsymbol{W}_L^+$ の要素を抜き出した行ベクトルを $\boldsymbol{W}_{Li}^+$ とすれば，次式が導かれる．

$$T'_{Li} = \boldsymbol{W}_{Li}^+ \boldsymbol{F}_L \tag{8.38}$$

上式の両辺を二乗すれば次式となる．

$$T'^2_{Li} = \boldsymbol{F}_L^T \left(\boldsymbol{W}_{Li}^+\right)^T \boldsymbol{W}_{Li}^+ \boldsymbol{F}_L \tag{8.39}$$

ここで，$\left(\boldsymbol{W}_{Li}^+\right)^T \boldsymbol{W}_{Li}^+$ は実対称行列であり，その固有値を λ_{Li} $(i = 1 \sim q)$，それに対応する大きさ 1 の固有ベクトルを $\boldsymbol{X}_{Li}$ $(i = 1 \sim q)$ とし，$\boldsymbol{X}_{Li}$ を列の成分とする行列 $\boldsymbol{P}_{Li}$ を次式で定義する．

$$\boldsymbol{P}_{Li} = (\boldsymbol{X}_{L1}, \boldsymbol{X}_{L2}, \ldots, \boldsymbol{X}_{Lq}) \tag{8.40}$$

行列 $\left(\boldsymbol{W}_{Li}^+\right)^T \boldsymbol{W}_{Li}^+$ は，直交行列となる $\boldsymbol{P}_{Li}$ によって次式のように分解，対角化される[8]．

$$\left(\boldsymbol{W}_{Li}^+\right)^T \boldsymbol{W}_{Li}^+ = \boldsymbol{P}_{Li}^T \boldsymbol{\lambda}_L \boldsymbol{P}_{Li} \tag{8.41}$$

$\boldsymbol{\lambda}_L$ は固有値 λ_{Li} $(i = 1 \sim q)$ を対角要素とする対角行列である．以上の関係を用いれば，式 (8.39) は次式となる．

$$T'^2_{Li} = \left(\boldsymbol{P}_{Li} \boldsymbol{F}_L\right)^T \boldsymbol{\lambda}_L \boldsymbol{P}_{Li} \boldsymbol{F}_L \tag{8.42}$$

$\boldsymbol{P}_{Li}\boldsymbol{F}_L$ を $\hat{\boldsymbol{F}}_L$ で表し，その要素を $(\hat{F}_{L1}, \hat{F}_{L2}, \ldots, \hat{F}_{Lq})$ とすれば，式 (8.42) は次式となる．

$$T'^2_{Li} = \lambda_{L1} \hat{F}^2_{L1} + \lambda_{L2} \hat{F}^2_{L2} + \cdots + \lambda_{Lq} \hat{F}^2_{Lq} \tag{8.43}$$

ここで，任意方向へ発生する並進力 $\boldsymbol{F}_L$ の大きさを $\overline{F}_L$ とすれば，式 (8.34) より次式となる．

$$\overline{F}^2_L = F^2_{L1} + F^2_{L2} + \cdots + F^2_{Lq} \tag{8.44}$$

さらに，式 (8.42) において $\boldsymbol{P}_{Li}\boldsymbol{F}_L$ は $\boldsymbol{F}_L$ に対して大きさを変えない直交座標変換[8]であることから，次式が成り立つ．

$$\overline{F}^2_L = \hat{F}^2_{L1} + \hat{F}^2_{L2} + \cdots + \hat{F}^2_{Lq} \tag{8.45}$$

また，式 (8.39) における $\left(\boldsymbol{W}_{Li}^+\right)^T \boldsymbol{W}_{Li}^+$ は準正定値行列であり，その固有値はゼロ

以上となる．したがって，任意方向への大きさ $\overline{F}_L$ である並進力 $\boldsymbol{F}_L$ の発生に対し，式 (8.38) で表される i 番目のワイヤの最大張力 $T'_{L\max,i}$ の大きさは，7.6.1 項と同様に，(8.43) より次式で得られる．

$$T'_{L\max,i} = \max\left(\sqrt{\lambda_{L1}}, \sqrt{\lambda_{L2}}, \ldots, \sqrt{\lambda_{Lq}}\right) \times \overline{F}_L \tag{8.46}$$

なお，機構が発生する任意方向への回転力に対して i 番目のワイヤに必要な最大張力の大きさ $T'_{R\max,i}$ も同様に導くことができる．すなわち，式 (8.31) に式 (8.33) を代入し，その右辺において $\boldsymbol{F}_R$ に乗じる成分のみを $\boldsymbol{W}^+$ より抽出した行列 $\boldsymbol{W}_R^+$ とすることで，次式を得る．

$$\boldsymbol{T}'_R = \boldsymbol{W}_R^+ \boldsymbol{F}_R \tag{8.47}$$

$$\boldsymbol{T}'_R = (T'_{R1}, T'_{R2}, \ldots, T'_{Rm})^T \tag{8.48}$$

$\boldsymbol{T}'_R$ は回転力の発生による張力 T'_{Ri} $(i = 1 \sim m)$ を成分とするベクトルである．このとき T'_{Ri} は，式 (8.47) における i 番目ワイヤの張力 T'_{Ri} に関連する行列 $\boldsymbol{W}_R^+$ の要素を抜き出した行ベクトル $\boldsymbol{W}_{Ri}^+$ によって次式で表される．

$$T'_{Ri} = \boldsymbol{W}_{Ri}^+ \boldsymbol{F}_R \tag{8.49}$$

並進力の場合と同様に，上式の両辺を 2 乗した場合に対し，実対称行列となる $\left(\boldsymbol{W}_{Ri}^+\right)^T \boldsymbol{W}_{Ri}^+$ について，その固有値 λ_{Ri} $(i = 1 \sim n - q)$ に対応する大きさ 1 の固有ベクトル $\boldsymbol{X}_{Ri}$ $(i = 1 \sim n - q)$ を列成分とする行列を $\boldsymbol{P}_{Ri}$ とする．ベクトル $\boldsymbol{P}_{Ri}\boldsymbol{F}_R$ を $\hat{\boldsymbol{F}}_R$ で表し，その要素を $(\hat{F}_{R1}, \hat{F}_{R2}, \ldots, \hat{F}_{R\,n-q})$ とすれば次式が得られる．

$$T'^2_{Ri} = \lambda_{R1}\hat{F}^2_{R1} + \lambda_{R2}\hat{F}^2_{R2} + \cdots + \lambda_{Rq}\hat{F}^2_{R\,n-q} \tag{8.50}$$

ここで，任意方向の回転力の大きさ $\boldsymbol{F}_R$ の大きさを $\overline{F}_R$ とすると，$\boldsymbol{P}_{Ri}\boldsymbol{F}_R$ が $\boldsymbol{F}_R$ に対して大きさを変えない直交座標変換であるため，式 (8.45) と同様に以下の式を得る．

$$\overline{F}^2_R = \hat{F}^2_{R1} + \hat{F}^2_{R2} + \ldots + \hat{F}^2_{R\,n-q} \tag{8.51}$$

したがって，並進力の場合と同様，任意方向へ $\overline{F}_R$ の大きさの回転力を発生するための，i 番目のワイヤ張力の大きさ，すなわち絶対値の最大値 $T'_{R\max,i}$ は以下のように表される．

$$T'_{R\max,i} = \max\left(\sqrt{\lambda_{R1}}, \sqrt{\lambda_{R2}}, \ldots, \sqrt{\lambda_{R\,n-q}}\right) \times \overline{F}_R \tag{8.52}$$

なお，以上の結果は外力との釣り合い条件のみで求めたワイヤ張力の大きさであり，$T'_{L\max,i}$，$T'_{R\max,i}$ は，機構の位置・姿勢や外力の状態によって，引張または圧縮のワイヤ張力となる．すなわち，負のワイヤ張力となることもある．しかし，ワイヤ張力は常に正としなければならないため，次項で述べるように内力項で調整を行う．

■8.5.3 内力によるワイヤ張力

ワイヤ張力がゼロ，すなわち内力がゼロの状態で釣り合い状態が保たれているパラレルワイヤ駆動機構の出力リンクに外力を作用させ，その位置や姿勢を変化させる場合を考えてみる．このとき，いくつかのワイヤは長さが伸び，ほかのワイヤは縮む．パラレルワイヤ駆動機構が力の釣り合い状態を保つためには，通常ワイヤを対向する方向に配置する必要があり，出力リンクの位置・姿勢を変化するときに，すべてのワイヤが同時に伸びるまたは縮むことはない．

ここで，伸びるワイヤには引張力がはたらくが，縮むワイヤには圧縮力がはたらくことになる．また，すべてのワイヤが無負荷状態で釣り合っているパラレルワイヤ駆動機構が力を発生し，出力リンクを動作させる場合を考えてみても，縮むワイヤと，伸びるワイヤがそれぞれ必ず存在し，前者では張力が増加し，後者では張力が減少することがわかる．

すなわち，式 (8.28) において，内力項を無視して式 (8.31) で求める $T'_1, T'_2, \ldots, T'_m$ のいずれかは，必ず負となる．そこで，パラレルワイヤ駆動機構は，各ワイヤ張力の釣り合いを保ちながら，式 (8.28) の右辺第 2 項，すなわち内力を発生させて，すべてのワイヤ張力を引張状態に保つ必要がある．

■8.5.4 ワイヤ張力の決定

8.4.2 項で示したように，ある位置・姿勢における n 自由度のパラレルワイヤ駆動機構の張力は次式で表される．なお，ワイヤ本数 m は最少の $n+1$ 本とする．

$$\boldsymbol{T} = \boldsymbol{W}^{+}\boldsymbol{F} + k \cdot \boldsymbol{\nu} \tag{8.53}$$

ただし

$$\hat{\boldsymbol{W}} = [\boldsymbol{w}_1, \boldsymbol{w}_2, \ldots, \boldsymbol{w}_n]$$

$$\boldsymbol{\nu} = \left[-\hat{\boldsymbol{W}}^{-1}\boldsymbol{w}_{n+1}\right]$$

$\boldsymbol{w}_i$ $(i = 1 \sim n+1)$ はワイヤベクトルである．

パラレルワイヤ駆動機構の位置・姿勢および外力 $\boldsymbol{F}$ が与えられれば，上式における $\boldsymbol{W}^{+}\boldsymbol{F}$ および $\boldsymbol{\nu}$ は一意に決定される．$\boldsymbol{\nu}$ に乗じる定数 k は，T_i $(i = 1 \sim m)$ がすべて正となるように次式で決定すればよい．

$$k = \max\left(-\frac{T'_1}{\nu_1}, -\frac{T'_2}{\nu_2}, \ldots, -\frac{T'_m}{\nu_m}\right) \tag{8.54}$$

上式より k を決定すれば，外力項と内力項の和として式 (8.53) より次式のように表されるワイヤ張力 T_i $(i = 1 \sim m)$ の値をすべてゼロ以上とすることができる．

$$T_i = T'_i + k\nu_i \tag{8.55}$$

ただし，実際にはワイヤ張力がゼロ近傍となることを避けるため，k は式 (8.54) から得られる値より大きくする必要がある．

ここで，T'_i $(i = 1 \sim m)$ の値は外力の方向によって変化する．したがって，パラレルワイヤ駆動機構がいずれの方向の負荷に対してもワイヤ張力が正となるようにするためには，外力のそれぞれの方向に対して $\boldsymbol{T}'$ を求め，式 (8.54) より k の値を決定する必要があり，多量の計算を要する．そこで，8.5.2 項の方法で得られる任意方向の外力に対する各ワイヤ張力の外力項の最大値を用いて，ワイヤ張力が負とならないための内力項の値を以下のように決定する．こうすることによって，外力がどのような方向に作用しても，安定してパラレルワイヤ駆動機構のワイヤ張力をすべて正に保つことができる．

まず，並進力のみを発生させる場合について示す．パラレルワイヤ駆動機構がある位置・姿勢において，任意方向に出力可能な並進力 $\boldsymbol{F}_L$ に対し，発生するワイヤ張力の絶対値の最大値が式 (8.36)〜(8.46) から $T'_{L\max,i}$ として得られたとする．$T'_{L\max,i}$ は，負荷の方向により，正負いずれの値もとる可能性がある．よって，すべての $T'_{L\max,i}$ が負，すなわち圧縮となる場合を想定し，同位置・姿勢における $k_{L\max}$ を次式のように決定する．

$$k_{L\max} = \max\left(\frac{T'_{L\max,1}}{\nu_1}, \frac{T'_{L\max,2}}{\nu_2}, \ldots, \frac{T'_{L\max,m}}{\nu_m}\right) \tag{8.56}$$

よって，式 (8.55) の右辺の k を $k_{L\max}$ とし，ある位置・姿勢において，機構が発生可能な任意方向の並進力に対する i 番目のワイヤの張力 $T_{L\max,i}$ $(i = 1 \sim m)$ を次式より求める．

$$T_{L\max,i} = T'_{L\max,i} + k_{L\max} \cdot \nu_i \tag{8.57}$$

また，機構がある位置・姿勢において動作可能な任意方向へ回転力を発生させる場合の各ワイヤの最大張力 $T_{R\max,i}$ $(i = 1 \sim m)$ も，以上の方法と同様に決定する．すなわち，式 (8.47)〜(8.52) より機構の各位置・姿勢における $k_{R\max}$ を次式より求める．

$$k_{R\max} = \max\left(\frac{T'_{R\max,1}}{\nu_1}, \frac{T'_{R\max,2}}{\nu_2}, \ldots, \frac{T'_{R\max,m}}{\nu_m}\right) \tag{8.58}$$

$k_{R\max}$ を用い，機構が発生可能な任意方向の回転力に対する i 番目のワイヤの張力 $T_{R\max,i}$ $(i = 1 \sim m)$ を次式より求める．

$$T_{R\max,i} = T'_{R\max,i} + k_{R\max} \cdot \nu_i \tag{8.59}$$

出力リンクが並進力と回転力を同時に発生する場合には，それぞれの発生力に対して以上の方法で最大張力 $T_{L\max,i}$，$T_{R\max,i}$ $(i = 1 \sim m)$，を求め，これらの和を i 番目のワイヤの最大張力とすればよい．

8.6　運動特性

パラレルメカニズムと同様，パラレルワイヤ駆動機構の評価法に関してもいくつか提案されている．たとえば，第 7 章で学んだ可操作度に基づく方法[9, 10]や，運動伝達性に基づく方法[11]がある．これらはいずれも，パラレルメカニズムでの運動特性の評価法をパラレルワイヤ駆動機構へ応用することを試みている．

パラレルワイヤ駆動機構では，パラレルメカニズムの連鎖に相当するワイヤが引張力のみしか発揮できず，8.4.1 項で述べた Vector closure の条件を常に満たさなければならない点が運動特性に大きく影響する．運動特性の評価は機構の動きやすさのみならず，可動領域，すなわち機構が動作可能な範囲の決定にも関連する．そこで，パラレルワイヤ駆動機構の運動特性および可動領域の評価に関して基本的な例を示しておく．

図 8.7 は，出力点 P の位置のみを XY 平面上で調整可能な平面 2 自由度のパラレルワイヤ駆動機構であり，3 本のワイヤ AP，BP，CP で点 P を牽引する．ワイヤ AP，BP および CP に作用する張力を T_A，T_B および T_C で表す．

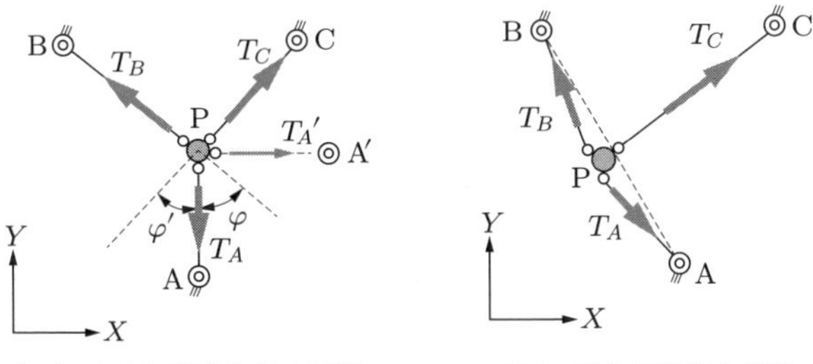

（a）ワイヤ牽引位置の制限　　（b）出力点位置の制限

図 8.7　パラレルワイヤ駆動機構の可動領域

ここで，点Pの位置は固定した状態で，ワイヤ牽引部である点Aの配置可能な位置を検討する．図8.7(a)に示すように，点Aを点A′の位置に移動させた場合を考える．このときのワイヤA′Pに作用する張力をT'_Aとすれば，図からわかるように，T'_AとT_B，T_Cは引張り合うことができないため，点Pの位置を保つことができない．すなわち，ワイヤの牽引位置は図8.7(a)中に示した破線で挟まれた点Aを含む領域のみとなる．また，両破線からの角度φおよびφ'の最小値が大きいほど，運動特性は良好となる[11]．

一方，牽引部A，B，Cの位置は固定し，点Pの位置を図8.7(b)に示す位置へ移動させる場合を考える．図8.7(b)より，点Pの位置が線分ABに対して点Cと反対側に位置し，かつ適切な外力が作用していない場合，ワイヤは引張り合うことができないため，パラレルワイヤ駆動機構は運動不可能となる．また，点Pが線分AB上となる場合は，図8.7(a)のφがゼロになる場合に相当する．

以上のような低自由度の機構では，可動領域を簡単に示すことができるが，空間機構などにおいては容易でない．しかし，運動伝達性など，パラレルワイヤ駆動機構の運動特性は以上のようにワイヤの配置から予想することができる．これらに関しては文献[9–12]などが詳しい．

8.7　まとめ

本章では，複数のワイヤで出力リンクの位置・姿勢決めを行うパラレルワイヤ駆動機構に関して，その機構形式，運動学解析，力学解析の基礎について学んだ．パラレルワイヤ駆動機構はパラレルメカニズムの連鎖に相当するワイヤの数を自由度より多く設けなければならない冗長自由度機構であり，また，ワイヤは必ず引張状態としなければならないなどの制限がある．しかし，パラレルメカニズムに比べ，軽量で，干渉が生じにくく，柔軟であることから，応用分野は広い．実際の使用時には，ワイヤの巻き取り部の影響や，ワイヤの弾性変形など，さらに考慮しなければならないことがあるが，本章の内容を基礎として，これらの影響を考慮した設計，制御を検討してほしい．

■参考文献

[1] パラレルワイヤ駆動機構の張力評価による上体動作支援装置の開発，立矢 宏・佐野巌根・奥野公輔・宮崎祐介・吉田博一，日本機械学会論文集 C編，73 (727), pp.833–840 (2007).
[2] パラレルワイヤ駆動機構を用いた人体の転倒実験装置，立矢 宏・荒井優樹・奥野公輔・宮崎祐介・西村誠次，日本機械学会論文集 C編，76 (770), pp.2621–2627 (2010).
[3] ワイヤ駆動型パラレルメカニズム，大隅 久，精密工学会誌，63 (12), pp.1659–1662 (1997).
[4] パラレルワイヤ駆動システムにおけるワイヤ座標系制御法，川村貞夫・木野 仁・崔 源・勝田

兼，日本ロボット学会誌，16 (4), pp.546–552 (1998).

[5] パラレルワイヤ駆動システムによるバーチャルテニスの試み，森園哲也・井田瑞人・和田隆広・呉 景龍・川村貞夫，日本ロボット学会誌，15 (1), pp.153–161 (1997).

[6] ロボット制御基礎論，吉川恒夫，コロナ社，pp.222–225 (1988).

[7] 張力型力覚提示装置のための張力計算法，長谷川晶一・井上雅晴・金 時学・佐藤 誠，日本ロボット学会誌，22 (6), pp.610–615 (2004).

[8] ロボット制御基礎論，吉川恒夫，コロナ社，pp.225–227 (1988).

[9] ワイヤ懸垂系における操り指標，大隅 久．沈 于思・新井民夫，日本ロボット学会誌，12 (7), pp.1049–1055 (1994).

[10] Pusey, J. et al., Design and Workspace Analysis of a 6-6 Cable-suspended Parallel Robot, Mechanism and Machine Theory, Vol.39, pp.761–778 (2004).

[11] パラレルワイヤ駆動機構における運動伝達性の評価，武田行生・舟橋宏明，日本機械学会論文集 C 編，65 (634), pp.2521–2527 (1999).

[12] パラレルワイヤ駆動方式を用いた超高速ロボット FALCON の開発，川村貞夫・崔 源・田中訓・木野 仁，日本ロボット学会誌，15 (1), pp.82–89 (1997).

索　引

著 者 略 歴

立矢　宏（たちや・ひろし）

1987 年　東京工業大学工学部機械工学科 卒業
1989 年　東京工業大学大学院理工学研究科機械工学専攻修士課程 修了
　　　　 金沢大学工学部助手
2008 年　金沢大学理工研究域機械工学系 教授
現　在　金沢大学理工研究域フロンティア工学系 教授
　　　　 博士（工学）

編集担当　藤原祐介（森北出版）
編集責任　富井　晃（森北出版）
組　　版　三美印刷
印　　刷　　同
製　　本　　同

パラレルメカニズム　　© 立矢　宏 *2019*

2019 年 5 月 13 日　第 1 版第 1 刷発行

著　　者　立矢　宏
発 行 者　森北博巳
発 行 所　**森北出版株式会社**
東京都千代田区富士見 1-4-11（〒 102-0071）
電話 03-3265-8341／FAX 03-3264-8709
https://www.morikita.co.jp/
日本書籍出版協会･自然科学書協会　会員

Printed in Japan／ISBN978-4-627-62531-0